美丽中国的

罗金华 等 编著

福建路径研究

Research on Fujian Route of Beautiful China Building

北京大学出版社
PEKING UNIVERSITY PRESS

图书在版编目（CIP）数据

美丽中国的福建路径研究/罗金华等编著. —北京： 北京大学出版社，2022.9
ISBN 978-7-301-33321-1

Ⅰ.①美…　Ⅱ.①罗…　Ⅲ.①生态环境建设 – 研究 – 福建　Ⅳ.①X321.257

中国版本图书馆 CIP 数据核字（2022）第 163388 号

书　　　　名	美丽中国的福建路径研究	
	MEILI ZHONGGUO DE FUJIAN LUJING YANJIU	
著作责任者	罗金华　等 编著	
责 任 编 辑	王树通	
标 准 书 号	ISBN 978-7-301-33321-1	
出 版 发 行	北京大学出版社	
地　　　　址	北京市海淀区成府路 205 号　100871	
网　　　　址	http://www.pup.cn　电子信箱：zpup@pup.pku.edu.cn	
电　　　　话	邮购部 010-62752015　发行部 010-62750672　编辑部 010-62765014	
印 刷 者	北京市科星印刷有限责任公司	
经 销 者	新华书店	
	720 毫米 × 1020 毫米　16 开本　19.5 印张　272 千字	
	2022 年 9 月第 1 版　2022 年 9 月第 1 次印刷	
定　　　　价	82.00 元	

前　言

　　2021年3月22—25日,习近平总书记在福建考察时,重申了生态文明建设的重要性。福建是习近平生态文明思想的主要孕育地和重要实践地。在福建工作十七年半时间里,从厦门到宁德、福州再到全省,习近平始终高度重视生态文明建设的探索与实践,提出了一系列关于生态文明建设的重要论述,形成了很多生态文明建设的重要思想。2000年担任福建省省长后,习近平亲自领导编制了《福建生态省建设总体规划纲要》,为福建擘画二十年生态文明建设蓝图。到党中央工作后,习近平亲自推动福建设立全国首个国家生态文明试验区,殷切期望福建能够在生态文明建设方面走在前列、起到示范引领作用。二十年来,福建坚定践行习近平总书记当年擘画的生态福建蓝图,久久为功、接续奋斗,交上了一份发展高素质、生活高品质、生态高颜值的良好答卷。

　　习近平总书记指出,生态资源是福建最宝贵的资源,生态优势是福建最具竞争力的优势,生态文明建设应当是福建最花力气的建设。按照习近平总书记擘画的"生态省"战略蓝图,福建的森林早已进城、入村、上路,森林覆盖率高达66.8%,连续42年居全国首位。2020年,福建生态文明建设依然走在全国前列,根据《2020 年福建省生态环境状况公报》,福建 12 条主要河流Ⅰ～Ⅲ类水质比例达 97.9%,同比上升 1.4 个百分点,福州等 9 个设区市空气质量达标天数比例为 98.8%;9 个设区市全部获评国家森林城市,县(市)全部获评省级森林城市,实现森林城市"两个全覆盖",促进了绿化成果全民共享,成为最"氧"的民生福祉;福建已经取消对 34 个县(市、区)的 GDP 硬性考核,改为重点考核生态环境质量;福建不断推广完善福林贷、惠林卡等"闽林通"系列林业金融产品,截至 2020 年 12 月,已经累计发放贷款 63.37 亿元,受益农户 5.7 万户;全省所有工业排污企业全面推行排污权交易,累计成交额突破 12 亿元。随着生态文明建设的推进,福建省初步形成了经济社会发展和生态文明建设相互促进的良好局面,生态高颜值日益展示出独特的比较优势,"清新福建"形象深入人心。

2016 年 8 月,中共中央办公厅、国务院办公厅印发了《关于设立统一规范的国家生态文明试验区的意见》及《国家生态文明试验区(福建)实施方案》,福建省先后组织实施了 38 项重点改革实验任务,创造了南方红壤区水土流失治理、集体林权制度改革等诸多生态管理经验,其中 28 项改革经验向全国推广,成为习近平生态文明思想省域实践的先行典范。种好"试验田",结出"生态果",推进国家生态文明试验区建设四年多来,福建省基于自身的生态优势,在机制创新、制度供给、模式探索上大胆改、深入试,基本完成重点改革任务,建立起较为完善的生态文明制度体系,形成一批可复制、可推广的重大制度成果,生态文明建设也取得了显著成效。

2018 年,习近平总书记在全国生态环境保护大会上,提出了"2035 年基本实现美丽中国、本世纪中叶建成美丽中国"的战略目标。"美丽中国就是要使祖国大好河山都健康,使中华民族世世代代都健康",2021 年 4 月 2 日在参加首都义务植树活动时的讲话中,习近平总书记如是说。面对新时代建设美丽中国的新起点和新要求,在 2020 年 9 月 22 日第七十五届联合国大会一般性辩论上的讲话中,习近平总书记向全世界庄严承诺:中国将提高国家自主贡献力度,采取更加有力的政策和措施,二氧化碳排放力争于2030 年前达到峰值,努力争取 2060 年前实现碳中和。在 2021 年 3 月 15 日主持召开中央财经委员会第九次会议时的讲话中,习近平总书记进一步讲道:实现碳达峰、碳中和是一场广泛而深刻的经济社会系统性变革,要把碳达峰、碳中和纳入生态文明建设整体布局。2021 年 5 月 21 日,在中央全面深化改革委员会第十九次会议上,习近平总书记重点部署了生态补偿制度建设,提出"要围绕加快推动绿色低碳发展、促进经济社会发展全面绿色转型,完善分类补偿制度,加强补偿政策的协同联动,统筹各渠道补偿资金,实施综合性补偿,促进对生态环境的整体保护"。毫无疑问,在新时代,新发展阶段对生态文明建设提出了更高的要求,中国不仅要加大气力推动国内的绿色发展,更要努力引领世界发展潮流。

福建省作为我国生态文明建设高地,更是要发挥"排头兵"作用,加快生态文明建设步伐,努力推进实施国家生态文明试验区建设进入新发展阶段。作为习近平生态文明思想的主要孕育地和重要实践地,福建肩负着研究、总结、提炼、传承和弘扬习近平生态文明思想的重大历史使命,更应紧紧围绕建设美丽中国的战略目标任务,加快探索、努力实践、勇于创新,把福建对美丽中国建设的探索和实践路径及时加以总结提炼,从而助力打造美丽中国福建示范区,全方位推动高质量发展。

本书是在兰明尚主持的福建省发展和改革委员会重点课题"美丽中国的福建路径研究"成果的基础上进一步完善而形成的,在此对福建省发展和改革委员会的支持表示衷心的感谢。

编者
2021 年 8 月

目录

第一章　美丽中国的思想探源与福建实践

2012年11月8日,在习近平总书记主持起草的党的十八大报告中明确提出"把生态文明建设放在突出地位,融入经济建设、政治建设、文化建设、社会建设各方面和全过程,努力建设美丽中国,实现中华民族永续发展。"[①]这是中央第一次把美丽中国作为执政理念提出,形成了中国"五位一体"的总体布局。在党的十九大报告中,习近平总书记用独立的一节论述了"加快生态文明体制改革,建设美丽中国",提出"我们要建设的现代化是人与自然和谐共生的现代化,既要创造更多物质财富和精神财富以满足人民日益增长的美好生活需要,也要提供更多优质生态产品以满足人民日益增长的优美生态环境需要。"[②]很显然,建设美丽中国就是要不断推进生态文明建设,习近平总书记关于建设美丽中国的思想有着非常丰富的内涵,是其生态文明思想的继承和发展。福建是习近平生态文明思想的主要孕育地和重要实践地,因此总结福建在践行习近平生态文明思想中的经验做法,提炼福建对美丽中国建设的实践路径,具有很强的时代意义。

[①] 胡锦涛. 坚定不移沿着中国特色社会主义道路前进 为全面建成小康社会而奋斗——在中国共产党第十八次全国代表大会上的报告[N]. 人民日报,2012-11-18(001).

[②] 习近平. 决胜全面建成小康社会 夺取新时代中国特色社会主义伟大胜利——在中国共产党第十九次全国代表大会上的报告[N]. 人民日报,2017-10-28(001).

第一节 美丽中国的基本内涵

美丽中国的概念有一个随实践推进不断深化丰富的过程,在党的十八大上首次被提出,在党的十九大报告中进行了较为系统地论述,在2018年全国生态环境保护大会上,习近平总书记在讲话中对美丽中国进行了全面系统的阐述,提出了建设美丽中国的"总目标"和"时间表":"要通过加快构建生态文明体系,使我国经济发展质量和效益显著提升,确保到2035年节约资源和保护环境的空间格局、产业结构、生产方式、生活方式总体形成,生态环境质量实现根本好转,生态环境领域国家治理体系和治理能力现代化基本实现,美丽中国目标基本实现。到本世纪中叶,建成富强民主文明和谐美丽的社会主义现代化强国,物质文明、政治文明、精神文明、社会文明、生态文明全面提升,绿色发展方式和生活方式全面形成,人与自然和谐共生,生态环境领域国家治理体系和治理能力现代化全面实现,建成美丽中国。"[①]从中可以看出,美丽中国基本的科学内涵应该包含以下四方面内容:一是物质文明、政治文明、精神文明、社会文明、生态文明全面提升,即"五位一体"总体布局的生态思想内涵;二是绿色发展方式和生活方式全面形成,即

---

① 习近平. 推动我国生态文明建设迈上新台阶[J]. 奋斗,2019(3):1—16.

绿色发展的生态经济内涵；三是人与自然和谐共生，即人与自然和谐共生的生态文化内涵；四是生态环境领域国家治理体系和治理能力现代化全面实现，即生态环境治理体系和治理能力现代化的生态文明制度保障内涵。

一、"五位一体"总体布局的协调发展之美

在 2018 年全国生态环境保护大会上的讲话中，习近平总书记强调"党的十八大以来，我们把生态文明建设作为统筹推进'五位一体'总体布局和协调推进'四个全面'战略布局的重要内容"，这为美丽中国建设奠定了总基调。"五位一体"总体布局是美丽中国建设的总体思想框架，即生态思想内涵，反映的是美丽中国的广义内涵，美丽中国是一个立体式的整体之美，包括经济美、社会美、政治美、文化美以及生态美"五位一体"之美。按照新时代"五位一体"总体布局和"四个全面"战略布局要求，统筹经济、政治、文化和社会建设与生态建设，与突出建设生态文明是不可分割的。具体而言，美丽中国是指在特定时期内，遵循国家经济社会可持续发展规律、自然资源永续利用规律和生态环境保护规律，将"五位一体"总体布局落地到国土空间上，在不同主体功能区划分基础上，将经济、政治、文化、社会与生态建设相互融合，形成"机制活、产业优、百姓富、生态美"的建设新格局。美丽中国是到 2035 年国家基本实现现代化的核心目标之一，成为实现"两个一百年"奋斗目标和走向中华民族伟大复兴中国梦的必由之路。青山绿水却发展落后的中国不是美丽中国，繁荣昌盛而环境污染的中国同样不是美丽中国，只有实现生态、经济、社会、政治、文化的和谐发展，才能真正实现美丽中国的建设目标。

二、生产方式和生活方式生态化的绿色发展之美

"绿色发展方式和生活方式全面形成"，是美丽中国科学内涵的第二个重要方面，统筹于绿色发展的内涵。绿色发展的目的是改变传统以"高消耗，高排放"为特征的生产模式和消费模式，提高资源利用效率，减少排放，促使生产

和消费中的各种要素相互匹配,达到最优配置,从而实现经济社会发展和生态环境保护协调统一、人与自然和谐共处。因此,美丽中国就是"尊重、顺应和保护自然",实现环境良好的生态文明等众多美好内容的聚集和升华,其核心是绿色发展,包括经济可持续和健康发展以及生态文明的良好发展。

美丽中国的绿色发展内涵侧重的是经济建设、社会建设和生态建设的协调可持续发展。[①] 这是从新发展理念解读美丽中国内涵:在美丽中国建设中,创新、协调、绿色、开放、共享的新发展理念要贯穿始终,"五位一体"总体布局的治理要整体推进,实现自然与社会和谐、人与人关系和谐的本质之美。[②] 2020 年 9 月 22 日在第七十五届联合国大会一般性辩论上,习近平总书记提出"中国将提高国家自主贡献力度,采取更加有力的政策和措施,二氧化碳排放力争于 2030 年前达到峰值,努力争取 2060 年前实现碳中和",这是展现推进绿色发展的坚定决心。

绿色发展构成美丽中国的核心内容,其中包含了很重要的一方面就是绿色生活,主要是指绿色消费模式。绿色生活是指低能耗、低碳、节约和高效的生活模式,相比于传统的生活消费模式,绿色消费不仅要求在资源的使用上要节约和高效,同时要求减少废弃物的产生和污染物的排放。要在全社会倡导节约,拒绝浪费,例如 2020 年 8 月,习近平总书记对杜绝餐饮浪费行为作出重要指示,他提到"餐饮浪费现象触目惊心,令人痛心!",因此,一方面要"加强立法,强化监管,采取有效措施,建立长效机制,坚决制止餐饮浪费行为";另一方面,更为重要的是,要"切实培养节约习惯,在全社会营造浪费可耻、节约为荣的氛围"。杜绝浪费是绿色消费模式的关键,习近平总书记始终非常关注在全社会推行勤俭节约的良好风气,2013 年 1 月,在中国共产党十八届中央纪律检查委员会第二次全体会议上的讲话中,他号召

---

① 高卿,骆华松,王振波,等.美丽中国的研究进展及展望[J].地理科学进展,2019(7):1021—1033.

② 吴文盛.美丽中国理论研究综述:内涵解析、思想渊源与评价理论[J].当代经济管理.2019(12):1—6.

大家"要坚持勤俭办一切事业,坚决反对讲排场比阔气,坚决抵制享乐主义和奢靡之风。"2019年3月,全国两会期间,他在参加内蒙古代表团审议时强调要"艰苦奋斗,勤俭节约"。

三、人与自然和谐共生的生态文化之美

"人与自然和谐共生"既是美丽中国内涵的重要方面,也是习近平总书记在全国生态环境保护大会讲话中提到的推进生态文明建设必须要坚持的原则之一,它强调人与自然是生命共同体。要达到人与自然的和谐共生,需要从两个方面着手:一是要"要像保护眼睛一样保护生态环境,像对待生命一样对待生态环境",[①] 因为"生态环境没有替代品,用之不觉,失之难存。"保护生态环境就是保护现有暂未被人类活动破坏的自然生态环境,是一种存量保护,避免现有的优质生态环境存量再次遭到破坏而减少。二是对已经遭到破坏的生态环境问题进行有效治理,这是一种增量效应,是通过有效的人类行为使劣质生态环境转化成为优质生态环境,从而增加优质生态环境存量。正如习近平总书记所说:"生态保护和污染防治密不可分、相互作用。其中,污染防治好比是分子,生态保护好比是分母,要对分子做好减法降低污染物排放量,对分母做好加法扩大环境容量,协同发力。"[②]

具体而言,"人与自然和谐共生"强调的是一种生态文化内涵。首先,从生态保护层面,美丽中国内涵包括资源节约保护、自然生态保育、环境质量改善、地球环境安全等内容;[③] 其次,从生态环境治理角度,美丽中国建设从社会文化层面强调的是社会和谐发展,具体到生态环境治理层面就是突出生态文明建设的民生导向。"把解决突出生态环境问题作为民生优先领域",也就是坚持"良好生态环境是最普惠的民生福祉"的原则。"环境就是

---

①　习近平. 推动我国生态文明建设迈上新台阶[J]. 奋斗,2019(3):1—16.

②　王金南,蒋洪强,张惠远,等. 迈向美丽中国的生态文明建设战略框架设计[J]. 环境保护,2012(23):14—18.

③　同②.

民生,青山就是美丽,蓝天也是幸福。发展经济是为了民生,保护生态环境同样也是为了民生。既要创造更多的物质财富和精神财富以满足人民日益增长的美好生活需要,也要提供更多优质生态产品以满足人民日益增长的优美生态环境需要。要坚持生态惠民、生态利民、生态为民,重点解决损害群众健康的突出环境问题,加快改善生态环境质量,提供更多优质生态产品,努力实现社会公平正义,不断满足人民日益增长的优美生态环境需要。"①

四、治理体系和治理能力现代化的生态制度之美

"生态环境领域国家治理体系和治理能力现代化全面实现"是美丽中国建设的制度和体制保障,也是美丽中国的重要内涵之一,包括通过提高治理水平"以改善生态环境质量为核心的目标责任体系、以治理体系和治理能力现代化为保障的生态文明制度体系、以生态系统良性循环和环境风险有效防控为重点的生态安全体系"② 三个方面。"保护生态环境必须依靠制度、依靠法治。我国生态环境保护中存在的突出问题大多同体制不健全、制度不严格、法治不严密、执行不到位、惩处不得力有关。要加快制度创新,增加制度供给,完善制度配套,强化制度执行,让制度成为刚性的约束和不可触碰的高压线。要严格用制度管权治吏、护蓝增绿,有权必有责、有责必担当、失责必追究,保证党中央关于生态文明建设决策部署落地生根见效。"③

生态环境治理体系和治理能力现代化所包含的三个体系分别是从不同视角为生态文明建设提供保障,目标责任体系是从政府行政职责角度,生态文明制度体系是从制度设计角度,而生态安全体系则是从技术支持的角度,这三个体系建设为美丽中国建设提供了完整的保障体系,使生态文明的建设过程更加顺畅,少走弯路。

---

① 习近平. 推动我国生态文明建设迈上新台阶[J]. 奋斗,2019(3):1—16.
② 同①.
③ 兰明尚. 习近平生态文明思想的福建探源[J]. 三明学院学报,2020(3):1—7.

第二节 习近平生态文明思想在福建的孕育与发展[①]

福建是习近平生态文明思想的主要孕育地和重要实践地,从 1985 年担任厦门市委常委、副市长开始,习近平同志在福建工作长达十七年半之久。在这期间,福建在习近平同志带领下进行了卓有成效的生态文明建设的探索,习近平生态文明思想中的许多重要思想也已经初步孕育形成。可以说,习近平生态文明思想在福建主政期间就已经形成了大致框架,从调任浙江、上海,一直到进入中央期间的生态文明实践与探索是对这一整套思想体系不断完善和发展的过程。

一、习近平生态文明思想在福建的孕育产生

1985 年,习近平从河北正定县委书记调任厦门市委常委、副市长,开始了他在福建的从政时期。在福建工作期间,习近平生态文明思想在实践中孕育并不断探索发展,大致形成了四个不断系统化的思想发展过程:任厦门常务副市长期间的"环保与经济"思想、任宁德地委书记期间的"三个效益

---

　① 兰明尚. 习近平生态文明思想的福建探源[J]. 三明学院学报,2020(3):1—7.

相统一"思想、任福州市委书记期间的"城市生态建设"思想以及任福建省省长期间的"生态省建设"思想。从思考经济发展与环境保护之间关系到"生态省建设"思想,习近平在实践探索中不断丰富发展自己的生态文明思想,尤其是"生态省建设"思想,基本上架构了习近平生态文明思想的理论框架。

任厦门常务副市长期间,他的生态思想主要体现在对生态保护与经济发展辩证关系的认识与推动上。1986年1月10日,厦门市八届人大常委会第十八次会议上,习近平代表市政府发言:"保护自然风景资源,影响深远,意义重大。""由于愚昧造成的破坏已经不是主要方面了,现在是另一种倾向,就是建设性的破坏,这种破坏不一定就是没有文化的人做的,但反映出来的又是一种无知,或者说是一种不负责任。""我们要发展工业,但不能以牺牲旅游资源为代价去发展工业,不能把这个破坏掉了去建设另一个,不能做出这种代价的牺牲。厦门不但现有的资源要保护,而且要不断改善目前的旅游环境,把它装点得更加美好。要把这项任务作为一项战略任务来抓好。"在工作举措上,习近平同志亲自主持筼筜湖治理工作,创造性地提出"依法治湖、截污处理、清淤筑岸、搞活水体、美化环境"的二十字方针。经过30多年持之以恒的治理,厦门筼筜湖——曾经的臭水湖,如今成为碧波荡漾、白鹭翱翔、繁花似锦的"厦门绿肺"和"厦门会客厅"。

从1988年开始到1990年,习近平任宁德地委书记,在这期间他的生态思想得到进一步发展,在谋求闽东经济发展过程中,习近平开创性地提出了"经济效益、社会效益和生态效益相统一"的重要思想。在1989年发表的《正确处理闽东经济发展的六个关系》中,习近平提出了这一思想,从中也可以看出这一阶段他的生态思想主要体现在对林业、农业发展问题上的认识与治理上。1989年1月,习近平同志在《闽东的振兴在于"林"》中指出,"闽东经济发展的潜力在于山,兴旺在于林。"[1]"森林能够美化环境,涵养水源,

---

①　习近平.摆脱贫困[M].福州:福建人民出版社,1992,83—132.

保持水土,防风固沙,调节气候,实现生态良性循环等。"① "森林是水库、钱库、粮库",② 强调要通过发展林业来提高经济、社会和生态三种效益。1990年4月,习近平同志在《走一条发展大农业的路子》中指出,"现在讲综合发展,则是要提倡适度规模经营,注重生态效益、经济效益和社会效益的统一,把农业作为一个系统工程来抓,发挥总体效益。"③ 在工作举措上,1989年2月,习近平同志主持召开了宁德地区规模空前的林业工作会议,强调要"把林业置于闽东脱贫致富的战略地位来制定政策",要求"苦战七年,荒山披绿装";在寿宁县调研时,习近平同志叮嘱当地官员,不要攀比 GDP,要育果、种树发展林业。

1990年到1995年,习近平调任福州市委书记,并在1993年到1995年进入福建省委常委。这一时期他的生态文明思想得到了进一步扩展,第一次提出了"城市生态建设"的理论,并在此指导下由他亲自带领开展了极为成功的福州内河治理。在对生态建设认识上,习近平同志已经把生态建设提到社会发展战略高度来布局。1992年,习近平同志主持修订了《福州市20年经济社会发展战略设想》,其中首次提出"城市生态建设"理论,认为城市生态建设应综合治理农业、旅游、环境等,并朝着生态化的方向发展。在工作举措上,习近平同志大力推进"绿化福州"和内河综合治理工作,1990年、1991年,接连召开多场植树绿化会议,要求全市坚持"见缝插绿"和"成片种树"相结合,确立了"抓重点、保基础、上水平、一体化"的绿化福州工作思路;在内河治理工作上,他推动出台了《城区内河污染综合整治规划》,用制度创新还市民清新内河,并提出"全党动员、全民动手、条块结合、齐抓共治"的十六字治理原则。

---

① 习近平. 摆脱贫困[M]. 福州:福建人民出版社,1992,83—132.

② 同①.

③ 同①.

从 1995 年至 2002 年,习近平先后担任福建省委副书记、代省长、省长。这期间习近平已经形成较为完整的生态文明思想并进行了全面部署。2000 年,习近平同志正式提出生态省建设的战略构想,成立福建省生态建设领导小组并任组长,开展福建有史以来最大规模的生态保护调查。经过全面深入调研、专家充分论证,2002 年 7 月,福建省委省政府召开全省环境保护大会,习近平同志作了"全面推进生态省建设 争创协调发展新优势"的讲话,提出用二十年时间,通过"三阶段""六体系""四任务"的部署,建设一个经济繁荣、山川秀美、生态文明的可持续发展省份。在这个讲话中,习近平同志第一次正式提出"生态文明"的概念。

二、在实践中福建对习近平生态文明思想的总结

从 2000 年提出生态省战略开始,福建就在习近平生态文明思想的指导下开始了全省范围内,涵盖经济、社会、生态综合性的生态文明建设。从生态省战略到新福建目标,习近平总书记亲自为福建发展制定宏伟蓝图,习近平生态文明思想也在福建的探索实践中丰富发展。到中央工作后,习近平总书记多次对福建生态文明建设作出重要指示批示,为福建进一步做好工作提供了根本遵循和实践动力。特别是自 2016 年 6 月党中央、国务院批准福建建设全国首个国家生态文明试验区以来,福建省委省政府坚定扛起生态文明建设的政治责任,坚持以习近平生态文明思想为指导,深入实施生态省战略,贯彻习近平总书记"福建等生态文明试验区要突出改革创新,聚焦重点难点问题,在体制机制创新上下功夫,为其他地区探索改革的路子"的重要指示,扎实推进各项改革试验,取得积极进展并形成阶段性成效。

其一,坚持问题导向,注重价值引领的思想。在厦门工作时习近平同志提出"不能以牺牲旅游资源为代价去发展工业",在宁德工作时提出"苦战七年,荒山披绿装",在福州工作时提出整治城区内河污染,以及后来担

任省领导时推动治理长汀水土流失、治理餐桌污染等,都是坚持从具体紧迫问题入手推进生态文明建设。这个思想强调的就是保护生态、造福百姓,实现中华民族永续发展,实现全球生态文明、构建人与自然和谐共生的人类命运共同体的价值观。因此,要坚定地把习近平生态文明思想转化为全社会认同遵循的共同价值理念、共同行动指南,形成共同的生态价值观,形成浓厚的生态文化体系,使共建共享的生态文明建设行动更加深入人心、形成全民自觉。

其二,在生态建设中坚持以人民为中心的思想。习近平总书记反复强调要站稳人民立场、坚持以人民为中心,推进生态文明建设就是要"造福百姓""让老百姓真正受益""把美好家园奉献给人民群众,把青山绿水留给子孙后代",还老百姓蓝天白云、繁星闪烁、清水绿岸、鱼翔浅底,让老百姓吃得放心、住得安心,为老百姓留住鸟语花香、田园风光。这个思想强调要把增加人民群众获得感、安全感、幸福感摆在生态文明建设的突出位置,切实把"生态美"变为"百姓富"、把"绿水青山"变为"金山银山",特别是在林业金融改革、碳汇交易等机制创新中,要先让老百姓真正受益,最大可能地为百姓提供优质的生态产品,最大限度地减少百姓的优质生活成本支出。

其三,坚持机制创新建设生态文明的思想。习近平总书记通过机制创新抓集体林权改革,新福建的要求里也把"机制活"放在首位,特别强调"福建等生态文明试验区要突出改革创新,聚焦重点难点问题,在体制机制创新上下功夫,为其他地区探索改革的路子",在全国率先走出一条生产发展、生活富裕、生态良好的文明发展道路。这个思想强调要突出机制化、市场化、产业化的导向,调整优化绿色产业、全面推动绿色发展,加快构建以产业生态化和生态产业化为主体的生态经济体系,让市场在自然资源资产价值的实现机制与配置机制中起决定性作用,用市场机制调动企业主体、社会群体的内在积极性,实现效益与环保的双提升、生态环境高颜值与经济发展高素质的双促进。

其四,坚持用严格制度和科学治理来保护生态环境的思想。习近平总书记在福建制定部署生态省战略时,就明确提出要构建协调发展的生态效益型经济体系、永续利用的资源保障体系、自然和谐的人居环境体系、良性循环的农村生态环境体系、稳定可靠的生态安全保障体系、先进高效的科教支持与管理决策体系等六大体系,在全国生态环境保护大会上再次强调要构建生态文化体系、生态安全体系、生态目标责任体系、生态文明制度体系,实现生态文明领域治理体系与治理能力现代化。这个思想强调要完善科学治理体系,加大制度创新力度,强化制度刚性执行,通过最严格的管控,坚决斩断损害生态环境背后的利益链;要建立生态政绩考核机制,完善一线考核、差别化考核、第三方考核等机制,对生态环境保护铁军要真重视、真提拔、真使用,对慢作为、不作为、乱作为的干部要真追责、敢追责、严追责。

其五,在生态文明建设中坚持党的领导思想。生态文明建设是系统工程,要实现经济效益、社会效益与生态效益相统一,走上生产发展、生活富裕、生态良好的文明之路,必须坚持和加强党的领导。习近平总书记早在福州任市委书记时,在整治内河工作中就提出“全党动员、全民动手、条块结合、齐抓共治”的十六字治理原则。东西南北中,党政军民学,党是领导一切的。这个思想强调必须坚持和加强党的全面领导,发挥总揽全局、协调各方的领导核心作用,发挥社会主义集中力量办大事的制度优势,充分调动党、政、军、民、学等各方面力量,充分发挥政府、人大、政协、企业、社会等各类主体作用,在实现美丽中国的同时,为全球生态安全治理提供中国方案、为全球生态文明建设提供中国智慧。

三、从生态福建到美丽中国的相承相系

2000 年,习近平总书记任福建省省长时,擘画了建设“生态省”的总体战略构想,并指导制定《福建生态省建设总体规划纲要》,提出了生态省建设

的"总目标""时间表"和"路线图",非常具有前瞻性地为福建生态省建设架构了"四梁八柱"。2002 年福建省召开全省环境保护大会,标志着福建生态省建设的正式启动,也正式把"时间表"中确定的"三阶段"以及"路线图"中谋划出的"六大体系"和"四任务"付诸实践。所谓"三阶段"就是启动(2002—2005 年)、推进(2006—2010 年)、提高(2011—2020 年)这三个阶段。"六体系"就是构建协调发展的生态效益型经济体系、永续利用的资源保障体系、自然和谐的人居环境体系、良性循环的农村生态环境体系、稳定可靠的生态安全保障体系、先进高效的科教支持与管理决策体系。所谓"四任务"就是突出抓好四个方面的基本任务:围绕建设生态省的核心,大力发展生态效益型经济;突出建设生态省的根本,促进人与自然的协调与和谐;夯实建设生态省的基础,保障生态环境安全;抓住建设生态省的关键,创建文明进步的生态文化。

2018 年 5 月,在全国生态环境保护大会上,习近平总书记提出新时代推进生态文明建设的"六原则""五体系""六重点"以及建设美丽中国的时间点等重要内容,又为建设美丽中国架构了"四梁八柱"。"六原则"包括坚持人与自然和谐共生原则、绿水青山就是金山银山原则、良好生态环境是最普惠的民生福祉原则、山水林田湖草是生命共同体原则、用最严格制度最严密法治保护生态环境原则以及共谋全球生态文明建设原则。"五体系"是指以生态价值观念为准则的生态文化体系,以产业生态化和生态产业化为主体的生态经济体系,以改善生态环境质量为核心的目标责任体系,以治理体系和治理能力现代化为保障的生态文明制度体系,以生态系统良性循环和环境风险有效防控为重点的生态安全体系。在强调打好污染防治攻坚战时,习近平总书记提出了"六重点",即加快构建生态文明体系、全面推动绿色发展、把解决突出生态环境问题作为民生优先领域、有效防范生态环境风险、加快推进生态文明体制改革落地见效、提高环境治理水平等六个方面。

　　习近平总书记在 2018 年全国生态环境保护大会上的讲话中为美丽中国建设巨擘蓝图,这同十八年前他提出生态省战略一样,都是自己亲自制定部署的"总任务""时间表"与"路线图"。比较这两次时隔十八年的部署,可以看出,无论是在战略目标、战略布局还是实施步骤、思想内涵上,都具有高度的内在一致性和思想连续性。这充分表明,经过近十八年的生态福建之路的探索与实践,习近平生态文明思想在福建工作时期,就已基本成型并一以贯之,见表 1-1。

表 1-1　从生态福建到美丽中国的相承相系

	生态福建建设思想	美丽中国建设思想
总目标	经过 20 年的努力奋斗,把福建建设成为生态效益型经济发达、城乡人居环境优美舒适、自然资源永续利用、生态环境全面优化、人与自然和谐相处的经济繁荣、山川秀美、生态文明的可持续发展省份	到 21 世纪中叶,建成富强民主文明和谐美丽的社会主义现代化强国,物质文明、政治文明、精神文明、社会文明、生态文明、全面提升、绿色发展方式和生活方式全面形成,人与自然和谐共生,生态环境领域国家治理体系和治理能力现代化全面实现,建成美丽中国
时间表	三个阶段: 2002—2005 年,启动 2006—2010 年,推进 2011—2020 年,提高	三个阶段: 到 2020 年,打好污染防治攻坚战 到 2035 年,美丽中国目标基本实现 到 21 世纪中叶,建成美丽中国
路线图	1. 努力构建六个体系: ① 协调发展的生态效益型经济体系 ② 永续利用的资源保障体系 ③ 自然和谐的人居环境体系 ④ 良性循环的农村生态环境体系 ⑤ 稳定可靠的生态安全保障体系 ⑥ 先进高效的科教支持与管理决策体系 2. 突出四项任务: ① 围绕建设生态省的核心,大力发展生态效益型经济 ② 突出建设生态省的根本,促进人与自然的协调与和谐 ③ 夯实建设生态省的基础,保障生态环境安全 ④ 抓住建设生态省的关键,创建文明进步的生态文化	1. 加快构建五个体系: ① 以生态价值观念为准则的生态文化体系 ② 以产业生态化和生态产业化为主体的生态经济体系 ③ 以改善生态环境质量为核心的目标责任体系 ④ 以治理体系和治理能力现代化为保障的生态文明制度体系 ⑤ 以生态系统良性循环和环境风险有效防控为重点的生态安全体系 2. 强调六个重点: ① 加快构建生态文明体系 ② 全面推动绿色发展 ③ 把解决突出生态环境问题作为民生优先领域 ④ 有效防范生态环境风险 ⑤ 加快推进生态文明体制改革落地见效 ⑥ 提高环境治理水平

第三节　福建探索美丽中国建设的实践路径

党的十九大报告提出"加快生态文明体制改革,建设美丽中国",[①] 习近平总书记在全国生态环境保护大会的讲话中,提出"要通过加快构建生态文明体系,……,建成美丽中国",[②] 可见加快构建生态文明体系,进一步推进生态文明体制改革落地见效,推进生态文明建设,是实现美丽中国的基本路径。建设美丽中国是落实生态文明建设的长效目标。构建生态文明体系,需要构建以下五大体系:其一,以生态价值观念为准则的生态文化体系;其二,以产业生态化和生态产业化为主体的生态经济体系;其三,以改善生态环境质量为核心的目标责任体系;其四,以治理体系和治理能力现代化为保障的生态文明制度体系;其五,以生态系统良性循环和环境风险有效防控为重点的生态安全体系。构建这五大体系是全国各地进行生态文明建设和实现美丽中国的根本路径,也是福建推进国家生态文明试验区建设的基本路径。福建作为全国首个生态文明试验区,在探索美丽中国的建设路径时以

---

① 习近平. 决胜全面建成小康社会 夺取新时代中国特色社会主义伟大胜利:在中国共产党第十九次全国代表大会上的报告[N]. 人民日报,2017-10-28(001).
② 习近平. 推动我国生态文明建设迈上新台阶[J]. 奋斗,2019(3):1—16.

这五大体系为基本指导并结合 38 项重点改革任务和福建特色,探索总结了以下五个建设路径:① 以生态价值观为准则的生态文化建设;② 以产业生态化和生态产业化为主体的生态经济建设;③ 以改善生态环境质量为核心的目标责任建设;④ 以治理体系和治理能力现代化为保障的生态文明制度建设;⑤ 以生态系统良性循环和环境风险有效防控为重点的生态安全建设。

一、加强生态教育促进生态文化建设

环境问题从表征看属于制度和技术问题,但从内在深层次看则属于文化问题。生态文化建设对于生态文明建设具有先导性和基础性作用,人的价值观是生态问题的深层次因素,故而最终能够将生态文明理念内化于心并外化于行尤为重要。这就要求在教育中应该将生态价值观植入教育体系,贯穿于教育的各个层次,培养公民对生态文明的基本意识,加强认知,形成生态价值观,从而指导个人和社会行为,统摄物质文明发展的物化成果和物质现实。[①] 因此,生态教育对于生态文明建设至关重要,将生态教育纳入国民教育体系,建构相关的课程,是促进生态文明建设的重要对策之一,是具有长远效益的功在当代、利在千秋的事业。同时,要看到,生态教育是全民教育、全程教育和终身教育,关系到全民生态文明意识的形成和热爱自然、保护环境行为规范的形成。从开展生态教育到全社会塑造生态文明是一个从基础到上层建筑的关系,生态教育是增强公民生态意识、塑造生态文明的基础,而当全社会的生态文明意识普遍增强的情况下,又会反过来促进生态教育向更高层次发展,使生态文明建设进入良性的循环上升通道。

"生态建设,教育先行",道出了生态文明教育对推进生态文明建设,培育建设生态文化具有根本性、先导性和基础性的作用。因此,为使生态文明教育真正引领和夯实福建省生态文明建设,福建在生态文明教育中实施了

---

① 于文秀. 生态文明有赖于生态教育[N]. 光明日报,2015-12-16(002).

"三个转变"：其一，生态文明教育由短时间、潮涌式、碎片化教育模式向常规化、系统化、标准化教育模式转变；其二，由以政府为主导自上而下的生态文明教育组织模式逐步向全民有序参与、社会共同推动的生态文明教育组织模式转变；其三，由以宣传、倡导为主的教育方式向"知行合一""理论教育与实践教育并重"的教育方式转变。既需要宏观层面的指导思想和顶层设计，也需要微观层面的体制机制设计，既要保证方向正确性，也要保证体制机制运行的实效性，逐步构建多层次分类管理、运作规范，标准化与灵活性相结合，多主体参与的、成效明显的生态文明教育体系。

二、协调经济与生态践行生态经济建设

"绿水青山就是金山银山"，阐述了经济发展和生态环境保护的关系，揭示了保护生态环境就是保护生产力、改善生态环境就是发展生产力的道理，指明了实现发展和保护协同共生的新路径。[①] 这条路径就是走绿色发展之路，福建省在建设国家生态文明试验区的三年时间中，积极探索适合福建省情地情的绿色经济发展之路。"加快形成绿色发展方式，是解决污染问题的根本之策"，习近平总书记在全国生态环境保护大会上的讲话一方面将绿色发展看成是解决经济发展和环境保护矛盾的根本大计，另一方面给出了推进绿色发展的总体方针，那就是"调结构、优布局、强产业、全链条"。"绿水青山既是自然财富、生态财富，又是社会财富、经济财富。保护生态环境就是保护自然价值和增值自然资本，就是保护经济社会发展潜力和后劲，使绿水青山持续发挥生态效益和经济社会效益。"[②] 福建正是在习近平总书记的正确指引下不断推进绿色发展事业。

正确处理经济发展和环境保护之间的关系是习近平总书记一以贯之的执政理念和战略思想。在宁德任地委书记期间，习近平同志立足闽东经济

---

① 习近平. 推动我国生态文明建设迈上新台阶[J]. 奋斗，2019(3)：1—16.
② 同①.

落后的实际,经过深入调研和探索后,看到了林业对闽东经济发展的独特作用,提出"林业有很高的生态效益和社会效益",应把"提高经济、社会和生态三种效益"作为闽东发展林业的基本要求。在福州工作期间,他提出"一个地区的发展,正确的指导思想应当是由片面追求国民经济总体增长的单一目标向着寻求经济、环境协调发展的多目标体系转变,实现社会、经济的可持续发展。"① 2000 年 3 月,在福建省全省人口资源环境工作座谈会上,时任省长的习近平同志强调"各级各部门要以对人民高度负责的态度,采取有力措施,切实抓好环境保护"。不以环境污染为代价搞经济建设是习近平在福建工作期间的工作方针,也是福建在生态文明建设中始终坚持的发展理念。在国家生态文明试验区的改革蓝图中,福建力求各个环节的创新改革将不再"各扫门前雪",不同领域的试验和改革互相融会贯通,形成可持续、可循环的综合绿色发展体系。同时,福建把绿色发展和供给侧结构性改革结合起来,综合运用环保电价、等量淘汰等政策助推产业转型升级。② 这些做法都是"绿水青山就是金山银山"绿色发展思想的具体实践。2019 年 3 月,在参加十三届全国人大二次会议福建代表团审议时,习近平总书记再次强调"要有长远眼光,多做经济发展和生态保护相协调相促进的文章,打好污染防治攻坚战,突出打好蓝天、碧水、净土三大保卫战"。

三、"一岗双责"推进目标责任建设

习近平总书记在全国生态环境保护大会上的讲话中最后一点强调"加强党对生态文明建设的领导",可见加强党的领导是习近平生态文明思想的核心要义,也是关乎生态文明建设能够成功的根本保障。"地方各级党委和政府主要领导是本行政区域生态环境保护第一责任人,对本行政区域的生

---

① 戴斯玮,林善炜. 习近平同志在福建工作期间关于生态文明建设的思考与实践[J]. 林业经济,2017(4):27—31.

② 杨秀峰.全力推进国家生态文明试验区建设[N].经济日报,2018-03-14.

态环境质量负总责""各相关部门要履行好生态环境保护职责,谁的孩子谁抱,管发展的、管生产的、管行业的部门必须按'一岗双责'的要求抓好工作",① 习近平总书记的讲话精神指明了在建立绿色发展考核评价体系中"党政同责、一岗双责"的新机制。具体而言,要开展绿色发展绩效评价考核,可以从以下几个方面着手:建立生态文明建设目标评价体系、建立和完善党政领导干部政绩差别化考核机制、编制自然资源资产负债表、建立领导干部自然资源资产离任审计制度、开展生态系统价值核算等。

党的十八大以来,福建省委省政府认真贯彻落实习近平生态文明思想,按照党中央、国务院决策部署,在生态环境部指导下,严格落实各级党委、政府和相关部门生态环境保护责任,着力构建"党政同责,一岗双责"新机制,实现由"政府负责"向"党政同责"转变、"末端治理"向"全程管控"转变、"督企为主"向"督政督企并重"转变、"软要求"向"硬约束"转变等四个历史性转变。具体做法包括:① 创新建立党政领导生态环保目标责任制,省委书记、省长与九市一区党政"一把手"签订生态环保目标责任书,并配套出台责任书考核指标;② 推进领导干部自然资源资产离任审计,在莆田市、光泽县开展县市级试点,在南平市开展乡镇审计试点,在试点基础上研究出台《福建省党政领导干部自然资源资产离任审计实施方案》,形成对领导干部履行自然资源资产管理和生态环境保护责任情况的审计评价体系和规范,2018 年起建立经常性审计制度;③ 探索开展生态系统生产总值(GEP)核算试点。福建于 2016 年 12 月下发试点方案,成立由省政府统一部署、省市协调联动、国家级团队技术支撑的组织推进架构,并邀请国内知名院士、专家组建顾问团。目前,武夷山市、厦门市两个试点区域均已形成 GEP 核算报告等阶段性成果。如今在福建,"损害生态终身追责,绿色发展考核加分"正成为广大党员干部的新政绩观。②

① 习近平. 推动我国生态文明建设迈上新台阶[J]. 奋斗,2019(3):1—16.
② 杨秀峰. 全力推进国家生态文明试验区建设[N]. 经济日报,2018-03-14.

四、必须依靠法治完善生态制度建设

"保护生态环境必须依靠制度、依靠法治。我国生态环境保护中存在的突出问题大多同体制不健全、制度不严格、法治不严密、执行不到位、惩处不得力有关。要加快制度创新,增加制度供给,完善制度配套,强化制度执行,让制度成为刚性的约束和不可触碰的高压线。要严格用制度管权治吏、护蓝增绿,有权必有责、有责必担当、失责必追究,保证党中央关于生态文明建设决策部署落地生根见效。"[1]习近平总书记的谆谆教诲道出了制度约束对生态文明建设的重要作用。在《国家生态文明试验区(福建)实施方案》中对福建进行生态文明试验区建设提出了如下的环境治理机制:流域治理机制、海洋环境治理机制、农村环境治理体制机制、环境保护和生态安全管理制度、环境资源司法保护机制和环境信息公开制度等,在这些方面福建都进行了有力探索。

1. 流域治理机制方面

其一,从 2017 年开始,着力坚决打好水污染防治攻坚战,大力推进工矿企业污染防治、城镇生活污水治理、畜禽养殖综合整治等 10 个方面重点工作;其二,建立了覆盖所有重点流域的生态补偿机制,筹集补偿资金逾 30 亿元,补偿力度不断加大;其三,全面推行"河长制",建立省市县乡四级河长,共配备 4973 名河长、13 231 名河道专管员;其四,建立小流域有专人管理、有监测设施、有考核办法、有长效机制的"四有"管护新机制,实现了从"管不住"到"管得好"的转变,河畅、水清、岸绿的蓝图逐渐变为现实。[2]

2. 海洋环境治理机制方面

其一,出台并完善海洋环境治理的相关法律法规,早在 2002 年福建省就通过《福建省海洋环境保护条例》,从海洋生态保护和陆源污染防治、工程

---

[1]　习近平. 推动我国生态文明建设迈上新台阶[J]. 奋斗,2019(3):1—16.
[2]　同①.

建设项目污染防治、船舶及有关作业活动污染防治等方面为福建省海洋环境治理提供法律依据;其二,实现海洋环境治理专业化,2020年福建省成立了海洋生态环境保护及治理专家库,为海洋生态环境保护治理领域提供技术咨询;其三,通过大力推进海洋经济的高质量发展,从经济层面为海洋环境治理提供最强保障。

3. 农村环境治理体制机制方面

着力六项长效机制的建设,持续推动农村污水垃圾的长效治理:其一,建立治理模式长效机制;其二,建立资金保障长效机制;其三,建立工作推动长效机制;其四,建立专业运营长效机制;其五,建立社会监督机制;其六,建立信息传递机制。全省929个乡镇中约700个建成生活污水处理设施,对村庄污水进行治理的行政村比例近40%,乡镇生活垃圾转运系统实现全覆盖,80%行政村建立生活垃圾常态化治理机制。[①]

4. 环境保护和生态安全管理制度方面

出台《福建省生态文明建设促进条例》,加快修订《福建省环境保护条例》等地方法规,建立生态文明建设评价指标体系,针对性地实行国家重点行业污染物排放标准特别排放限值,强化地方环保标准制定。

5. 环境资源司法保护机制方面

建立环境资源保护行政执法与刑事司法无缝衔接,建立"四不四直"执法机制:不定时间、不打招呼、不听汇报、不要陪同,直奔现场、直接排查、直接取证、直接曝光。2016年来有效化解生态环境资源各类矛盾纠纷1126件,办理"补植复绿"案件近300件,补植林木面积超11 000亩。

6. 环境信息公开制度方面

持续深化"双随机一公开",加强"两单两库"动态管理,规范执法检查行为;完善网格化监管,加强网格监管力量向基层的延伸。

---

① 就业与保障期刊综合整理. 乡村振兴,福建多部门联合行动[J]. 就业与保障,2018(5): 25—28.

五、坚持底线思维构筑生态安全建设

"生态环境安全是国家安全的重要组成部分,是经济社会持续健康发展的重要保障",[①] 构建生态安全体系是美丽中国建设的最后一道屏障,也是最重要的保障体系。[②] 为了促进生态系统的良性循环,福建主要从以下几个方面着手进行改革:其一,"多规合一"以保护国土空间开发格局;其二,创新国家公园管理体制,以武夷山国家森林公园为重点发展对象;其三,在重点流域开展生态保护补偿机制,以市场手段推进流域治理和保护。这些做法有效提升了福建生态环境的承载空间,促进生态系统进入良性循环。

在生态监管方面,福建主要是依靠互联网和大数据技术,建构网格化生态环境监管模式和生态环境大数据管理机制。所谓网格化生态环境监管模式,其核心就是把生态环保的责任落实到个人,每一个人都可以成为环保的一个网格,所有网格连接起来就是一张生态环保的大网。福建在推行生态环保过程中,着重构建较为完善的制度体系,围绕让生态环保网格监管落地,配实配齐网格员 36 083 名,使网格成为生态环境治理体系的基础单元,形成"属地管理、分级负责、全面覆盖、责任到人"的网格化监管体系,实现生态环境管理"全覆盖,无死角"和监管"问题反映及时,执法响应高效",监管效率效能极大提升。网格监管作用的发挥还依赖于生态环境大数据平台的构建,福建在这方面也走在全国前列,建设了覆盖全省的生态环境大数据(即"生态云")平台,为精准治污提供了有力支撑。

---

① 习近平. 推动我国生态文明建设迈上新台阶[J]. 奋斗,2019(3):1—16.

② 李孝纯. 习近平生态文明思想的深刻内涵与理论渊源[J]. 江淮论坛,2019(1):94—100,135.

第二章　美丽中国生态文化体系建设路径

生态文化是指人与自然和谐发展,共存共荣的生态意识、价值取向和社会适应,[1] 它是支撑生态文明建设强大的精神动力,[2] 是生态文明建设的灵魂、思想保证、精神动力和智力支持。在 2018 年的全国生态环境保护大会上,习近平总书记号召"必须加快建立健全以生态价值观念为准则的生态文化体系"。[3] 生态文化体系是一个生态哲学系统,主体包括生态伦理与生态道德两大模块,需要构建人与自然和谐的物质生态文化,树立大力弘扬人文精神的生态伦理观,提倡先进的生态价值观和生态审美观,注重对广大人民群众的舆论引导,在全社会形成绿色、环保、节约的文明消费模式和生活方式。[4]

---

[1]　江泽慧. 弘扬生态文化 推进生态文明 建设美丽中国[N]. 人民日报,2013-1-11(007).

[2]　呼应,林萍. 弘扬生态文化 助推生态文明[J]. 吉林省社会主义学院学报,2013(2):4—6.

[3]　习近平. 推动我国生态文明建设迈上新台阶[J]. 奋斗,2019(3):1—16.

[4]　阮丽娟,朱雨婷. 生态文明建设背景下环境教育专门立法研究[J]. 常州大学学报(社会科学版),2019(6):13—22.

第一节　美丽中国生态文化体系建设路径

一、生态文化体系建设的目标

生态文化的本质要求,不仅涉及对天人关系的认知、感悟和"道法自然"的精神境界及发展理念,而且涉及促进人与自然和谐共生的道德规范、行为规范和社会生态适应等。党的十八大以来,我国尤为注重生态文明建设,习近平总书记提出了一系列内涵深刻、蕴意深远的生态文化理论,其主要包括生态意识、生态思维、生态伦理和生态美学等生态哲学、价值观念,以及思维方式、生产方式、生活方式、行为方式、文化载体和生态制度,明确了生态文化体系建设的方向和目标。

在 2018 年 5 月 18 日的全国生态环境保护大会上,习近平总书记对生态文化进行了深入的阐述,他指出:"中华民族向来尊重自然、热爱自然,绵延五千多年的中华文明孕育着丰富的生态文化。"[①] 在中国古代文化中,人与自然的关系被表述为"天人关系"。董仲舒说:"天人之际,合而为一。"季羡林先生对此解释为:天,就是大自然;人,就是人类;合,就是互相理解,结成友谊。

---

① 习近平. 推动我国生态文明建设迈上新台阶[J]. 奋斗,2019(3):1—16.

在儒家看来,"人在天地之间,与万物同流""天人无间断"。也就是说,人与万物一起生灭不已,协同进化。人不是游离于自然之外的,更不是凌驾于自然之上的,人就生活在自然之中。程颐说:"人之在天地,如鱼在水,不知有水,只待出水,方知动不得。"即根本不能设想人游离于自然之外,或超越于自然之上。"天人合一"追求的是人与人之间、人与自然之间,共同生存,和谐统一。

《道德经》第二十五章说:"人法地,地法天,天法道,道法自然。"把自然法则看成宇宙万物和人类世界的最高法则。老子认为,自然法则不可违,人道必须顺应天道,人只能"效天法地",将天之法则转化为人之准则。王弼注曰:"法,谓法则也。人不违地,乃得安全,法地也。地不违天,乃得全载,法天也。天不违道,乃得全覆,法道也。道不违自然,乃得其性,法自然也。法自然者,在方而法方,在圆而法圆,于自然无所违也。"他告诫人们,不妄为、不强为、不乱为,顺其自然,因势利导地处理好人与自然的关系。"万物各得其和以生,各得其养以成。"

尊重自然,追求人与自然的和谐是中华传统文化的重要价值取向。《论语·述而》中说"钓而不网,弋而不射宿。"即钓鱼不要截住水流一网打尽,打猎不要射夜宿之鸟,反映出古人朴素的生态道德思想。《孟子·尽心上》曰"亲亲而仁民,仁民而爱物",就是说,不仅要爱护自己的同胞,而且要扩展到爱护各类动物、植物等自然生命。

尊重自然的理念,强调了人类应当担负保护自然界以及其他生物的道德责任和义务,尊重与爱护大自然,以仁慈之德包容与善待宇宙万物,体现出对人与自然关系的独特思考和生态智慧。我国古代通过立法,形成了对生物资源按自然规律顺时取用、禁止灭绝种群等规定。上古时代夏禹执政时曾颁布的一条禁令:"春三月,山林不登斧,以成草木之长。夏三月,川泽不入网罟,以成鱼鳖之长。"大意是说:春天三个月中,正值草木复苏、生长的季节,不准上山用斧砍伐。夏季三月,正值鱼鳖繁殖和生长的季节,不准用网罟在河湖中捕捞。辅助齐桓公称霸的大臣管仲提出:"为人君,而不能谨守其山林菹泽草莱"(不重视环境保护工作的君主),"不可以立为天下王""山林虽广,草木虽美,禁发必有时""春政不禁,则百长不生;夏政不禁,则五谷不成"。①

天人合一、道法自然等中华优秀传统生态理念,开了生态文明之先河、可持续发展之先驱。在今天,这些绵延数千年的生态理念依然是我国生态文明建设的思想指引。习近平指出,生态文明建设"秉承了天人合一、顺应自然的中华优秀传统文化理念。""我们应该遵循天人合一、道法自然的理念,寻求永续发展之路。"

二、生态文化体系建设的要求

习近平总书记指出:"生态文化的核心应该是一种行为准则、一种价值理念。我们衡量生态文化是否在全社会植根,就是要看这种行为准则和价值理念是否自觉体现在社会生产生活的方方面面。"② 要树立尊重自然、顺应自然、保护自然、谋求人与自然和谐共生的价值观和发展理念,习近平同志在福建任职时,在不同时间、不同场合反复强调生态环境对于人类生存与发展的基础性作用。③ 1997 年,习近平同志在三明市将乐县常口村调研时指出,"青山绿水长远看是无价之宝,将来的价值更是无法估量",强调要牢固树立保护生态环境就是保护生产力、改善生态环境就是发展生产力的理念。

习近平十分重视提升企业社会责任,他在闽江源头调研圣农实业公司时指出,"公司从生态中得到的实惠越多,越要注重生态保护""保护不好闽

---

① 习近平. 推动我国生态文明建设迈上新台阶[J]. 奋斗,2019(3):1—16.

② 习近平. 之江新语[M]. 杭州:浙江人民出版社,2007.

③ 胡熠,黎元生. 习近平生态文明思想在福建的孕育与实践[N]. 学习时报,2019-01-09 (001).

江源头,一场疫情就可能彻底毁灭'龙头'企业,进而殃及成千上万的农民",[1] 这些重要论述强调了企业在生态环境保护中的社会责任。"人类社会在生产力落后,物质生活贫困的时期,由于对生态系统没有大的破坏,人类社会延续了几千年。而从工业文明开始到现在仅三百多年,人类社会巨大的生产力创造了少数发达国家的西方式现代化,但已威胁到人类的生存和地球生物的延续。西方工业文明是建立在少数人富裕、多数人贫穷的基础上的;当大多数人都要像少数富裕人那样生活,人类文明就将崩溃。当今世界都在追求的西方式现代化是不能实现的,它是人类的一个陷阱。"[2] 这些论断科学地回答了为什么要保护生态环境以及怎么保护生态环境等重大战略问题。

习近平指出,要像保护眼睛一样保护生态环境,像对待生命一样对待生态环境,走一条生态环境与经济发展良性互动的发展道路,让自然生态美景永驻人间,还自然以宁静、和谐、美丽。1998 年他在邵武调研时指出,"要着眼 21 世纪,建设生态环境,实施可持续发展。这是最宝贵的财富。发展经济绝不能牺牲环境,一定要在保护环境的前提上讲发展。"强调了人与自然和谐共生的可持续发展理念,把生态环境优势看作区域经济发展优势的主要表现。他强调,"绝不以牺牲环境为代价去换取一时的经济增长,经济发展要有生态底线思维,任何形式的开发利用都要在保护生态的前提下进行,使八闽大地更加山清水秀,使经济社会在资源的永续利用中良性发展。"2001 年时任福建省省长的习近平主持编制《生态省建设发展规划》,指出"推进生态省建设,既是经济增长方式的转变,更是思想观念的一场深刻变革。"要求以生态省建设为载体,转变经济增长方式,提高资源综合利用率,维护生态良性循环,保障生态安全,努力开创"生产发展、生活富裕、生态良

---

① 胡熠,黎元生. 习近平生态文明思想在福建的孕育与实践[N]. 学习时报,2019-01-09 (001).

② 习近平. 之江新语[M]. 杭州:浙江人民出版社,2007.

好的文明发展道路",把美好家园奉献给人民群众,把青山绿水留给子孙后代。

2013年11月9日,习近平同志在《关于〈中共中央关于全面深化改革若干重大问题的决定〉的说明》中举例说:"山水林田湖是一个生命共同体,人的命脉在田,田的命脉在水,水的命脉在山,山的命脉在土,土的命脉在树。用途管制和生态修复必须遵循自然规律,如果种树的只管种树、治水的只管治水、护田的单纯护田,很容易顾此失彼,最终造成生态的系统性破坏。"①强调了人与自然和谐共生的生命共同体的理念。

习近平总书记指出,"生态兴则文明兴,生态衰则文明衰"。建设"美丽中国"首先就要在全社会大力弘扬生态文明理念,尊重自然、热爱自然,树立人与自然和谐共生的生态伦理价值观念。

三、生态文化体系的福建建设思路

在推进生态文明建设过程中,福建充分认识到生态文明建设不能只停留在环境治理和生态保护上,要逐步形成生态文明建设系统理念,积极探索构建生态文明体系建设路径,并把加快建立健全以生态价值观为准则的生态文化体系作为其核心内容,将生态文明纳入社会主义核心价值体系,加强生态文化的宣传教育,提高全社会生态文明意识,推动形成人与自然和谐发展的现代化建设新格局。

生态文明教育是跨行业、跨学科、跨部门的系统工作。长期以来确实存在部门之间责任不清,缺乏必要的分工与协作机制,无法形成生态文明教育的合力等问题。2011年福建省环境保护厅、省委宣传部、教育厅、团省委、妇联等单位联合出台《福建省环境宣传教育工作实施方案》,成立工作领导小组,指导和推进全省的环境宣传教育工作,同时形成各相关部门协同联动

---

① 习近平.关于《中共中央关于全面深化改革若干重大问题的决定》的说明[N].人民日报,2013-11-16(002).

机制,推动宣传、教育、文明办等部门以及工会、共青团、妇联等社会团体和环保社会组织发挥各自优势,逐步形成工作合力,改变环保部门孤军奋战的局面,逐步构建起政府主导、各方配合、运转顺畅、充满活力、富有成效的生态文明教育大格局。同时,探索将环境教育成效纳入单位绩效考评体系,如2016年厦门市率先将环境教育落实情况纳入市各级部门政府绩效考评指标中(占整个指标的1分)、纳入党政领导干部生态文明建设和环境保护目标责任。

福建始终坚持齐抓共管、共建共享方针,积极探索生态环境教育社会共育新路径、新方法、新模式,推动构建政府、企业、个人各尽其责、共同发力的社会共治共育大格局,逐步形成政府积极发挥主导作用、企业主动承担环境治理主体责任、公众自觉践行绿色生活的良好社会氛围。如厦门市制定了《厦门经济特区生活垃圾分类管理办法》,明确分类投放垃圾是市民的义务,违法将受到处罚;实行垃圾投放管理责任人制度,政府"以奖代补"支持已分类投放的垃圾。每个社会成员逐步树立生态理念、生态道德,构建文明、节约、绿色、低碳的消费模式和生活方式,① 形成了全社会的合力,保证福建生态文明建设走在全国前列。

党的十八届三中全会在生态文明法治建设工作中进一步强调生态文明建设必须要有系统完整的制度体系与之相匹配。党的十九大报告进一步为中国特色社会主义新时代生态文明建设引领方向,为推动现代化的人与自然和谐发展新格局、建设美丽中国提供了根本遵循和行动指南,生态文明建设相继被写入党章和宪法。2018年全国两会代表委员建议要加快制定《生态文明建设促进法》,以此回应进一步构建和完善顶层制度设计的急切需要。习近平总书记在全国生态环境保护大会上强调:只有实行最严格的制度、最严密的法治,才能为生态文明建设提供可靠保障,环境教育法制化是

---

① 王慧湘. 论习近平的生态文化观[J]. 贵州师范大学学报(社会科学版),2016(6):121—134.

推动生态文明建设的迫切需要。2018年,《福建省生态文明建设促进条例》正式实施,是推进生态文明建设的法律保障,将为建设美丽新福建提供重要的制度保障。

福建将绿色创建活动作为福建省引导培育公众生态文明理念、参与环境保护工作的重要抓手,列入政府和相关主管部门的议事日程及各级政府环保责任目标,通过学生带动家庭、家庭带动社区、社区聚合公众,有效提升公众环境素养,自2000年以来,福建相继开展了七届绿色学校、十届绿色社区创建活动。创建工作由点到面的深化,逐步实现了由量变到质变的飞跃。

总之,福建在美丽中国建设中,坚守生态价值观,坚持"以人为本"的原则,并把这一原则贯穿到生态文化体系建设的全过程。尊重自然、保护自然,最终目的也是为了人类自身的生存与发展。对于普通老百姓来说,每天喝上干净的水,呼吸新鲜的空气,吃上安全放心的食品,生活质量越来越高,过得既幸福又健康,这就是百姓心中的梦。建立健全以生态价值观念为准则的生态文化体系要大力倡导生态伦理和生态道德,提倡先进的生态价值观和生态审美观,注重对广大人民群众的舆论引导,在全社会大力倡导绿色消费模式,引导人们树立绿色、环保、节约的文明消费模式和生活方式。只有当低碳环保的理念深入人心,绿色生活方式成为习惯,生态文化才能真正发挥出它的作用,生态文明建设就有了内核。

第二节 生态文化体系建设的福建实践

福建在美丽中国文化建设中倡导先进的生态价值观和生态审美观,引导广大民众参与,加强生态文明教育,创建生态环保活动,增强环保意识和环保生活习惯,建立法治规范公众和企业生态环保行为。

一、引导公众参与生态文明建设

(一) 规范参与行为,拓宽公众参与生态文明教育途径

加强宣传教育引导,普及生态文化,加大环境信息公开力度,建立环境污染有奖举报制度,鼓励公众监督和举报环境违法行为,倡导绿色发展方式和生活方式,正确引导公众依法、理性、有序、有效地参与环境保护,提高公众生态文明意识,形成人人崇尚生态文明、人人参与生态文明建设的良好社会氛围。

1. 培育壮大环保志愿者队伍

培养优秀环保志愿者,搭建志愿服务平台,努力扩大志愿服务的范围,增强服务的实效。截至 2021 年 12 月,福建各类环保社会组织近 42 个,志愿者人数 3000 人左右,其中青年环境友好使者 275 人,环境志愿者秉承"以

一传千"使命,围绕生态文明建设、应对气候变化以及低碳环保等主题,开展环保骑行、环保教育、废纸回收等环保公益活动,受影响公众达数万人次,为福建生态省建设发挥了先锋队和生力军的作用。同时,积极开展大学生环保志愿者培训等方式,引导和促进环保志愿者活动的健康发展,对开展全民生态文明教育工作起到了很好的推动作用。①

2. 引导民间组织参与保护环境

福建省给予环保非政府组织(NGO)充分的尊重和支持,并积极发挥和挖掘民间环保组织的作用。以厦门市为例,截至 2021 年,厦门市民间环保组织已达 13 个,他们组织环保宣传,监督环境执法,参与政策建议,维护公民环境权益,倡导绿色生活方式,成为厦门环境保护的一支重要力量,② 其中 2000 年 9 月成立的厦门大学学生绿野协会获得了"地球奖""福特汽车环保奖"(自然保育类)、国际爱护动物基金会颁发的"优秀组织奖"等诸多奖项。在厦门本市、海峡两岸乃至国际上产生了越来越大的影响力,逐步形成公众自发引导、组织公众参与环境保护的良性发展局面。

3. 维护公众环保信息的知情权

近年来,福建环保部门建立了空气质量和水质环境信息公开制度、污染源环境监管信息公开制度和建设项目环境影响评价信息公开制度等,满足公众的环保知情权。2014 年 7 月开始每月对外公布设区城市空气环境质量排名,并逐步扩大信息公开范围;2017 年每月向公众公开设区市及县级行政区空气质量排名、全省地表水环境质量状况、集中式饮用水源地水质状况等环境监测信息。引起了社会各界的强烈反响,也倒逼各地环境质量的不断改善。同时,深化与主流媒体合作,通过新闻发布会、通气会、座谈会、专题访谈、网络发布、环保短信群发等方式,形成立体化环保信息发布格局。

① 林璟. 福建省开展面向社会的环境宣传教育工作实践与探索[J]. 海峡科学,2014(7):39—41.

② 林蓓蕾. 厦门建设生态文明经验谈[J]. 世界环境,2011(1):76—77.

进一步完善重大项目环评群众参与机制,推动环境敏感性项目"邻避"论证。如 2006 年厦门市积极施行《环境影响评价公众参与暂行办法》,首次通过媒体进行厦漳跨海大桥建设项目环评的公众参与,为公众参与政府决策做出积极探索。

4. 发挥新媒体宣传报道作用

根据《全国环保系统新媒体矩阵管理办法(试行)》,强化全省环保新媒体宣传矩阵管理,完善以"福建环境""双微"(微信、微博)为核心、九市一区环保部门"双微"为主要成员的新媒体矩阵运行机制,鼓励有条件的县(市、区)级环保部门开通"双微"。同时省厅将适时开展市、县两级政务"双微"影响力排名工作。2016 年省环保厅建立了包括"福建环境"微博、微信公众号、手机客户端、福建环境发布系统和福建环保人人网,完成了以"一网两微一端一系统"为主要构件的新闻发布矩阵,推送更新热点环境资讯 1 万多条。根据中环政务新媒体综合影响力指数,"福建环境"微信荣获 2016 年上半年中国环境政务新媒体省级最具影响力政务微信第五名和省级"最受欢迎"公众号第三名。

(二) 加强校园教育,推动环境教育纳入国民素质教育的进程

福建高度重视教育系统生态文明建设,通过加强各类学校生态文明教育,把生态文明建设融入课堂、融入养成教育、融入实践基地建设等措施,不断提升教育系统生态文明建设实效。

1. 充分发挥课堂教学的主渠道作用

福建积极落实省教育厅出台的《关于进一步加强中小学环境教育工作的通知》要求,将环境教育列为对学校办学的考核内容,明确小学和初级中学学生每学年接受环境教育不得少于 12 学时,高级中学学生每学年接受环境教育不得少于 8 学时。其中环境实践教育环节不得少于 4 学时。[①] 全省

---

① 徐祥民,宛佳欣,孔晓雨.《立法法》(2015)实施后地方环境立法现状分析与研究[J]. 中国应用法学,2019(1):35—53.

落实中小学环境教育课程学校达到 99.5%,做到教材、教师、课时、考核和评价"五落实",环保和生态文明教育普及率达到 85% 以上。同时,明确环境教育进学校不是增加师生负担,中小学和幼儿园可以将环境教育融入班队会、社会实践和学科教学中,并通过校际环境友好学校评比、校内绿色活动等展开。高校通过开设生态环境公共必修课或选修课,鼓励各专业教师结合学科特点挖掘显性和隐性的生态文化教育内容,培养大学生生态文明观和生态审美能力。鼓励各校结合当地环境教育资源,构建生态文明教育校本课程体系。

2. 推进学生生态文明实践和养成教育

围绕生态文明热点问题,组织学生进行实地调查和实践体验,促使学生研究解决身边的现实生态问题,提高综合分析和解决生态问题的能力。[①] 通过情景模拟、角色体验、实地训练、志愿服务等形式,推动学生生态文明素质养成,如三明学院附属小学开展的研学旅行等。从现在做起,从小事做起,从珍惜一粒粮、一滴水、一度电、一张纸和爱护每一棵花草树木开始,培养中小学生生态文明意识和生态文明行为习惯。发挥生态文明教育基地、大学生社会实践教育基地的价值,支持和引导学生及家长深入社区、深入社会,积极参与生态文明社会实践,引导学生践行绿色生活。

3. 构建特色生态文明教育体系

福建农林大学长期以来大力开展生态文明教育,将生态文明教育与建设纳入中心工作、努力构建完善的生态教育体系,形成特色的生态文化,被授予"全国生态文明教育示范学校""国家生态文明教育基地"称号。三明学院坚持绿色教育办学理念,将"具备绿色发展理念和实践"列入大学生核心能力培养,积极探索建设绿色学科专业群、开发绿色应用型教材、组建村镇绿色发展学院、提升绿色科研服务能力等,同时成立了应用技术教育国际标

---

① 范玲俐,焦锡岩. 浅谈生态文明与高校思想政治教育[J]. 科技信息,2011(26): 171.

准研究院三明学院绿色教育研究分院,率先启动国家绿色教育标准研究。[①]邵武六中依托武夷山脉丰富的生态资源,开展爱鸟护鸟、动植物资源调查、水污染调查等环境保护社会实践活动,开发《保护生命多样性的生态环境教育》校本教材,形成具有区域特色的生态教育,2014年荣获全国"未成年人生态道德教育示范学校"称号。

案例 2-1 三明学院推进开放办学 践行绿色教育[②]

推进开放办学 践行绿色教育。三明学院,前身可追溯到1903年陈宝琛创办的全闽师范学堂,这十多年来一直在探索应用型教育改革。"地方性、应用型、开放式"是三明学院的办学定位。在应用型教育改革的基础上,三明学院进一步顺时应势发展绿色教育。

2016年,教育部在全国范围遴选中美应用技术教育"双百计划"首批14所试点院校,三明学院是福建省唯一入选的高校。同年11月,三明学院承办了首届中美绿色教育产教融合国际论坛,同时成立了应用技术教育国际标准研究院三明学院绿色教育研究分院,率先启动绿色教育标准研究,成为绿色教育规则和标准制定的参与者。

在落实"双百计划"中,三明学院重构课程体系,转变教育模式,将"具备绿色发展理念和实践能力"列入学生核心能力培养,涉绿课程被纳入公选课资源和必修学分;探索构建"专业融入+通识教育+绿色实践"的多层次分类课程体系。

课堂教育、第二课堂活动两手抓,激发学生的绿色环保意识,提升绿色科研服务能力。为此,三明学院与行业龙头、企业协会成立了威斯特环保产业学院、绿色建筑产业学院、数字创意产业学院等9个产业学院,并在永安市贡川镇、大田县建设镇等地建立村镇绿色发展学院。

① 黄雪梅. 三明学院推进开放办学 践行绿色教育[N]. 福建日报,2018-06-01.
② 同①.

对于应用型师资的培养,有的派到企业去锻炼,有的借调到国内顶级科研单位去当帮手。厦门大学毕业的张盛强博士被送到中国科学院上海有机化学研究所工作,加盟吴永明、郭勇专家团队,开展面向三明氟化工产业发展技术研究,达到以智引智、以智养智、以智聚智的效能,实现人才培养与科研技术双丰收。

"是骡是马,拉出来遛遛"。举办各种各样创新创业大赛,是三明学院检验人才培养成效的一个招数。三明学院牵手北京大学创业训练营,为大学生提供高端创新创业教育资源。2017年12月,三明学院承办福建省首个全国大学生创业实训营,搭建三明学院师生与全国优秀创业大学生、创业导师之间的桥梁和纽带,扩大山区师生创新创业的视野,提高在校大学生创业意识与实践能力。

二、多渠道创建生态文明教育活动

(一) 开展绿色创建活动,拓展生态文明教育工作的广度和深度

1. 创建"绿色学校"

为确保绿色创建工作的顺利开展,福建省成立了创建绿色学校领导小组,并制定了《福建省创建"绿色学校"活动实施办法》及评估指标。2005年,福建省环保局又制定《福建绿色学校发展规划(2006—2010)》,积极探索新思路,新模式和新方法,通过开展课堂渗透、专题讲座、课外实践、主题活动等各种形式的教育活动,将生态文明教育融入学校工作的方方面面。同时注重发现、培育、树立、宣传典型,充分发挥先进典型的示范、引导和带动作用。截至2014年年初,福建创建各级绿色学校总数为2852所,其中国家级绿色学校18所、省级绿色学校251所。

案例 2-2　福建上杭县第一中学,创建绿色学校,放飞绿色希望①

上杭县第一中学通过开展为广大学生喜闻乐见、行之有效的环境教育与实践活动,帮助学生树立可持续发展理念,引导学生主动参与解决环境问题,培养学生的环境责任感,引导学生了解生物多样性,关注不同文化对环境的影响;让学生进入社区、走进社会,影响和引导社会各界的环保行为,促进全社会公民环境素养的提高。

该校在创建工作中总结了如下经验:

(1) 创建绿色学校,提升师生环境素养,促进学校和学生的可持续发展。① 形成共识,明确目的,强化组织管理;② 结合课改,注重培训,强化学科渗透;③ 拓宽渠道,开展活动,强化德育渗透;④ 注重实践,学用结合,开展课题研究;⑤ 科学规划,美化校园,注重环境育人。

(2) 研究、探讨绿色学校建设过程中面临的新情况新课题,促进绿色学校建设的可持续发展,推进绿色社区、绿色省市县的建设。① 研究新情况、探讨新课题,促进绿色学校的可持续发展;② 拓展环境宣传教育的领域与空间,将绿色学校建设的成效向社区辐射,向绿色县市建设前进,促进全民环境素养的提高,实现国家和社会的可持续发展。

2. 创建"绿色社区"

福建出台《绿色(环境友好型)社区考核指标与评价标准》,通过查、看、访、议相结合的考核方法,对申报的社区基本条件、环境质量、环境建设、环境管理、公众参与五大方面进行评议,并在此基础上积极探索绿色社区创建工作长效机制,开展社区环境文化建设、评比绿色家庭活动、尝试社区环境管理等,增强了公众环境保护意识,形成人人都来关心社区环

---

① 王涧冰. 做好绿色学校创建,推动全民环境教育实施:中国可持续发展·福建·全民环境教育研讨会绿色学校创建经验体会精选[J]. 环境教育,2007(9):62—64.

境、爱护社区环境,积极参与绿色社区创建工作的氛围,不断扩大全民环境宣传教育的区域,促进了全民环境教育工作向纵深发展。截至 2014 年,全省创建各级绿色社区总数达 1346 个,其中国家级绿色社区 11 个,省级绿色社区 74 个。

3. 创建"绿色教育基地"

生态文明教育基地(绿色教育基地)是福建深入实施生态省战略、加快生态文明先行示范区建设的有力抓手。福建生态文明教育基地涵盖博物馆、风景名胜区、自然公园、工业企业、农业基地、生态特色乡村等拥有环境特色资源的场所,为青少年第二环保课堂提供场所,为大众学习环保知识、参与环保实践活动提供有效平台。截至 2014 年,上杭县古田镇等 6 家单位被评为国家生态文明教育基地,厦门大学等 30 家单位被评为省级生态文明教育基地。

4. 创建"生态文明村镇"

近年来,福建逐步将生态文明教育工作重点转移到农村,2007 年三明市制订《三明市农村环境教育试点工作方案》,启动农村环境教育试点工作。2010 年厦门市加大了对农村的生态环境宣教力度,把生态环境教育同提高农民素质和农村脱贫致富结合起来,引导农民树立科学和环保观念,走可持续发展之路。[①] 涌现出了锄山村等一大批通过生态农业脱贫致富的生态乡镇,科技致富、保护环境、走可持续发展之路在厦门广大农村已蔚然成风。同时通过举办"走进墟日"重点乡镇环保下乡活动,推进环境文化和环境管理入户进村,引导建立乡村环保自治组织等形式,努力营造农村生态文明教育的良好舆论氛围。

(二) 打造特色教育品牌,创新全社会生态文明教育的方式方法

近年来,福建结合本地实际,紧密围绕主题年,各地因地制宜,不断创新形式和内容,成功组织策划了环境文化节、环保公众开放日、新环保法"五

---

① 　林蓓蕾. 厦门建设生态文明经验谈[J]. 世界环境,2011(1)：76—77.

进"宣传等品牌活动,打造全民参与阵地,形成具有福建特色的品牌宣传活动。

1. 开展"清新福建"主题活动

围绕建设"清新福建"这一主题,定期开展生态文明宣传、环境社团、环境调查或考察、环境夏令营、环境知识竞赛、环保手工创意作品赛、撰写环保小论文等活动,培养公众的生态文明意识,普及生态文明知识。近年来,南平市开展"清新福建 绿色南平"世界环境日大型环保公益宣传活动,漳州市政府联合开展"美丽中国 我是行动者"环境日主题活动等;省文化和旅游厅为持续打响"清新福建"旅游品牌,组织开展丰富多彩的"中国旅游日"系列活动;全省教育系统围绕节能宣传周和低碳日,重点开展"生态文明清新福建""绿色环保、低碳生活"等主题活动。"清新福建"口号唤醒了大家的生态文明意识,教育大家争做美丽福建的建设者,共筑生态长城。

2. 推行绿色低碳生活方式

各地各相关部门、省环保志愿者协会等相继开展以"低碳家庭·时尚生活""福建城乡百所社区节能减排低碳生活志愿者行动""绿博会"等为主题,倡导家庭节能减排、享受绿色生活,引导公众节约资源能源、践行绿色新生活,让美丽中国建设和"绿水青山就是金山银山"的理念更加深入人心。厦门市坚持探索推进垃圾不落地文明创建和垃圾分类工作,构建了"以法治为基础、政府推动、全民参与、城乡统筹、因地制宜"的垃圾分类工作格局,探索出全民众参与、全部门协同、全流程把控、全节点攻坚、全方位保障的"五全工作法"。2017年年底,全市主城区(思明区、湖里区)全部推行垃圾分类,工作得到住建部充分肯定。

3. 深化环保志愿服务活动

共青团福建省委以"我为美丽福建做贡献"为主题,以"世界湿地日""世界环境日""爱鸟周"等为契机,开展"党员义务奉献日""团员义务星期六"和大学生暑期"三下乡"等志愿服务活动,组织师生志愿者参加保护闽江口湿地、保护红树林,深入开展生态宣传教育,引导广大学生以实际行动建设美丽福建、生态福建。2017年,以"保护母亲河,有我河小禹"为主题,开展大学生暑期实践"河小禹"专项行动,全省共有67所高校、110支实践队、1346名志愿者参与,实现全省84个县(市、区)主干河段巡查的全覆盖。全省青少年志愿者协会持续开展生态文明教育的各类社会实践活动,大力普及环境保护相关知识,推动生态文明进校园、进家庭、进社区,得到团中央高度肯定。注重加强与发挥环保志愿者作用也是福建省生态文明教育工作的特色之一。

4. 创新环境教育模式

厦门市环保局率先打造环境教育网络平台,同步推出微信平台,充分利用网络平台资源利用最大化、学习行为自主化、学习形式交互化、教学管理自动化等特色优势,进一步优化干部教育培训资源,创新环境教育教学模式和方法,为社会公众、学校师生、企业负责人及其员工等重点宣教人群随时随地学习环境保护知识提供了更为便捷的渠道,推动了信息技术与教育教学深度融合。2017年借助育平微信公众平台,举办了中小学生"助力生态厦门,争当环保小博士"主题环保知识竞答活动。厦门市搭建环境网络教育平台,开发环境教育学习课程,开展环境保护在线教育,也成为福建生态文明教育的特色和亮点。

三、全面落实生态环境教育法制法规

1. 厦门率先实现环境教育立法

2016年,厦门作为实施对台先行先试的重要窗口和前沿阵地,利用拥有地方立法权的优势,借鉴国际及台湾环境立法经验,[①]成为继宁夏和天

---

① 王元晖. 全省领先厦门推动环境教育立法[N]. 厦门日报,2012-11-13.

津之后,福建第一个对环境教育进行立法的城市。《厦门市环境教育规定》(简称《规定》)以编制规划和计划、学校教育、社会教育、制度保障为抓手,进一步明确市区两级政府环境教育职责和任务,把环境教育列为对学校办学的考核内容,同时《规定》中还对社会环境教育、环境教育保障及相应罚则做出了详细规定。规定机关、事业单位每年应当至少组织一次环境教育活动,排污单位的员工每年应当接受不少于 4 学时的环境教育等。《规定》中提到的"推进环保志愿组织承接环境教育政府购买公共服务项目",明确了市区两级政府应当将环境教育经费列入本级财政预算。厦门市力求通过环境教育立法,解决长期存在环境教育不规范、不协调、不系统、不持续的现象以及缺乏约束力、能力建设薄弱等问题,通过完善健全环境教育法律法规,为社会环境教育活动提供法治保障,推动环境教育从自发转向自觉。

2. 福建生态文明建设促进条例

深入实施生态省战略,环境教育立法势在必行。2018 年《福建生态文明建设促进条例》经省政府常务会议研究通过,已提请省人大常委会审议,这是继贵州、浙江、新疆、青海等地之后,较早出台的生态文明建设法规。条例(草案)将"坚持绿水青山就是金山银山的生态保护第一的发展理念"首次写入福建立法,并贯穿整个条例(草案)始终,成为可操作、可执行的规定。同时充分吸收福建生态文明建设实践中成熟经验做法以及调研中获取的基层经验,尊重基层干部群众的首创精神,努力将福建生态文明建设实践中的好做法转化为法规形式予以推广施行。该条例的出台,为下一步修订《福建省环境保护条例》,研究制定《环境教育条例》《福建省城乡生活垃圾分类管理条例》等发挥了积极指导作用,对打造更高水平、更加亮丽的生态司法保护"福建样本",完善福建生态文明建设的顶层制度设计具有十分重要的现实意义。

案例 2-3　《福建省生态文明建设促进条例》正式实施①

中新网福州 11 月 1 日电（记者 龙敏）自 11 月 1 日起,《福建省生态文明建设促进条例》（简称条例）开始施行。这是"绿水青山就是金山银山"首次被写入福建省立法。

多位专家 1 日接受中新网记者采访时表示,该条例的实施将进一步实现福建生态建设的制度化、法制化,对加快建设国家级生态文明试验区具有重要意义。

福建省委党校法学教研部副教授王利平指出,该条例是福建通过立法引领,强化制度保障,确立生态优先保护的具体体现。在生态保护上,不仅赋予各级政府相应权力,还要求其履行相应职责,实现职与权的有效统一。

王利平说,该条例还鼓励公众参与生态保护,并在条例中规定了相应的制度渠道,确保公众知情权、参与权和监督权的享有。

福建农林大学林业专家戴永务教授指出,该条例在福建省生态文明建设的体系中具有统领性、纲领性和指导性的地位,是构建和完善生态文明建设顶层制度设计的迫切需要,是推进生态文明建设的法律保障,将为建设美丽新福建提供了重要的制度保障。

戴永务认为,福建在生态文明建设立法方面的先行先试,充分发挥了国家级生态文明试验区的作用,为全国层面立法提供重要的借鉴作用。特别是"绿水青山就是金山银山"首次被写入福建省立法,为探索践行"绿水青山就是金山银山"有效实现路径提供了法律保障。

---

① 龙敏.《福建省生态文明建设促进条例》正式实施[EB/OL].（2018-11-01）[2021-03-15]. https://news.sina.com.cn/o/2018-11-01/doc-ifxeuwwt0292255.shtml

中新网记者注意到,该条例充分凸显了福建生态先行的特色和力度。例如,该条例规定县级以上地方人民政府应当加强对水土保持工作的统一领导,依据水土流失调查结果划定水土流失重点预防区和治理区;规定地方各级人民政府应当全面推行河长制和湖长制等。

该条例还规定,违背科学发展要求、造成生态环境资源严重破坏的,对负有领导责任的主要领导干部和有关负责人终身追责。

第三节　生态文化体系的福建实践评析与启示

习近平总书记在中共中央政治局第六次集体学习时强调："要加强生态文明宣传教育,增强全民节约意识、环保意识、生态意识,营造爱护生态环境的良好风气。"大力弘扬生态环保意识,加强公众环保理念,培育公众参与意识,构筑生态消费观,将个人发展融入培育公众生态环保意识的整体之中,激发人民群众内心的参与性,树立良好的环保意识。

一、以习近平生态文明思想的生态伦理观为指导

党的十八大以来,以习近平同志为核心的党中央把生态文明建设摆在了治国理政的突出位置,开展了一系列根本性、开创性、长远性工作,深刻回答了为什么建设生态文明、建设什么样的生态文明、怎样建设生态文明的重大理论和实践问题,形成了习近平生态文明思想。[①]

（1）深刻领会习近平生态文明思想丰富内涵,树立和践行绿水青山就是金山银山的理念,进一步增强全社会促进生态文明建设的自觉性和主动

---

① 李干杰. 以习近平生态文明思想为指导 努力营造打好污染防治攻坚战的良好舆论氛围[J]. 环境保护,2018(12)：7—16.

性。积极倡导尊重自然、顺应自然、保护自然的理念。在建设生态文明的基础上培育价值观,以保护好生态为出发点,把美好的环境、正确的价值理念留给子孙后代。①

(2)坚持把培育生态文化作为促进生态文明建设的重要保障。大力倡导生态伦理和生态道德,提倡先进的生态价值观和生态审美观,将生态文明纳入社会主义核心价值体系,加强生态文化的宣传教育,在全社会大力倡导绿色消费模式,引导人们树立绿色、环保、节约的文明消费模式和生活方式,提高全社会生态文明意识。② 营造良好社会生态文化氛围。将生态文化发展作为一种行为准则、一种价值理念,从而营造一个人民群众关心、支持并参与其中的良好生态文化氛围。积极培育公众生态环保意识。树立大力弘扬人文精神的生态伦理观。

(3)加快建立健全以生态价值观念为准则的生态文化体系,推进福建生态文明宣传教育体制机制的创新,形成党委领导、政府主导、公众参与的生态文明宣传教育体系,让全民确立生态观念,通过对全民开展广泛的生态文化意识教育来强化公民的生态观念,使全体社会成员都能树立起爱护自然、保护自然的生态道德观念。③

(4)大力弘扬中华优秀传统文化蕴含的丰富生态思想。习近平总书记提出:"要加强对中华优秀传统文化的挖掘和阐发,努力实现中华传统美德的创造性转化、创新性发展"。在构建生态文化进程中,大力弘扬体现人与自然和谐的"天人合一"生态思想,"仁民爱物"的生态情怀,"道法自然""自然无为"的生态系统观,"众生平等""慈悲情怀"的人文精神和生态智慧。我们还应该积极吸收西方关于生态科学、生态哲学等学科中的合理思想和有

---

① 郭正春. 加快构建中国特色生态文化体系[J]. 社会主义论坛,2018(7):12—13.

② 邹晓燕. 高校生态文明教育:现实难题与路径探索[J]. 人民论坛·学术前沿,2019(7):78—83.

③ 徐岩. 建设性后现代主义视角下中国生态文化体系的构建[J]. 青岛农业大学学报(社会科学版),2014(2):68—72.

益成果,树立和强化人与自然协同发展、人文精神与科学精神相结合的生态观念。

(5)繁荣生态文化艺术。艺术是对自然之美的再现和反映,它能够陶冶人的情操而使人更加热爱自然、关心自然,更能增强人们保护生态环境的主动性和自觉性。繁荣生态文艺就是要通过创作人与自然和谐的艺术作品,激发人们对生命和对自然的敬畏和理解。①

二、建立健全生态文明规范

从制度上提供保障是生态文明建设的重要途径,从生态文化体系构建角度就是要建立健全生态文明制度规范。这方面在国家层面已经进行了一系列有益的探索,《绿色发展指标体系》《生态文明建设考核目标体系》《生态文明建设目标评价考核办法》等政策文件的相继出台把生态文明建设落地化为具体的政府官员考核指标。这在制度层面上将落实生态责任的好坏作为政府官员政绩考核的必考题,必将为推动生态文明建设和绿色发展提供坚强保障。同时,制度上对生态文化建设进行规范,有利于对公民进行生态文化教育,加强熏陶,从而引导人民合理节制自己对自然生态环境的物质需求,把对自然的开发和利用限制在合理范围内,保持自然系统良性循环,重新回归人与自然和谐发展之状态。"要用最严格制度最严密法治保护生态环境,加快制度创新,强化制度执行,让制度成为刚性的约束和不可触碰的高压线",福建正是在制度层面上做了充足的文章推进生态文明建设,主要体现在以下五方面:

1. 强化公共政策价值导向

指导和推动福建各项经济社会政策制度以及与人们生产生活和现实利益密切相关的具体措施,从设计制定到实施执行,必须融入贯穿生态价值观的要求,形成有利于培育和弘扬生态价值观的良好政策导向和利益引导机制。

---

① 郭正春. 加快构建中国特色生态文化体系[J]. 社会主义论坛,2018(7):12—13.

2. 强化法律法规刚性约束

引导各地注重发挥法治在解决地方生态领域突出问题中的重要作用,尤其是鼓励各地市积极推动诸如垃圾分类、水源保护等规范环境保护行为进行地方立法,制定出更有针对性和可操作性的地方法规,引导全社会树立生态文明意识,使生态文明成为全社会主流价值观。建立一套与人民生活水平相一致的完整环保司法体系;继续健全环保执法体系,提高环保执法队伍素质;建立健全各项环保法规制度。[①]

3. 推动规范守则的衔接、修订完善

按照生态文明教育的要求,推动各行各业做好市民守则、社区公约、村规民约、学生守则、行业规范、职业规则、团体章程的衔接和修订完善工作。开展规范守则学习活动,引导人们形成正确的价值判断,强化准则意识和律己意识,做到心有所戒、行有所矩,使生态价值观真正成为人们日常的基本遵循。[②]

4. 必须健全生态管理体制

形成政府各职能部门在保护环境过程中既能合理分工,又能彼此配合、相互协调的机制;丰富完善环保执法监督体系和机制,全面完善各种监督管理体系和机制,严格按照有法可依、有法必依,执法必严、违法必究行事。[③]

5. 健全生态文明体系建设与评价机制

将生态文明教育效果纳入各级党政领导班子年度责任目标。把生态文化作为生态文明体系之一列入《福建省生态文明建设考核目标体系》内容,强化正向激励和刚性约束,推动形成促进生态文明发展的正确导向。

---

① 徐岩. 建设性后现代主义视角下中国生态文化体系的构建[J]. 青岛农业大学学报(社会科学版),2014(2):68—72.

② 高民,季明刚. 让社会主义核心价值观融入精神文明创建活动[J]. 唯实,2017(6):29—33.

③ 郭正春. 加快构建中国特色生态文化体系[J]. 社会主义论坛,2018(7):12—13.

三、坚持绿色系列创建活动

福建"绿色学校""绿色社区""绿色教育基地"等绿色创建活动起步较早,不仅促进了公众环境意识的提高,更是实施全民环境宣传教育的一项重要内容。[①]

1. 不断深化绿色创建的内涵

习近平总书记在十九大报告"加快生态文明体制改革,建设美丽中国"部分中,明确提出要开展创建节约型机关、绿色家庭、绿色学校、绿色社区和绿色出行等行动。福建省在总结 2000—2014 年绿色创建经验的基础上,持续深化绿色创建的内涵和路径。坚持从娃娃、青少年、家庭、学校抓起,普及生态文明法律规范和相关科学知识,大力推广绿色低碳出行,倡导绿色生活和休闲模式,推动全民在衣、食、住、行、游等方面加快向绿色低碳、勤俭节约、文明健康的方式转变。

2. 继续推进创建"绿色学校""绿色社区""绿色企业""绿色家庭"等平台

进一步完善绿色文明单位考核指标体系,理顺工作机制。同时,注意发挥各单位在生态文明建设中的示范作用,逐步将创建工作由社区、学校、企业逐步扩大到机关、医院等,创建工作深入各个行业。

3. 健全绿色创建激励机制

借鉴泉州等地经验,将生态文化体系构建的基本要求纳入精神文明(单位)创建活动的目标和任务体系之中,并适度提高其在现有文明单位评价中所占的权重。鼓励和扶持有条件的单位积极申报绿色单位,对于表现突出的绿色单位和个人,要从政策、资金上给予一定的支持,对贫困地区绿色创建积极性高、亮点突出单位进行资金扶持。完善命名管理动态平衡退出机

---

① 林璟. 福建省开展面向社会的环境宣传教育工作实践与探索[J]. 海峡科学,2014(7):39—41.

制,动态平衡,调动各阶层、各行业绿色创建的积极性,使福建绿色创建逐步走上法规化、制度化、科学化的轨道。

四、提升大众参与生态文明建设的自觉性

公民参与生态文明建设的程度,直接体现着一个国家生态文明的建设状况。生态文明建设除了政府"自上而下"的推动和引导外,公众"自下而上"的参与不可或缺,必须积极构建公众参与机制。

1. 大力引导和扶持环保组织健康发展

借鉴浙江等地经验,福建成立全省环保联合会,进一步依法加强对生态环保社会组织和生态环保志愿者的引导和支持力度,通过政策、资金、项目等支持,每年至少扶持1~2个环保社会组织,积极支持社会组织和个人实施环保公益诉讼。加强对环保社会组织和志愿者的培训指导、管理服务,引导他们从监督走向参与,有效发挥辐射带动作用。

2. 高度重视网络舆论能力建设

成立相应舆情管理机构,给予人、财、物保障,充分发挥数字新媒体平台,把政务网站、微博、微信作为生态文明教育重要阵地,及时处理网络舆情,做好舆情监测和研判,牢牢把握新闻宣传的话语权和主导权。不断学习创新表达方式,丰富生态文化作品,发现更多优秀典型,以正面宣传鼓舞人心,全面增强讲好福建生态环保故事的本领,提高传播的感染力。

3. 促进环境信息公开,保障公众的环境知情权

提升环境信息和数据的通俗性及便民度,帮助公众及时获取政府发布的环境质量状况、重要政策措施、企事业单位的环境信息、企业环境风险及相关应急预案信息、突发环境事件信息等,拓宽公众参与渠道。[①] 建立完善的公众参与程序,搭建公众参与环境决策的平台,引导公众依法、有序地参与环境立法、环境决策、环境执法、环境守法和环境宣传教育等环境保护公

---

① 史春. 将宣教作为环保核心工作是回归本意[J]. 环境教育,2017(4):22—23.

共事务。[①]

五、深化生态文明学科和人才培养基地建设

人才是制约福建生态文明建设的一个瓶颈,亟须整合各类学科资源,开展生态文明的理论与实践问题研究,加大生态文明建设人才培训工作,为福建的生态文明建设提供理论依据和智力支持。

1. 构建完善的生态文明课程体系

生态文明教育地方课程、校本课程、实践课程、在线开放课程资源更加丰富,生态文明通识教育广泛开展,生态文明教育与学科教学有机融合,形成具有福建特色、梯次衔接的生态文明教育课程体系。

2. 打造省级特色新型智库

支持福建师范大学中国(福建)生态文明建设研究院、福建农林大学生态文明研究中心、三明学院美丽中国研究院等生态文明研究基地建设。以项目委托的形式,鼓励相关高校和研究机构开展研究习近平生态文明思想,以及习近平总书记在福建工作期间的生态文明思想和实践。出台相关人才政策,扶持福建省生态文明研究中青年学术骨干、学科带头人;支持出版福建生态文明教育各类标准化优秀教材和书籍。

3. 支持生态文明教育人才培养工作

重点扶持省内高校生态文明相关博士、硕士及本科专业建设,并根据学科优势以及区域布局,在福建农林大学、福建师范大学、三明学院等高校,设立省级生态文明人才基地,承担全省环境保护宣传骨干及各级党政领导干部、中小学环境教育师资培训工作;开展针对各类对象的生态文明继续教育,有效提升生态文明教育水平和相关人员的生态文明素养。

---

① 环境保护部、中宣部等六部委.全国环境宣传教育工作纲要(2016—2020 年)[J].环境教育,2016(4):8—11.

第三章　美丽中国生态经济体系发展路径

第一节　生态经济体系的内涵与框架

一、生态经济体系的内涵

自觉的十八大以来,习近平总书记关于治国理政的讲话中蕴含着丰富的生态经济思想,如"山水林田湖是一个生命共同体"的生态经济系统论、"保护环境就是保护生产力"的生态经济生产力论、"绿水青山就是金山银山"的生态经济关系论、"绿色发展"的生态经济协调发展论、"建设美丽中国"的生态经济建设目标论等。这些生态经济理论既是习近平谈治国理政的重要组成部分,也是习近平新时代中国特色社会主义经济思想的主要内容;这些生态经济理论既是对马克思主义生态经济理论的继承,也是对新时代中国特色社会主义生态经济理论思想的发展。坚持习近平生态经济思想是中国特色社会主义建设和发展的必然要求,同时也是建设美丽中国、实现"中国梦"的必然结果。

(一)"山水林田湖是一个生命共同体"的生态经济系统论

生态经济系统论是指在人类经济社会发展过程中,生态-经济-社会三大系统复合而成为巨系统,该系统中的生态系统、经济系统、社会系统必须保持协调有序且可持续发展。习近平总书记非常重视生态经济系统功能,并把生态系统置于经济系统和社会系统的基础性地位,他认为"山水林田湖是一个生命共同体",① 并在生态文明建设需要补短板问题上特别提出"要坚持保护优先、自然恢复为主,实施山水林田湖生态保护和修复工程,加大环境治理力度,改革环境治理基础制度,全面提升自然生态系统稳定性和生态服务功能,筑牢生态安全屏障",② 同时指出"要在全社会树立尊重自然、顺应自然、保护自然的生态文明理念",③ 从而真正确立了生态-经济-社会三维复合系统和谐发展的生态经济系统观。习近平的生态经济系统论既是对马克思关于"自然界优先地位"思想的再发展,也是其生态经济思想的理论前提和重要体现。马克思的生态经济思想是建立在肯定"自然界优先地位"前提下的。马克思在《1844年经济学哲学手稿》中明确指出:"没有自然界,没有感性的外部世界,工人什么也不能创造。"④ 外部自然界既为人类提供了生存发展空间,又为人类社会的发展提供了自然基础条件,人"把整个自然界——首先作为人的直接的生活资料,其次作为人的生命活动的对象(材料)和工具——变成人的无机的身体。"⑤ "人靠自然界生活。这就是说,自然界是人为了不致死亡而必须与之不断交往的人的身体。"这充分印证了马克思对自然界对人类及人类社会的基础性、先在性及制约性的肯定,从而决定了自然界对人类生存的依赖性,也决定了人类对自然界及其发展规律的绝对遵循。习近平总书记继承和发展了马克思关于"自然界优先地位"的思想,并依此形成了自己的生态经济系统论。正是习近平生态经济系统论的形成,为其生态经济思想的形成奠定了坚实的理论基础。

习近平在许多次讲话中都特别强调了生态环境对于人类社会的优先地

---

① 习近平.习近平谈治国理政[M].北京:外文出版社,2014:85,207,209.
② 同①.
③ 习近平关于全面深化改革论述摘编[M].北京:中央文献出版社,2014:104,107.
④ 马克思.1844年经济学哲学手稿[M].北京:人民出版社,2000:55—56.
⑤ 同④.

位和重要性。他指出:"山水林田湖是一个生命共同体,人的命脉在田,田的命脉在水,水的命脉在山,山的命脉在土,土的命脉在树。""一定要生态保护优先,扎扎实实推进生态环境保护。""像保护眼睛一样保护生态环境,像对待生命一样对待生态环境。"我们在进行经济社会实践活动中一定要学会尊重自然规律,"你善待环境,环境是友好的;你污染环境,环境总有一天会翻脸,会毫不留情地报复你。"他在具体阐述土地、森林等自然物品的生态价值时指出:"国土是生态文明建设的空间载体。""森林是陆地生态系统的主体和重要资源,是人类生存发展的重要生态保障。""水资源和环境紧密相关,互为因果,没有良好的水环境就没有良好的生态环境。"并要求我们在生态环境保护上要学会算总账、算生态账,不能因小失大、顾此失彼。习近平总书记认为,对于治理生态环境污染,要舍得用真金白银;对于自然生态环境方面的欠债,迟还不如早还,早还早主动,否则无法向后人交代。习近平总书记的生态经济系统论为习近平生态经济思想提供了理论前提。

(二) "保护环境就是保护生产力"的生态经济生产力论

生产力的发展问题历来都是我们党和政府关注的核心,也是中国特色社会主义建设和发展的出发点。特别是自十一届三中全会的胜利召开,党和政府认真审视我国现存的实际,准确判断出中国当时面临的主要矛盾是落后的社会生产与人民日益增长的物质文化需要之间的矛盾。解决好这一矛盾的关键就是要大力发展生产力,提高我国生产力的水平。为此,以邓小平为核心的领导集体明确提出"科学技术是第一生产力"的判断,从而极大地推动了我国以科学技术为第一动力的生产力的大发展和中国特色社会主义现代化建设的步伐,也极大地提升了我国生产力水平。

随着我国现代化建设发展到今天,我国所面临的主要矛盾已经发生了根本性的变化,以习近平为核心的新的领导集体针对我国当前的实际,准确地提出我国当前所面临的主要矛盾是:人民日益增长的美好生活需要和不平衡不充分的发展之间的矛盾。从生产力的维度来看,解决好这一矛盾的出发点就是要根本树立起生态生产力发展的思想和理念,这既是贯彻和落实创新、协调、绿色、开放、共享的发展理念的具体体现,也是中国特色社会主义生态文明建设的集中表征,同时更是习近平总书记生态生产力思想产生的源泉。因此,习近平在"努力走向社会主义生态文明新时代"[①]的讲话中明确提出:生态环境也是生产力,保护环境就是保护生产力,为此他特别指出:要"牢固树立保护生态环境就是保护生产力、改善生态环境就是发展生产力的理念。"[②] 这一论断既是习近平生态经济生产力论的全部核心要义,也是对马克思自然生产力思想的继续坚持和发展。

关于马克思自然生产力思想,我国著名生态经济学家刘思华教授有精辟的论述,他在《生态马克思主义经济学原理》一书中指出:在马克思的自然理论与生态经济理论中,具有丰富的自然生产力思想,它是马克思的广义生产力理论的基础性概念。[③] 并认为:马克思把提高劳动生产力的作用十分明显的劳动的自然条件就称之为劳动的自然生产力。[④] 这些自然生产力主要包括:"生活资料的自然富源,例如土壤的肥力,渔产丰富的水域,等等;劳动资料的自然富源,如奔腾的瀑布、可以航行的河流、森林、金属、煤炭、等等。"[⑤] 由此可见,马克思的自然生产力包括自然界的自然力和自然资源、自然环境条件两大快。由此,刘思华教授进一步指出:"自然生产力即劳动的自然生产力,是指自然界给人类提供的纳入生产过程和未纳入生产过程,能够创造自然生态财富和社会经济财富的能力。"[⑥] 因此,自然生产力的作用,一方面表现为创造自然生态财富的能力,另一方面表现为与社会生产力结合在一起共同创造社会经济财富的能力。习近平总书记正是因为坚

---

①　习近平.习近平谈治国理政[M].北京:外文出版社,2014:85,207,209.

②　同①.

③　刘思华.生态马克思主义经济学原理[M].北京:人民出版社,2006:269—270.

④　同③.

⑤　徐水华,曹宁.习近平生态经济思想探析[J].信息与决策,2016(9):24—27.

⑥　同③.

持马克思的自然生产力思想与中国现时代经济社会发展的具体实际相结合,结合我国现时代所面临的基本矛盾的正确解决,提出了"保护环境就是保护生产力"的生态生产力思想,为我国新时代生产力发展的内容、发展的要求、发展的目标以及发展的路径指明了方向。

(三)"绿水青山就是金山银山"的生态经济关系论

"绿水青山就是金山银山"(以下简称"两山论")是习近平关于生态文明建设最著名的科学论断之一。党的十九大将"必须树立和践行绿水青山就是金山银山的理念"直接写进了报告,《中国共产党章程(修正案)》在总纲中专门增写了"增强绿水青山就是金山银山的意识"。可以说,自党的十八大以来,习近平总书记在不同场合,反复强调和论述"绿水青山就是金山银山"的理念,从理论和实践层面科学而又完整地回答了绿水青山为什么就是金山银山的生态经济思想。习近平在题为"深入理解新发展理念"的讲话中指出:"生态环境没有替代品,用之不觉,失之难存。我讲过,环境就是民生,青山就是美丽,蓝天也是幸福,绿水青山就是金山银山。"① 这一掷地有声的话语就是要求必须牢固树立"绿水青山就是金山银山"的理念,也就是在发展中一定要认真处理好"金山银山"与"绿水青山"的辩证关系,这一辩证关系实质就是发展经济与保护环境的辩证关系,那就是"发展必须是遵循经济规律的科学发展,必须是遵循自然规律的可持续发展"。② 绝对不能以牺牲生态环境来发展经济,这样的发展得不偿失。如果这样,就会"遭到大自然的报复,这个规律谁也无法抗拒"。③ 为了说明这一点,习近平引用恩格斯在《自然辩证法》的话语:"美索不达米亚、希腊、小亚细亚以及其他各地的居民,为了得到耕地,毁灭了森林,但是他们做梦也想不到,这些地方今天竟因此而成为不毛之地,因为他们使这些地方失去了森林,也就失去了水分的积

---

① 习近平.习近平谈治国理政(第二卷)[M].北京:外文出版社,2017:79,207—210,272,389,393,395,397.

② 郝会龙.领导干部要提升理性素养[N].人民日报,2016-07-08(7).

③ 同①.

聚中心和贮藏库。阿尔卑斯山的意大利人,当他们在山南坡把那些在山北坡得到精心保护的枞树林砍光用尽时,没有预料到,这样一来,他们把本地区的高山畜牧业的根基毁掉了;他们更没有预料到,他们这样做,竟使山泉在一年中的大部分时间内枯竭了,同时在雨季又使更加凶猛的洪水倾泻到平原上。"① 并进一步告诫我们:"我们不要过分陶醉于我们人类对自然界的胜利。对于每一次这样的胜利,自然界都对我们进行报复。每一次胜利,起初确实取得了我们预期的结果,但是往后和再往后却发生完全不同的、出乎预料的影响,常常把最初的结果又消除了。"② 习近平"两山论"的思想不单纯是对马克思主要生态经济思想的继承,更是他本人将马克思主要生态经理论与中国社会主义现代化建设相结合具体实践中经验的总结。早在2005 年 8 月 15 日,时任浙江省委书记的习近平到安吉县天荒坪镇余村考察时,在座谈会上,当地村干部介绍了关停污染环境的矿山,然后靠发展生态旅游实现了"景美、户富、人和"。习总书记听了以后高兴地说:"我们过去讲,既要绿水青山,又要金山银山。其实,绿水青山就是金山银山。"2015 年5 月 25—27 日,习近平总书记到浙江省调研时再次指出:"这里是一个天然大氧吧,是'美丽经济',印证了绿水青山就是金山银山的道理。"③ 2016 年 8月 24 日,习近平总书记到青海省考察时,针对三江源的变化指出:"三江源地区有的县,三十多年前水草丰美,但由于人口超载、过度放牧、开山挖矿等原因,虽然获得过经济超速增长,但随之而来的是湖泊锐减、草场退化、沙化加剧、鼠害泛滥,最终牛羊无草可吃。古今中外的这些深刻教训,一定要认真吸取,不能再在我们手上重犯。"并强调:"保护好三江源,保护好'中华水塔',是青海义不容辞的重大责任,来不得半点闪失。"

鉴于此,习近平总书记特别强调,我们要从政治高度充分认识生态建设

　　① 习近平.习近平谈治国理政(第二卷)[M].北京:外文出版社,2017:79,207—210,272,389,393,395,397.

　　② 同①.

　　③ 徐水华,曹宁.习近平生态经济思想探析[J].信息与决策,2016(9):24—27.

的重要性和紧迫性，要把"绿水青山就是金山银山"作为社会主义生态文明建设重要的价值观和发展观。他指出："环境保护和生态建设，早抓事半功倍，晚抓事倍功半，越晚越被动。"[①] 同时指出："我们不能把加强生态文明建设、加强生态环境保护、提倡绿色低碳生活方式等仅仅作为经济问题，这里面有很大的政治。"[②] 于是，习近平总书记在 2014 年 3 月 7 日参加十二届全国人大二次会议贵州代表团审议时强调："我说的绿水青山和金山银山的关系，是实现可持续发展的内在要求，也是我们推进现代化建设的重大原则。"

（四）"绿色发展"是我国生态经济协调发展路径选择的实践创新

党的十九大报告在新发展理念里提出了"创新、协调、绿色、开放、共享"的发展理念，同时还专设一节"推进绿色发展"内容，由此可见，绿色发展思想是习近平新时代中国特色社会主义思想的重要内容，并成为习近平生态经济思想的重要组成部分。"绿色发展"的生态经济协调发展论是对生态经济关系论的实际应用，它是习近平在长期工作的具体实践中将马克思主义生态经济理论与新时代中国特色社会主义现代化建设道路相结合的必然产物，也就是说，新时代中国特色社会主义现代化建设道路的路径应该是沿着生态经济协调发展的具体路径——"绿色发展"进行选择。只有选择"绿色发展"，新时代中国特色社会主义新的发展理念才能构成不可分割的五位一体的新的发展理念，从而也才能引领我国不断走向生态文明之路。因此，习近平明确指出："绿色发展是生态文明建设的必然要求，代表了当今科技和产业变革的方向，是最有前途的发展领域。"

自 20 世纪 80 年代以来，习近平先后在河北、福建、浙江、上海等地工作，在此期间，他始终坚持将"绿色发展"的思想理念贯彻到地方经济社会建设和发展的实践过程中。比如，习近平在河北正定工作期间，他就已经认识

① 宇文利.初步走向中国生态文明新时代[N].中国青年报,2017-12-01.
② 李佐军.建设生态文明专家讲习之六：让绿色生活方式成为时代风尚[N].湖北日报,2018-05-02(6).

到了保护生态环境的重要性,并为此明确提出了"宁肯不要钱,也不要污染"的生态经济发展思想。在福建工作期间,他根据福建的实际探索出"以开发林业资源为抓手,以科技兴农的发展思想实现福建东部地区发展大农业"。在浙江主政期间,他大力推动生态省建设新理念。特别是从党的十八大胜利召开以后,习近平总书记把绿色发展思想和实践经验提到了一个新的认识高度,使得绿色发展理念成为习近平新发展理念中不可分割的重要内容。从而提出了"创新、协调、绿色、开放、共享"的"五大发展理念"。并指出:"绿色发展,就其要义来讲,是要解决好人与自然和谐共生问题。"[①] 因此,习近平总书记站在民族利益和国家利益的高度向全国人民,特别是各级领导干部昭示:"我们要对保护生态环境务必坚定信念,坚决摒弃损害甚至破坏生态环境的发展模式和做法,绝不能再以牺牲生态环境为代价换取一时一地的经济增长。"[②] 同时明确提出:"要坚决推进绿色发展,推动自然资本大量增值,让良好生态环境成为人民生活的增长点,成为展现我国良好形象的出发点,让老百姓呼吸上新鲜的空气、喝上干净的水、吃上放心的食物、生活在宜居的环境中、切实感受到经济发展带来的实实在在的环境效益,让中华大地天更蓝、山更绿、水更清、环境更优美,走向生态文明新时代。"[③] 由此可见,"绿色发展"的生态经济协调发展论是习近平生态经济思想在新常态下经济社会发展的根本要求,体现了习近平总书记生态治理思想在经济社会领域的应用。与此同时,"绿色发展"的生态经济协调论是以习近平为核心的领导集体对我国传统经济发展所造成的各种矛盾产生的深刻反思的结果,集中体现了中国共产党带领中国人民坚持以人为本、勇于担当与善于实践和创新的优秀品质。因此,"绿色发展"适宜我国发展的实际、满足中华民族的愿望,为我国未来经济社会发展路径和模式指明了方向,我们一定要不

---

①　习近平.习近平谈治国理政(第二卷)[M].北京:外文出版社,2017:79,207—210,272,389,393,395,397.

②　同①.

③　同①.

断坚持。为此,习近平总书记提出:"全党全社会要坚持绿色发展理念,弘扬塞罕坝精神,持之以恒推进生态文明建设。"① 坚持绿色发展,是建设生态文明的必然要求,是我国实现可持续发展的必要条件,体现了我国人民对未来美好生活的追求。

（五）"建设美丽中国"是中国生态经济建设目标和价值追求

党的十八大报告中首次提出"推进绿色发展、循环发展、低碳发展"和"建设美丽中国"。党的十九大报告又设专章以题为"加快生态文明体制改革,建设美丽中国"加以论述。如果说"绿色发展"的生态经济协调发展论是习近平总书记关于生态经济系统论、生态经济生产力论、生态经济关系论基础上的逻辑推演直接结果,那么"建设美丽中国"的生态经济建设目标论则是习近平总书记"绿色发展"的生态经济协调发展论思想逻辑推演的现实表征。自然生态环境不仅具有内在的生态价值,而且本身也是一种生产力。保护环境就是保护生产力,这就要求我们必须"坚持节约资源和保护环境的基本国策,像保护眼睛一样保护生态环境,像对待生命一样对待生态环境,推动形成绿色发展方式和生活方式,协同推进人民富裕、国家强盛、中国美丽。"因此,在大力推进生态文明建设中,认真贯彻和落实保护生态环境"必须采取一些硬措施,真抓实干才能见成效"。要坚决使"保护生态环境应该而且必须成为发展的题中应有之义"的思想落地生根,要把生态文明建设纳入制度化、法制化轨道。要结合供给侧结构性改革,加快推进绿色、循环、低碳发展,形成节约资源,保护环境的生产生活方式。要加大环境督查工作力度,严肃查处违纪违法行为,着力解决生态环境方面突出问题,让人民群众不断感受到生态环境的改善。所以,习近平总书记特别强调指出:"各级党委、政府及有关方面要把生态文明建设作为一项重要任务,扎实工作、合力攻坚,坚持不懈、务求实效,切实把党中央关于生态文明建设的决策部署落

---

① 习近平.习近平谈治国理政(第二卷)[M].北京:外文出版社,2017:79,207—210,272,389,393,395,397.

到实处,为建设美丽中国、维护全球生态安全做出更大贡献。"由此可见,"建设美丽中国"是我国生态文明建设的目标定位与价值追求,是顺应人民群众追求美好生活的期待和中华民族永续发展的客观要求,更是中国共产党向世界庄严宣誓的责任担当和政治表现。

"建设美丽中国"分两步走:第一步是确保到 2035 年,生态环境质量实现根本好转,美丽中国目标基本实现;第二步是到 21 纪中叶,物质文明、政治文明、精神文明、社会文明、生态文明全面提升,绿色发展方式和生活方式全面形成,人与自然和谐共生,生态环境领域国家治理体系和治理能力现代化全面实现,建成美丽中国。"建设美丽中国"必须坚持六项基本原则:① 坚持人与自然和谐共生的原则;② 全面树立生态经济关系论思想,贯彻落实发展新理念;③ 牢固确立"以人民为本"的生态环境保护观;④ 全面助推生态经济系统的原则;⑤ 严格生态环境保护制度创新;⑥ 共谋全球生态文明建设,深度参与全球环境治理。"建设美丽中国"必须要在空气质量的改善、水污染防治行动计划、土壤污染防治行动计划、农村人居环境整治行动、优化国土空间开发布局、推进资源全面节约和循环利用、倡导绿色低碳的生活方式、生态环境风险常态化管理、进生态文明体制改革、完善资源环境价格机制、实施积极应对气候变化国家战略、建立科学合理的考核评价体系、建设一支生态环境保护铁军等 13 个方面认真对待。

二、生态经济体系的目标与框架

在 2018 年全国生态环境保护大会上,习近平总书记提出"要加快建立健全以产业生态化和生态产业化为主体的生态经济体系"。"生态产业化"主要针对以农林牧渔业为主的第一产业和以旅游业等为主的第三产业,目标是通过生态产品的规模化、集约化、现代化生产经营,丰富生态资源的价值实现机制。"产业生态化"主要针对以工业为主的第二产业,目标是通过工业企业的清洁生产、低碳转型等措施,形成绿色循环经济,实现高效率、低消耗、低污染的产业升级。生态经济体系的核心目标是实现产业生态化和生态产业化,即将生态保护与经济发展协调统一,以生态开发带动经济增长,以经济发展反哺生态保护。

习近平总书记多次从生态文明建设的视角提出"山水林田湖是一个生命共同体"的论断,用"命脉"把人与山水林田湖连在一起,生动形象地阐述了人与自然之间唇齿相依的一体性关系。福建省践行"生命共同体"论断,强调在发展理念上树立尊重自然、顺应自然、保护自然的行为准则,强调经济建设与生态保护融合发展,通过打造长期可持续发展的生态经济体系谋求环境代际公平,合理配置人地关系,统筹优化眼前利益与永续发展。

福建省建设美丽中国的整体思路,是通过构建绿色金融创新推动绿色发展、绿色环保工艺实现清洁生产、绿色循环经济促进产业升级、绿色产业导向助力低碳转型、绿色评价体系贯彻生态理念、绿色生态旅游打造省域名片的整体框架,打造六位一体的美丽中国生态经济体系(图 3-1)。

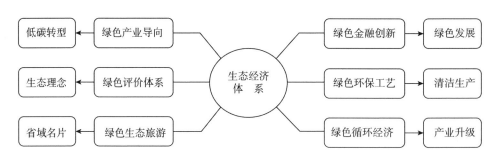

图 3-1　生态经济体系框架示意

习近平总书记指出,"生态环境保护的成败,归根结底取决于经济结构和经济发展方式。"构建生态经济体系,要牢固树立"绿水青山就是金山银山"的理念。通过构建金融创新、环保工艺、循环经济、产业导向、评价体系与生态旅游六轮驱动的框架模式,全面推动绿色发展、清洁生产、产业升级与低碳转型,贯彻生态发展理念,打造省域景区名片,构建以产业生态化和生态产业化为主体的生态经济体系,这是建设生态文明的根本出路。

第二节 美丽中国生态经济体系的福建实践

一、绿色金融创新推动绿色发展

为全面贯彻《中共中央 国务院关于加快推进生态文明建设的意见》和《国家生态文明试验区(福建)实施方案》精神,福建省坚持生态利益与经济利益有机结合,坚持创新、协调、绿色、开放、共享的发展理念,建立健全绿色金融体系,发挥金融市场优化资源配置,服务实体经济重要功能,切实打通"绿水青山就是金山银山"的实践路径。各市(区、县)围绕"钱从哪里来""生态资源怎么使用""市场主体利益如何保障"等实际问题,在建立健全绿色金融体系、发挥金融市场服务实体经济重要功能、支持促进福建省生态文明建设等方面,进行了大量的有益探索。

(一)林业普惠金融创新

福建省近年来聚焦林权改革与林业发展的核心问题,大力推进合作模式创新、市场机制创新、金融产品创新,通过林业金融创新带动集体林权改革与生态文明建设协同发展。以三明市为例,其在市域范围内先后发行了林权按揭贷款、林权流转支贷宝、福林贷、林业互联网金融 P2P 等金融新产品,建立起资产评估、森林保险、林权监管、收购处置、收储兜底"五位一体"

67

风险防控机制,成立了全国第一家林业大宗商品交易中心和三明市林权交易网、林业金融服务中心、"林品汇"网上商城等服务平台。

三明市绿色金融创新产品主要可分为三大类:

(1)林权按揭贷款产品——三明市为解决林业生产经营周期长与林权抵押贷款期限短的"短融长投"问题,与兴业银行合作,首推国内15~30年期的林权按揭贷款,减轻林农林企还款压力。截至2017年年底全市已发放林权按揭贷款58笔、金额8.4亿元。

(2)林权支贷宝产品——为解决林权流转中买方资金不足、变更登记过程可能出现纠纷等问题,三明市与兴业银行达成协议,在国内首推具有第三方支付功能的林权支贷宝,解决林业个体大户和经营组织融资难题。截至2017年年底全市已发放林权支贷宝38笔、金额6360万元。

(3)林业普惠金融产品——为满足广大林农生产资金需求,三明市相关部门通过与农商银行合作,给每户林农授信10万~20万元,年限为3年。这种林业普惠金融产品被称为"福林贷",特点是整村推进、简易评估、林权备案、内部处置、统一授信、随借随还。

三明市通过采取绿色金融创新措施,取得了一系列生态经济发展成效,盘活了小面积林地的林业资产,凸显了自然资源的金融价值,促进了林农增收致富和林业可持续经营。

案例 3-1 发行"福林贷"

在深入推进林业集体产权制度改革的基础上,福建省开发了林业金融产品"福林贷"。依托由村民委员会出面建立的林业合作社来设立林业融资担保基金;林农向银行申请贷款,由合作社提供担保,林农再以其自留山、责任山、林权股权等林业资产为合作社提供反担保;配套设计"诚信加盟—信用奖惩—内部互帮互助—内部处置"严密的金融风险防控机制，以及利息低、手续简单等惠民利民政策。

1. 围绕如何让林农愿意贷，规范产品成本

通过"两个规范"降低福林贷成本，让广大林农想贷款、贷到款。一是规范产品特点。贷款额度最高为 20 万元，月利率在 5.9‰ 以下，同时利用中央贴息政策；实行一次授信，年限 3 年；按月付息，随借随还。二是规范收费标准。林业专业合作社可一次性收取不超过贷款金额 1% 的服务费作为必要的工作费用。

2. 围绕如何让银行贷得出，严格工作流程

从村民代表会议到贷款申请、发放等流程，明确每个步骤、每个程序的主要内容、材料清单、办理时限等，以便推广办理。主要有"三个流程"：一是村级合作社和担保基金设立流程。组织召开村民代表会议讨论表决，是否成立林业专业合作社和村级林业担保基金。二是贷款办理流程。在村委会推荐的基础上，银行遵循"一户一档"的方式，建立林农经济信息档案，逐户评定信用等级，对 A 级以上的林农给予授信；由银行、林业专业合作社、林农对反担保林权进行现场调查和价值确认，贷款林农缴交一定保证金（银行按照保证金 6 倍授信）；林业专业合作社出具同意担保意见书，乡镇林业站对反担保林权备案，银行审批发放贷款。三是不良处置流程。贷款逾期的，银行及时进行催收；贷款逾期超过 60 天，银行扣划担保基金；根据授权，由委托村委会处置不良贷款的反担保林权，转让所得款项先行补充担保基金。

3. 围绕如何降低风险，建立四重防控机制

把好"四个关"：一是把好村民入社关。坚持诚信加盟原则，对于要入社的村民，推行由村委会和银行完成的贷前"双审查"工作，对于不诚信、有不良嗜好如涉黄、涉赌、涉毒的村民不予准入。二是把好不良率调控

关。推行信用奖惩,第一年信用好的,第二年、第三年按 1/8、1/10 比例授信;对信用不好的,提高利息惩罚,如果林业专业合作社不良率高于10%,那么该社社员在原来利率的基础上要上浮 30%;不良率超过 15%时,停止放贷,当不良率下降到 10% 以内可重获贷款。三是把好公平公正处置关。一旦个别社员资信状况不良,其他社员可通过互相帮助来防止利息惩罚,若互相帮助没有结果,就根据协议由合作社对反担保林权进行奖惩以实现公平公正处置,不必由银行处置。四是把好资金"归大堆"防范关。在办理贷款时,要求林农认真阅读并签署风险告知书,倡导其在使用贷款时合法合规,避免将所贷资金转手他人,避免相关的贷款资金"归大堆",从而产生较大风险。

4. 围绕如何让资金服务林业发展,加强服务引导

为提升森林质量和林地产出率,需积极引导林农正确使用贷款资金,加大林业生产经营投入。一是落实好中央财政贴息政策。贷款前基层林业部门对林农贷款用途进行实地了解调查,在宣传林业小额贷款贴息政策的前提下,鼓励林农将贷款投入竹山垦复、造林营林、林下经济、茶果经营、森林人家等中央财政贴息领域;同时后期做好贴息申请服务。二是落实好造林营林补助政策。鼓励林农利用贷款资金投资造林营林,林业部门给予支持申报中央财政造林补贴 100 元/亩,省级财政再补贴 100 元/亩;中央财政森林抚育补贴 100 元/亩,省级财政再补贴 100 元/亩;不炼山造林省财政每亩补贴 200 元/亩。三是落实好油茶花卉培育补助政策。林农投资营造油茶林示范基地的,优先申报省级财政专项补助资金,其中新造油茶林基地补贴 1000 元/亩、油茶林低改补贴 500 元/亩、作业(便)道补贴10 000 元/千米、灌溉系统补贴 1000 元/立方米,以及重点生态区位油茶改造补贴 500 元/亩。林农投资建设智能温室、花卉大棚等设施林业的,林业部门优先立项、优先申报省级财政花卉产业发展项目补助资金。

福建省按照国家生态文明试验区改革要求,以林业金融创新为切入点,创新推出普惠林业金融"福林贷",解决了分散零星的林权导致林农贷款难、担保难、贷款贵和金融机构评估难、监管难、处置难等问题,把金融活水引入千家万户,实现"生态资产能盘活、银行风险能防范、村民组织能发展、林农个人能得利、森林资源得保护",使山林变摇钱树。从实践来看,这项制度设计具有普惠、实惠、可复制推广、手续简便、操作方便的特点,获得各方好评和林农欢迎,实现林业经济效益、社会效益、生态效益质的提升,是绿水青山通往金山银山的有效实现路径。

(二)生态资源资产证券化

福建省近年来坚持践行"两山论",通过生态"资源产业化、资源资产化、资产证券化",实现财政稳定增收、林农持续获利、林业增效发展。以三明市沙县为例,沙县林业资源丰富,是我国南方重点林业县,近年来通过探索"四共一体""林票制"等改革,探索出一条生态资源从产业化到资产化再到证券化的发展路径。

其一,生态资源"产业化",让资源优势成为产业优势。沙县针对林业生产投入不足、经营粗放、管理低下等问题,探索林业"四共一体"合作经营模式,创新重点生态区位商品林赎买机制,大力发展林下经济,形成了有利于林业产业化发展的机制。其二,生态资源"资产化",把绿色资源转化为绿色资产。针对林业融资渠道少、成本高、期限短、产品单一等问题,通过搭建林权抵押贷款平台,推广"福林贷"等普惠林业金融产品,积极吸纳社会资本参与,建立起"一评二押三兜底"模式,完善了林农信用评级、贷款融资担保和风险分散机制。其三,生态资产"证券化",把林业股权转变为金融票证。针对森林资源流通性差的特点,通过采取明晰产权归属、创新发行林票、提供政策性风险保障等措施,引导国有林场等与村集体经济组织及其成员开展合作制发股权(股金)凭证,实现股权变股金、林农变股农。

沙县通过坚持走生态产业化路径,持续探索"绿水青山"变为"金山银山"的实践模式,放活林地经营权,赋能绿色发展,林业总产值从159.48亿元提高到185.71亿元,增长16.7%;林农人均涉林收入从2699元提高到5575元,增长106.5%。

案例3-2 创建"生态银行"

"绿水青山就是金山银山"是习近平生态文明思想在发展观上的最重要内涵,如何践行"两山论"、打通青山变金山的通道,已成为最大的国家课题和最重要的时代命题。福建顺昌县最大的资源禀赋和生态优势是森林资源,是全国唯一的"中国杉木之乡"和首批10个"中国竹子之乡",还是国家木材战略储备基地县和森林质量精准提升示范县。为将资源和生态优势转化为经济发展内生动力,根据南平市委市政府统一部署,顺昌县开展"森林生态银行"试点,积极探索"政府主导、企业和社会各界参与、市场化运作、可持续的生态产品价值实现路径"。具体来说,该模式包括:先通过股份合作、林权购买、林地租赁、林木托管等方式,将分散的林业资源集中到"森林生态银行";同时构建林权交易平台、担保公司、产业基金等组成的林业金融服务体系,将金融资本导入林业及相关产业;进一步依托内外部技术力量,创新种苗、抚育、碳汇方法学等技术,对接融入国际林业市场,实现林业质量精准提升;再通过"基地+龙头企业""管理运营分离"等模式,发展木材经营、竹木加工、林下经济、森林旅游康养等产业,积极参与政策性碳汇交易并探索建设社会化碳汇交易市场,丰富林业产业结构。

　　"生态银行"不是金融机构,而是一个由顺昌县政府、林业资源运营管理公司、村民及合作社、社会资本方等共同组成的运作体系。它借鉴商业银行"分散化输入、集中式输出"的模式,运用市场化手段,对全县林业资源进行管理、整合、转化、提升、开发、运营和保护。"生态银行"构建了多方位的金融服务体系,助力顺昌林业发展,包括:用担保公司打破流动难题,与南平市融桥担保公司合股成立"福建省顺昌县绿昌林业融资担保公司",为"林业＋"产业实体企业、个体林农提供融资担保服务,贷款利率最低可达银行基准利率。用产业基金灵活引入社会资本,与南平市金融控股有限公司合作成立"南平市乡村振兴基金",首期规模6亿元,聚焦投资林业质量提升、林下种养、林产加工、林下康养等项目。用交易平台构建内外通道,在县乡两级林权流转交易服务平台的基础上,积极对接北京产权交易所、海峡股权交易中心等产权交易机构,力争实现数据互联、交易融通。南平市用创新模式打造融资项目,谋划实施国内首个国家储备林精准提升工程PPP项目,获得国开行授信9.12亿元。

　　截至2020年,顺昌县通过不断深化拓展"生态银行"运作模式和理念,初步实现了森林资源"青山"变"金山":一是通过对全县林木资源的摸底调查和资源信息化管理,明确了所有权主体、划清了所有权界限,实现对林木资源动态跟踪、分析、决策,为持续开展森林资源整合和经营开发打好坚实基础。二是通过开展一系列精准培育措施,使现有的森林资源在林分结构、树种组成、林分生产力等方面大幅改善,亩产蓄积量较一般经营水平实现翻番,经营效益明显提高。三是通过提前介入资源一级开发,实现企业轻资产投资,配套金融服务、原材料供应等措施,减轻企业投资负担,缩短项目建设周期,有力扶持企业做大做强。四是通过市场化手段整合碎片化林木资源,导入优质高效产业项目,提高广大农村地区林木资源经营水平,增加农村劳动力就业岗位,实现乡村产业振兴与农民增收。

（三）"富美双收"的重点生态区位商品林赎买

重点生态区位商品林是指符合重点生态公益林区位条件,暂未区划界定为生态公益林、未享受中央和省级财政森林生态效益补偿的森林和林地。[①] 福建重点生态区位内约有 977 万亩商品林,生态效益与林农利益矛盾突出,重点生态区位商品林的保护难度加大。开展重点生态区位商品林赎买等改革试点工作,把现有重点生态区位商品林通过赎买等方式保护起来,不但有利于破解重点生态区位商品林采伐利用与生态保护的矛盾,还可以维护林农合法权益,促进林区社会和谐稳定,实现"生态得保护,林农得实惠"的双赢目标。

"十三五"期间,福建省实施 20 万亩重点生态区位商品林赎买等改革试点工程,其中省级试点 14.2 万亩,把矛盾最突出的人工商品林中的成熟林作为赎买重点。截至 2017 年 12 月已完成试点 17.6 万亩,2018 年年底,福建省投入赎买资金 3.44 亿元,已完成赎买 26.3 万亩,提前完成 20 万亩的赎买目标。目前,林农直接受益超过 3.5 亿元。从赎买方式看,以直接赎买为主的有永安市、永泰县、建阳区、新罗区、柘荣县、诏安县、闽清县、福安市;以改造提升为主要赎买改革模式的有沙县、永春县;以租赁为主要赎买改革模式的有武平县、东山县、顺昌县、南平市。[②]

重点生态区位商品林赎买有利于实施林分改造修复、改善生态景观、提升森林生态服务,有利于《国家生态文明试验区(福建)实施方案》进一步深入实施,在群众中树立"绿水青山就是金山银山"的观念。同时,赎买后商品林通过依托国有林场和林业合作社,探索新的经营模式,大力发展林下经济

---

① 刘金福.山更绿民得利,人与自然和谐发展[N].福建日报,2013-03-26.

② 洪燕真,戴永务.福建省重点生态区位商品林赎买改革优化策略研究[J].林业经济,2019,41(01):92—97.

等产业,促进林业经济发展,拓宽林农增收致富的渠道,创新生态扶贫新模式。①

案例 3-3 永安市商品林赎买

　　福建省永安市森林覆盖率 80.9%,林地总面积达 24.95 万公顷(公顷,ha,1 ha=10^4 m²),其中,国有林占 20.76%,集体林占 79.24%,现有生态公益林 5.32 万公顷,商品林 19.64 万公顷。2013 年,永安市率先在全省开展重点生态区位品林赎买。同年年底永安市举行第一场赎买竞标会,参与竞标的重点生态区位商品林有 87.47 公顷,其中 50.07 公顷商品林参与了赎买,成交价 262.3 万元。2017 年 3 月底,永安已完成重点区位商品林 2130 万公顷的赎买。永安正在分步对重点区位商品林进行赎买,按照区位优先、起源优先、树种优先、价格优先的原则,每年财政加社会募集 3000 万元赎买林子,再统一进行管护。永安市赎买试验的成功之处在于发挥了政府主体的主导作用、市场主体推动作用和社会主体的全程参与作用。② 永安赎买模式最具特色的就是社会化的非营利组织——生态文明建设志愿者协会参与到其购买流程中,比如负责生态购买资金的筹集和购买林分的经营与管护等。因此永安市商品林赎买方式中有社会主体的广泛参与,体现了生态补偿的多元化。

　　永安重点生态区位商品林赎买的过程具体包括:生态文明建设委员会根据规划制定年度赎买规模与赎买目标;生态协会进行广泛宣传,公告有关事项,确保重点生态区位山林所有者充分获知信息,为业主提供咨询

---

① 张江海,胡熠.福建省重点生态区位商品林赎买长效机制构建研究[J].福建论坛(人文社会科学版),2019(03):194—200.

② 傅一敏.生态文明建设背景下地方林业"政策试验"的新尝试:以福建永安重点生态区位商品林赎买为例[J].环境保护,2017,45(24):59—64.

服务;凡有意向转让重点生态区位林的业主自愿向乡镇林业站申请,乡镇林业站汇总至生态协会,协会根据相关规定审核是否属于赎买范围且符合赎买条件,并将符合交易标准的林分上报到联网交易平台,林分价值由双方认可的市场化森林资产评估机构评估;达成交易的山林赎买合同经7天公示无异议后,由生态协会收储,变更权属为协会所有。①

案例 3-4 沙县商品林赎买

为了兼顾林农的利益和生态效益,福建不少地方开始探索赎买制:政府以 4000 元/亩的价格购买林农的生态商品林;被赎买后林农不能砍伐,但可以发展林下经济或生态旅游。沙县有 17 万亩重点区位商品林,全部赎买需要 5 亿元,财政压力大,林农利益也要兼顾,因此 2017 年年初,沙县提出,重点区位商品林达到采伐年限时,可以分批采伐,但总量不超过 300 亩,同时还有两个条件:① 采伐后两片林子间要留 30～50 米隔离带;② 采伐后要立即补种不低于 50% 的阔叶树。到 2017 年 12 月,沙县已经完成 1300 亩提升改造林的提升改造验收,改造后的林子划入生态公益林,每年每亩补助 23.6 元,20% 作为管护费,80% 归林农个人所有。②

沙县探索出了分类施策的新模式。对 80% 的人工商品林采取改造提升的模式,对处于水源地的天然商品林,则采取直接赎买和定向收储的方式。对人工商品林改造提升模式:① 林权所有者要按照林业部门要求

---

① 林琰,陈治淇,陈钦,潘辉.福建省重点生态区位商品林赎买研究[J].中国林业经济,2017(02): 11—17.

② 董建军,张美艳,李军龙.基于生态补偿视角下的重点生态区位商品林赎买问题探析:以三明为例[J].湖北经济学院学报(人文社会科学版),2019,16(05): 47—49.

进行择伐,单位封顶面积为 45 亩,收入归林权所有者;② 林权所有者按5∶5 的比例补种阔叶树和针叶树混交林;③ 林业部门再根据成活率验收后给予 1000 元的补贴。处于水源地的天然商品林:① 直接赎买和定向收储;② 收储范围每亩给予 1000 元补助,列入重点生态公益林储备库;③ 林权所有者可享受生态公益林补偿金,可发展林下经济。沙县林改的模式,通过创新赎买模式取得了多赢的效果,它不仅满足了林权所有者采伐林木的合理需求,同时也加快了林分结构的改革,而下一步沙县林改还在探索森林经营的股权共有、经营共管、资本共享、收益共赢的新模式。[1]

二、绿色环保工艺实现清洁生产

自 2002 年通过《清洁生产促进法》以来,福建省已有 1500 多家企业完成了清洁生产审核评估工作,成效显著,实现了工业企业"节能、降耗、减污、增效"。福建省清洁生产发展经历 4 个阶段。

第一阶段,孵化期(2003—2008 年)。福建省在实施《清洁生产促进法》(试行)之后,首先公布了第一批清洁生产试点名单,这标志着清洁生产审核试点工作陆续展开,清洁生产审核模式逐渐成熟。

第二阶段,成长期(2009—2011 年)。2008 年 11 月,《关于印发福建省清洁生产审核实施细则(试行)的通知》(闽经贸资源〔2008〕826 号)由福建省经贸委、环保厅发布。2009 年 3 月,受环保厅和经贸委委托,福建清洁生产中心举办第一次清洁生产审核培训。这标志着福建清洁生产工作进入市场化阶段,企业的清洁生产意识得以提升,且随着第三方清洁生产审核咨询

---

① 董建军,张美艳,李军龙.基于生态补偿视角下的重点生态区位商品林赎买问题探析:以三明为例[J].湖北经济学院学报(人文社会科学版),2019,16(05):47—49.

机构经培训合格上岗,2009 年开展清洁生产审核评估企业数量增加明显。

第三阶段,增强期(2012—2013 年)。2011 年 1 月,环境保护部办公厅发布 3 号和 11 号文件,要求对申报城市所在地全部重点行业企业进行强制性清洁生产审核,这加大了清洁生产工作的推进力度。同时,《福建省清洁生产审核实施细则(修订)》由省环保厅和经贸委提出企业可自行开展清洁生产审核,企业开展清洁生产审核积极性明显增强。

第四阶段,回落期(2014 年至今)。受清洁生产审核工作周期性的影响,再加上创建环保模范城市活动的完成,企业进行审核评估的数量急速降到 2010 年前的水平。

以三明市为例,福建省通过节能生产培育绿色产业、通过"五治"工作法构建环保治理机制,在基于绿色环保工艺实现清洁生产方面取得了一定治理成效:

(一)节能生产

一方面,三明市立足资源优势和产业基础优势,加大重点产业培育力度,延伸产业链,提高产业发展科技水平,降低产业能耗,增强发展后劲。2016 年三明市规模以上工业增加值能耗下降 9.75%,而 2017 年下降 4.8%,累计降幅完成"十三五"进度目标 78.2%,超额完成进度要求,实现了产值增长与节能降耗双赢的目标。围绕"传统产业高新化、高新产业集约化、新兴产业规模化"的目标,三明市战略性新兴产业逐渐培育壮大。2017年,全市新兴产业规模以上企业 173 家,新兴产业涉及氟新材料、石墨-石墨烯等,实现总产值 650 亿元,比 2016 年同期增长 20.3%,占全市规模以上工业产值比例较 2016 年同期提升约 0.5 个百分点。

另一方面,三明市因地制宜重点发展清洁能源产业,比如水电、风电、光伏、核电等。2017 年并网装机容量新增 75.6 兆瓦(MW,10^6 W),光伏发电用户新增 1904 户。建成投产清流嵩溪现代农业大棚 15 兆瓦光伏电站、福建闽农农业大棚 20 兆瓦光伏电站、永安煤业后畲 3.5 兆瓦光伏发电、永安日发纺织屋顶 2.3 兆瓦光伏发电。全市完成小水电增效扩容 39 座,全部投产并网发电。2018 年泰宁芦庵滩 100 兆瓦水电站扩建工程 5 月底投产并网发电,同年宁化鸡公崇 48 兆瓦风电年底前投产,将乐核电项目前期有序推进。三明市通过淘汰落后燃煤锅炉、推行清洁能源替代、工业园区集中供热供天然气、实施节能环保技术改造等一系列措施,大力实施电能替代和燃煤锅炉节能环保综合提升工程,非化石能源比重正在逐步提高。累计推动以电代煤、以电代油、以电代柴 121 个电能替代项目落地,电能替代电量 5.4×10^8(亿)千瓦时,8 个县(市、区)政府出台燃煤锅炉改造财政补助政策。2014—2017 年全市共完成 463 台燃煤锅炉专项整治任务,占总任务数 100%,全面完成整治任务。三元、永安、将乐等县(市、区)建成园区集中供热或集中供天然气设施,大田、尤溪、宁化等县已开工建设园区集中供热项目 4 个。

通过跟踪重点用能企业,三明市加强了对煤耗万吨以上的重点企业的管理、监测,建立能耗计量机制,推进能源管理体系建设。"十二五"期间,56 家重点能耗企业被列入国家管控,总节煤量达 138.17 万吨标煤,完成省下达目标任务的 128.5%;全市共有 76 家企业建成能源数据在线采集联网,实现了能耗数据的分析、监测;为对能耗进行精细化、数字化管理,三钢、永安智胜化工等企业建立了能源管控中心。"十二五"期间,三明市经济和信息化委员会组织市节能监察中心、各县(市、区)经信局及节能中心对 39 家重点用能企业开展《节能法》《节约能源条例》等法律法规的监督检查和普法宣传活动。通过福建省能源管理体系建设省级验收的企业有 37 家,包括福建三钢、青山纸业、三明南方水泥等企业,其中福建三钢、永安林业、三明化工、饶山纸业等 4 家企业被列为"福建省能源管理体系建设示范企业"。2017 年新增盛达化工等 21 家企业开展能源管理体系建设,全市共完成燃煤工业锅炉能效普查 348 台,完成省质监局下达的能效普查任务。

"十二五"以来,三明市每年由市政府节能办牵头与各县(市、区)人民政府办公室签订年度节能"双控"目标责任书,明确节能考核细则,严格实行考核问责,强化各级工作责任。市政府每五年制定出台《三明市节能与循环经济专项规划》,2017 年还出台了《三明市"十三五"节能减排综合工作实施方案》,制定了 47 条节能减排具体工作措施。市经信委每半年召开一次全市节能与循环经济工作分析会,督查目标责任落实情况,跟踪节能改造项目进度,确保年度节能工作落实到位。

案例 3-5 节能生产的"三钢模式"

福建省三钢(集团)有限责任公司(以下简称三钢)坚持绿色发展理念和使命,改进环保工艺装备,实现超低排放,努力实现生产发展、生活富裕、生态良好。建厂 60 年来,始终不懈地抓好环保工作,走出了一条与城市和谐发展、休戚与共的绿色发展道路。1976 年,三钢就环境保护成立了专门组织,包括领导机构和专职办事人员。同时,对于环保治理资金,三钢给予充分保证。

2017 年三钢三明本部钢产量 651.83 万吨,与 1997 年相比增加了569.39 万吨,但降尘量却由 1997 年的 43.37 吨/(平方千米·月)降到2017 年的 11.72 吨/(平方千米·月)。钢产量增加了 6.9 倍,但降尘量却缩小了 73%,实现了增产不增污、增产不增废、增产不增能耗的绿色钢铁目标。

三钢采取生态化模式,按照超低排放目标,改进环保工艺装备,坚持走产业转型升级和生态环境治理并举的绿色发展之路:① 担当企业主体责任,严格落实项目环评"三同时"审批验收制度。② 建立健全环保管理制度,先后出台几十项环保管理制度,贯穿于生产的全过程,加强生产现场环保管理,开展环境体系认证与清洁生产审核。③ 创新节能减排工艺,强化固体废物安全处置,推行炼焦干熄焦、高炉干法除尘、转炉干法除尘"三干"节能减排新工艺,从根本上解决了冶炼系统烟气无组织排放、湿法除尘难以解决的二次污染问题。④ 加强环保在线监测,提高环保管控水平。38套在线监测设备与省市环保部门监控平台联网,实现实时监控。"十二五"以来,三钢累计投入环保资金5.83亿元,依靠科技进步,通过挖潜改造、节能降耗及资源综合利用,实现固体废物的资源化、无害化、减量化。2017年三钢提出"建设生态旅游工厂,打造绿色生态新三钢"的新模式,走生产发展、生活富裕、生态良好的文明发展道路。

(二)"五治"工作法构建环保治理机制

三明市创新"五治"工作法,不断深化小流域综合治理,实现辖区小流域"水清、河畅、岸绿、生态",让人民群众共享更多绿色福利。

1. 以责促治

通过强化环保"党政同责、一岗双责",切实落实属地管理责任,加强目标责任考核和责任追究,倒逼责任落实。其一,明目标。颁布实施三明市小流域及农村水环境整治计划,将其列入为民办实事项目。其二,明责任。每条小流域由一名县(市、区)处级领导领衔整治,倒逼其主动摸清污染状况,制订水质提升方案,实行挂图作战。其三,明奖惩。将小流域治理情况纳入党政领导生态环保目标责任书考核内容,考核结果作为各地党政领导班子综合评价的重要依据,与生态补偿资金分配、项目安排挂钩。

2. 以法促治

政府对小流域污染实行"零容忍",始终保持打击环境违法违规行为的高压态势。其一,环境保护部门严查。对小流域实施网格化监管,使执法打破上下游界限,采取按日连续处罚、查封扣押、限产停产、移送行政拘留等手段,让环境保护法律法规发挥应有的"利器"作用,来保护闽江流域的水环境。其二,检察机关严格监督。对于小流域整治工作,检察机关要全程参与跟踪督办,使各行政执法部门依法规范履职。其三,纪检监察严责。在小流域生猪养殖污染整治专项督查中由纪检监察部门开展"监督的再监督",对工作不力、进展滞后、祖护包庇等失职渎职行为予以追究问责。

3. 以企促治

三明市积极探索社会各界力量共同参与小流域治理的创新做法,改变以往小流域治理单靠政府及其部门孤军作战的局面。其一,企业认领。在对小流域全面排查和水质监测基础上,针对 14 条水质Ⅲ类以下小流域的实际情况,让企业参与清理河道、保护小流域等工作,选取企业的原则为排污量大和治理水平高。其二,企业认治。督促认领企业履行环保主体责任和社会责任,加大环保资金投入,2018 年投入 1.3 亿元开展污染治理。三钢集团在认领蕉溪流域后,实现企业由河道污染者向管护者的角色转变,2019 年自主投资 500 万元建成了渣场淋溶水治理工程,使蕉溪流域水质有了巨大改善。其三,企业认捐。拓展融资渠道,为引入社会资本助力小流域治理,建宁县成立了中国绿化基金会福源建宁生态发展专项基金,作为首个县域级生态发展专项基金,截至 2017 年已吸纳 12 家企业的捐款金额达 120 万元。

4. 以利促治

其一,撬动金融杠杆。三明市在 2015 年出台《企业环境信用评价实施细则(试行)》,在全省率先对小流域范围内的企业进行环境信用评价,探索建立企业"红黑榜"与信用评价并重管理工作机制,构建"守信激励,失信惩戒"长效机制。其二,撬动市场杠杆。2015 年以来,允许小流域范围内的工业企业开展排污权交易,引导企业开展技术改造,节约排污总量指标,通过海峡股权交易中心出让富余排污权,推行排污权抵押贷款,撬动市场杠杆,力促企业自主减排,同时也推动企业采用先进生产工艺,实施清洁生产。其三,撬动保险杠杆。2015 年开始引入保险公司参与风险防控,保险对象涉及小流域范围内的整个工业园区以及高环境风险企业,比如,涉重金属企业、化工企业等。

5. 以晒促治

不断深化"半月一通报、一月一监测、一季一督查"工作机制,通过"三晒"小流域加快推进整治工作:① 晒问题。发现问题即通过媒体和网络曝光,尤其是加大省上通报、群众举报等问题的媒体曝光力度,着力解决影响水质提升的瓶颈。② 晒进度。策划实施小流域综合整治工程包,并将其纳入全市"五比五晒"项目竞赛活动,加大关键领域和薄弱环节补短板工作力度。③ 晒水质。通过微信等媒介把小流域实时图片"晒出",并及时发布水质监测结果,然后由"晒"转"赛",推动小流域治理工作深入开展。

三、绿色循环经济促进产业升级

围绕福建生态资源优势,大力发展绿色循环经济,是实现产业低碳转型、高质量升级的不二之选,一方面可以释放生态红利,是对福建生态资源的最好保护,为福建发展生态旅游等产业创造良好条件;另一方面,又可以促进产业转型升级,在生态资源合理利用的基础上,提升福建经济现代化品位,为福建经济的"高素质"发展保驾护航。

近些年,福建发展循环经济取得了不俗的成效。截至 2018 年,有 5 家企业(园区)入选国家循环经济试点园区名单(第一批和第二批),分别是福建省三明市环科化工橡胶有限公司、福建三钢(集团)有限责任公司、福建凤竹防治科技股份有限公司、厦门钨业股份有限公司、福建泉港石化工业园区。有 72 家企业(园区)入选福建省循环经济示范企业(园区)(第一批和第二批)。在能耗方面,2018 年福建万元地区生产总值能耗下降了3.4%,连续多年保持下降,趋势良好。到 2020 年,工业固体废物综合利用率达 85%以上,建成 100 家省级以上循环经济示范企业、30 个循环经济示范园区。

(一)着力完善循环经济发展的政策体系

福建非常重视循环经济发展的政策体系建设。为规范节约能源和循环经济专项资金使用管理,2007年9月,省经贸会和省财政厅发布《节约能源和循环经济专项资金管理暂行办法》。2010年6月,发布了《福建省人民政府关于加快循环经济发展的意见》,目的是发展循环经济,使资源得以充分利用,让环境不断改善,实现发展的可持续。2011年6月,福建省人民政府印发了《福建省"十二五"节能和循环经济发展专项规划》。2017年,省人民政府印发了《福建省"十三五"节能减排综合工作方案》,"十三五"节能减排目标是提升能源利用效率和生态环境质量,动力为供给侧结构性改革和创新驱动发展战略的推进,并确定了2020年节能减排应达到的具体目标。

近年来,福建相继出台《关于加快海洋经济发展的若干意见》《福建省海洋生态保护红线划定成果》《福建省海洋经济发展规划》等规划文件,为海洋经济发展提供政策保障。《关于加快海洋经济发展的若干意见》提出,海洋经济发展迅速,2015年其总值已经达到7300亿元,占地区生产总值的28%以上,海洋经济强省要在2020年全面建成。

(二)探索建立循环经济发展的示范试点与验收机制

福建省不断深化循环经济示范试点推进工作,积极动员企业、园区申报省级循环经济示范试点企业(园区)。再从示范试点企业中评选出省级循环经济示范企业(园区),激励其他企业(园区)发展循环经济的积极性。如2015年5月,为加快福建省循环经济发展,根据《关于公布福建省"十二五"循环经济示范试点单位(第一批)名单及有关事项的通知》(闽经贸环资〔2011〕736号)的要求,福建省经济和信息化委员会组织有关部门、专家对示范试点企业开展了评估验收。公布了通过验收的41家福建省循环经济示范企业名单(第一批),如福建冠福现代家用股份有限公司、福建百宏聚纤科技实业有限公司、英博雪津啤酒有限公司、兴业皮革科技股份有限公司、福建三钢(集团)有限责任公司等。2019年3月,福建省工业和信息化厅组织有关部门、专家开展第二批循环经济示范试点企业评估验收,根据验收结论,公布了通过验收的31家福建省循环经济示范企业名单(第二批),其中紫金铜业有限公司、华润水泥(龙岩雁石)有限公司、福建华峰新材料有限公司、赛得利(福建)纤维有限公司4家企业为福建省循环经济示范优秀企业。2017年12月,福建省经济和信息化委员会组织有关部门、专家对示范试点园区开展了评估验收,公布了通过验收的14家福建省循环经济示范园区名单(第一批),包括泉港石化工业园区、中泰(石井)石材聚集区、泉惠石化工业园区、永春县工业园区、云霄县云陵工业开发区、福建龙雁经济开发区、上杭县蛟洋工业区、莆田市秀屿区国家级木材贸易加工示范区、莆田市秀屿区临港工业园区、福建梅列经济开发区、沙县金古工业园、福建将乐经济开发区、邵武金塘精细化工园区以及建瓯中国笋竹城。

除了打造示范试点企业(园区),福建省还打造一批循环经济示范试点城市。福建省循环经济示范试点城市(第一批)就有15个城市进入名单,如厦门市循环型综合示范和国家低碳试点城市、泉州市节水型社会建设试点城市、三明市清洁生产示范试点城市、仙游县循环经济示范试点县等。积极推进开展园区循环化改造试点。德化陶瓷产业国家循环化改造示范试点园区完成终期预验收,完成海西再生资源产业园"城市矿产"示范基地和泉港石化工业园园区循环化改造中期评估,组织实施6个绿色制造系统集成项目建设。

(三) 尝试建立循环经济发展的激励机制

福建在循环经济发展上还尝试建立奖励机制,以此激励并带动循环经济更好更快地发展。如泉州市一直遵循"企业小循环、产业中循环、社会大循环"的原则,重视资源综合利用,紧抓清洁生产等工作,成立循环经济试点园区,树立示范企业,使得泉州在循环经济方面取得了良好的成效。泉州不仅在政策上支持循环经济示范园区,在资金的补助方面也非常重视,根据泉州市 2017 年 5 月份发布的《关于建立正向激励机制促进有效投资的十二条措施(试行)》,传达了对自主创新示范区、生态文明试验区等类型的循环经济示范园区的政策和资金上的支持及补贴的文件精神,对项目工作杰出的地方和部门奖励 50 万元;省级及以上工业园区按招商绩效考评由商务局评出招商成效前三名,经费补助分别是 150 万元、100 万元、50 万元;其他工业园区招商成效前三名则由市经济和信息化委员会评出,经费补助分别为 100 万元、80 万元、50 万元。每年,福建省经济和信息化委员会都会发布本年度省级节能淘汰落后产能专项资金支持重点的通知,对节能循环经济重点示范项目和单位,对园区循环化改造示范试点、节能循环经济能力建设等方面进行重点资金支持。为提高节能(循环经济)专项资金的使用效率和效果,强化各设区市对节能工作的责任,福建省从 2013 年起对节能(循环经济)专项资金分配进行改革试点。根据下达各设区市的节能目标任务、年度节能指标完成情况等指标,每年从省级财政节能(循环经济)专项资金中拿出部分资金,切块分配各地专项用于节能、循环经济项目奖励。

案例 3-6　福建圣农发展循环经济释放"生态红利"

2009 年,圣农与湖北凯迪控股投资有限公司合资建立了亚洲第一家利用燃烧鸡粪发电的"生物质能源"环保电厂。首个电厂已经实现发电量 1.68 千瓦时,年产值 1 亿元。2014 年 6 月,尝到甜头的圣农又独资建起了第二座鸡粪发电厂。两家环保电厂投产后,既及时、高效处理了养殖中需要处理的全部鸡粪,又通过燃烧所产生的水蒸气来发电,从而为当地带来了新的电源点。除了发电,鸡粪经发酵处理也能制成有机肥。首先,把鸡粪等废弃物堆放在养殖场里发酵,然后,通过密闭运输车再集中运输到有机肥生产厂的发酵池,经过20多天充分发酵灭菌后,有机质含量大于60%以上的专用有机肥便被制成。不仅是鸡粪"变废为宝",圣农还充分利用发电过程中产生大量的蒸汽和水。在屠宰车间,把发电厂的蒸汽和水降温用于浸烫鸡毛工序,而且用过的水在处理达标之后,又能输送到鸡粪发电厂而再度被使用,成为循环生产模式的一个闭环。

案例3-7　泉州探路循环经济助推产业转型升级

作为"民营经济特区"的福建泉州,因产业多样化、企业数量众多而活力四射,更为可贵的是,相关部门和企业等主体不断尝试循环经济助推产业转型升级,走出了一条深度融合信息化和工业化,转型发展循环经济、绿色经济和低碳产业之路。

泉州市紧紧把握"企业小循环、产业中循环、社会大循环"的原则,不断提高资源综合利用水平、大力发展清洁生产等工作,在循环经济试点园区和示范企业的创建上取得了良好的成效。"十一五"以来,泉州市凤竹纺织科技股份有限公司被列为国家级循环经济试点单位,南星大理石、福建中节能等59家企业先后被评为省级循环经济示范企业。目前,创冠环保(晋江)、鑫华股份等30家企业持有资源综合利用认定证书,享受资源综合利用优惠税收政策,资源综合利用认定的产品涉及以石粉、尾矿为原料生产的建材产品,以废弃瓶片、无纺布为原料生产的化学纤维等7个类别。

2011年以来,泉州市共引导冠兴皮革、海天印染等246家企业实施清洁生产审核,促进企业引进先进设备、改进生产工艺,循环利用生产过程中产生的废物、废水和余热,努力提高资源利用率。此外,泉州市还积极创建国家级循环经济示范园区(县区)。2012年,德化陶瓷产业园区被评为国家循环化改造示范试点园区,该园区成为福建省第一个获此殊荣的园区;2013年,石狮市参评国家循环经济示范城市(县)并成功获批,同年,福建海西再生资源产业园获评国家"城市矿产"示范基地;2014年,泉港石化工业园区成为继德化陶瓷产业园区之后,福建省第2个国家级循环化改造示范试点园区。通过这些示范试点单位的创建,以点带面,有效地推进了泉州市循环经济工作的深入开展。

四、绿色产业导向助力低碳转型

通过产业生态化的绿色导向促进产业低碳化转型,是全球实现可持续发展的共同愿景,其根本思想仍是人与自然的和谐发展,但重点从资源环境转向了能源环境,因此实现路径也更强调能源的优化,低碳经济的核心即能源高效利用、能源结构优化和清洁能源开发,可以看作循环经济在能源领域的延伸。产业生态化,就是根据生态经济学原理,运用生态、经济规律和系统工程的方法来经营和管理传统产业,以实现其经济效益最大化、资源利用高效化、生态环境受损程度最小化和废弃物利用多层次化的目标。[①]

(一) 晋江鞋业低碳转型

晋江市陈埭镇作为全国最大的鞋产品基地,其产量目前占全球8.5%,集生产、加工、贸易为一体,且生产设施处于超一流水平,产业链完整,因此不仅产品齐全,而且市场成熟。[②]

制鞋产业离不开皮革,所以要推动制鞋的发展,皮革业要优先发展,然而皮革业一直是高污染行业。晋江兴业皮革有限公司认识到了企业低碳转

---

① 程春生.产业生态化与福建可持续发展[J].福建论坛(人文社会科学版),2007(1):114—116.
② 谢秋钊.浅谈信息时代晋江鞋材资讯网站的建设[J].中国电子商务,2012(14):22.

型的重要性,按照清洁生产的标准来组织生产,加大节能减耗、污染防治等项目的投入力度,引入先进环保的高新技术,实施废渣、废水等的循环再利用,争取做到"零"排放、无污染。

(二)晋江纸业低碳转型

恒安集团为晋江纸业的杰出代表。在2018年第七届世界经济与环境大会上,恒安集团成为生活用纸行业第一家也是唯一一家获得世界经济与环境大会认可以及推荐的企业。为什么恒安集团能成为国内此行业的佼佼者和领导者呢?这主要体现在该集团生产流程中的如下几方面:首先,在造纸原材料供应商的选择上,恒安集团的入选标准是极为严格的,甚至是苛刻的,其标准要求木材是合法的、产地清晰的、可追溯的、可再生的,唯有如此才能用于纸浆生产;其次,对于生产工艺也执行严格的标准,包括从木材到纸浆,再到成品制作,生产工艺的每一个环节都要求做到可持续;再次,在减少水资源、木材和能源的使用量上,不仅要求以能少尽少的原则节约资源,而且更要避免生产过程对周围环境造成污染,为此最先进的生产技术和设备被采用。上述措施和技术使得恒安集团的营业额提升十分迅速。

五、绿色评价体系贯彻生态理念

福建省率先在34个重点生态功能区的县市取消GDP考核,并在省域范围内开展生态系统价值核算改革试点。生态系统生产总值(GEP)是指自然生态系统能够提供给人类的产品与服务价值的总和,具体指行政区域内森林、河流、湖泊、水库、海洋等自然生态系统为人类福祉和经济社会发展提供的最终生态产品价值的总和。[①] 生态系统的价值主要有以下三方面:

---

① 欧阳志云,朱春全,杨广斌,徐卫华,郑华,张琰,肖燚.生态系统生产总值核算:概念、核算方法与案例研究[J].生态学报,2013,33(21):6747—6761.

① 生态物质产品价值；② 环境调节服务价值；③ 生态文化服务价值。[①] 通过对生态系统生产总值的核算可以了解区域生态系统的价值，摸清生态系统的"家底"。

2016 年福建成为第一个国家生态文明试验区，"两山论"发展理念已在八闽大地生根发芽。作为 38 项改革任务之一，武夷山市、厦门市被列为首批试点地区，先行实践生态系统价值核算。通过三年不断探索，福建把近400 个生态系统数据点位和监测点位设置在两个试点城市，归集整合不同领域的各类生态环境数据，收集数据累计十余万条，全方位、全口径调查两个试点的山水林田湖草生态系统实物量，形成"一张图"，用来直观地体现生态系统"价值图"。借助生物物理模型及价值核算的定价基准，把不同核算指标、量纲数据和价值量进行归一化与标准化处理，并最终用货币体现。武夷山和厦门的生态系统价值核算试点取得显著的改革成果，包括 GEP 基础理论框架、核算技术体系、业务核算能力和成果应用机制等。

（一）构架生态系统价值核算省市协调联动机制

作为全国首个生态文明试验区，福建省先行先试，探索开展生态系统价值核算试点，成立了由省政府统一部署、省市协调联动、国家级团队技术支撑的组织架构。各市成立领导小组，由市委主要领导任组长，市发展和改革委、科技局、生态环境局、统计局、水利局、住建局、自然资源局、林业局、气象局、旅发委、农业局等职能部门为成员，统筹部署和深入推进生态系统价值核算试点工作。

（二）遴选优秀生态系统价值核算技术团队

技术支撑由原环境保护部环境规划院作为技术团队，并邀请国内相关领域的中国工程院李文华、金鉴民（已故）院士，以及原环境保护部、中国科学院地理科学与资源环境所、中国科学院生态环境研究中心、原环境保护部

---

① 欧阳志云，朱春全，杨广斌，徐卫华，郑华，张琰，肖燚. 生态系统生产总值核算：概念、核算方法与案例研究[J]. 生态学报，2013，33(21)：6747—6761.

南京环境科学研究所、北京大学、北京林业大学、国家统计局等单位的相关领域权威专家组成专家顾问组,形成了一个强大的"智库"推动试点工作的顺利开展。

(三) 设计科学的生态系统价值核算指标体系

通过大量案头调研,借鉴国内外相关研究成果,包括千年生态评估、联合国 EEA 账户、《自然资源(森林)资产评价技术规范》等,在欧阳志云、谢高地、傅伯杰相关研究成果的基础上,界定生态系统价值的概念内涵、相关生态资源分类及其核算指标体系,制定生态系统价值的核算原则,并结合两市区域特征和生态资源特征,分别设计了生态系统价值核算框架。

(四) 构建生态系统价值核算账户

根据上述指标体系,开展多轮数据搜集和问卷调研,涉及国土、统计、林业、水利、气象、旅游等多个部门,形成了生态系统价值核算关键数据集,涉及环境、气象、水文、生物等方面,并构建符合区域特征的生态资产实物量账户、生态系统服务实物量账户和价值量账户。

(五) 建立生态系统价值核算成果应用机制

生态系统价值核算成果应用于以下几个方面:第一,利用 GEP 的定量评估结果作为数据支撑,为动态评估环境承载力服务;第二,以不同生态资源流量和存量的 GEP 变化作为依据,实施领导干部离任审计制度;第三,利用 GEP 核算提供的生态类评估指标,确定生态补偿标准和绿色发展绩效考核。

案例 3-8　厦门建立生态系统价值核算技术体系[①]

开展生态系统价值核算,是为了摸清生态环境的家底,并随时掌握发展过程中生态资源的"损耗",以便适时地调整发展策略,确保生态环保与

---

① 厦门市生态环境局.厦门市生态系统价值核算报告(白皮书)发布[EB/OL].(2018-11-16)[2021-03-15].http://k.sina.com.cn/article_1595061843_5f12b65302000efh2.html

经济社会的协调发展,切实践行"绿水青山就是金山银山"的理念。因此,核算的客观精确显得尤为重要。为此,厦门市创新建立起精准的生态系统价值核算技术体系,具有三大特色——以监测数据为根本、明确核算基准、不断改进核算方法。

厦门市生态系统价值核算立足客观实际,以服务生态文明制度改革、指导地方生态环境建设为目标,而非一味追求核算结果的"高分值"。各行业部门常规业务监测数据、资源清查数据和科研实测数据成为主要数据源,又有野外监测和问卷调查作为补充,保证核算结果的客观准确性和全面性。不仅如此,厦门市优先采用国家或行业标准,借鉴相关研究管理经验,按照实际发生性原则设定了核算基准,并对核算方法进行改进,包括核算因子、范围、模型、时空精度等,真正实现精确客观核算。

截至 2018 年,厦门市已经制定了人类收益性、生物生产性、保护成效性等生态系统价值核算的八大原则,并在此原则基础上,结合海滨城市的特色,形成了生态系统价值核算指标体系,包括生态系统产品、人居环境调节、生态水文调节等 7 个功能类别,15 个一级科目和 27 个二级科目,并进一步确定了陆地和海洋生态系统指标体系。

案例 3-9 武夷山建立生态系统价值核算成果应用机制

武夷山分别针对产品供给、水流动调节、气候调节、固碳释氧、土壤保持、大气净化、水质净化、物种保育、噪声削减、提供负氧离子、文化服务等的生态系统服务开发了相对独立的专业化实物量、功能量和价值量核算账户,根据各种服务实现方法不同,构建了模块化核算系统,同时对各账户核算结果实现了基于 GIS 系统的网格化展示。核算结果实现自动分类和可视化图表。

武夷山开展 GEP 核算,给绿水青山打上"价格标签",更直观地表现生态资源的量化价值。其一,通过 GEP 核算,探索构建绿色发展绩效考核制度,并与自然资源资产负债表、党政领导干部自然资源资产离任审计等相衔接,有利于转变唯 GDP 论的政绩观,更好发挥生态指挥棒作用,引导各级领导干部牢固树立正确的政绩观,充分认识生态文明建设的重要性,坚决担负起生态文明建设的政治责任,坚持人与自然和谐共生,坚定不移走生态优先、绿色发展新路子。其二,通过 GEP 年变化量和年变化率,精准发现变化情况和原因,进一步明确发展重点、生产力布局规划和产业转型方向。2010 年与 2015 年 GEP 核算结果显示,武夷山市森林生态系统服务价值排名第一,第二名是农田生态系统,第三名是湿地生态系统;从产品供给服务、调节服务和文化服务来看,调节服务价值最高,其次为文化服务和产品供给服务;调节服务中气候调节增长最快,其次为水流动调节、固碳释氧、土壤保持和洪水调蓄,水质净化、大气净化和噪声削减方面的价值均出现下降。其三,开展 GEP 核算,通过系统全面地掌握生态系统中各子项的变化状况,考量地区生态文明建设效果,寻找重点,查找"短板",确立主攻方向。

六、绿色生态旅游打造省域名片

近年来,福建省委省政府高度重视旅游业发展,明确将旅游业作为三大新兴主导产业之一加以培育。并提出建设"全域生态旅游省"的战略构想,把福建全省作为一个大景区来打造,努力实现"省域即景区、景区即省域",并取得了明显成效。[①] 2017 年,福建省成立旅游发展委员会,进一步强化了旅游主管部门的综合协调职能,这是福建旅游在全域体制机制上取得的重

---

① 汪平,李金枝.福建:全域生态旅游省建设加速[N].中国旅游报,2017-06-20.

大突破,福建全域生态旅游省建设开始加速前进。[①]

将福建建设为"全域生态旅游省",其思想源头是2000年时任福建省省长习近平同志提出的建设生态省战略构想。福建生态环境优美,是全国为数不多的水、大气、生态环境质量全优的省份之一。习近平总书记在十八届中央政治局第六次集体学习时的讲话中又明确指出:"生态文明是人类社会进步的重大成果。人类经历了原始文明、农业文明、工业文明,生态文明是工业文明发展到一定阶段的产物,是实现人与自然和谐发展的新要求。历史地看,生态兴则文明兴,生态衰则文明衰。"福建发展生态旅游,建设"全域生态旅游省",打响"清新福建"总品牌,这是对习近平同志生态省建设思想的延续,是对习近平总书记生态文明思想及其对福建省工作重要指示精神的贯彻落实,功在当代、利在千秋。

福建全省干部群众牢记总书记嘱托,像保护眼睛一样保护福建良好的自然生态系统,像对待生命一样对待生态环境,把习总书记生态文明思想的理念、原则、目标融入经济社会发展的各个方面,贯彻落实到各级各类规划和各项工作中,[②] 其中,建设"全域生态旅游省"战略构想就是浓墨重彩的一笔。2013—2017年,全省旅游总人数和总收入年均增幅都超过两位数,持续好于全国平均水平;从2015年开始旅游总收入增幅高于旅游总人数增幅,实现了效益型增长,2017年全省全年累计接待旅游总人数3.83亿人次,全省旅游总收入突破5000亿元大关;全省累计接待入境游客775万人次,同比增长13.9%,继续保持全国第五位。仅2018春节假日期间,福建省就累计接待游客2266.86万人次,同比增长21.6%,旅游总收入172.24亿元,同比增长32.8%。纵观2014—2018年福建省春节旅游业发展情况,旅游人次和旅游收入不断增长,2018年春节旅游人数首次突破2000万人,创下历史新高,比2014春节1067.7万人次翻了一番。

---

① 汪平,李金枝.福建:全域生态旅游省建设加速[N].中国旅游报,2017-06-20.
② 同①.

近年,福建各地假日旅游市场呈现出以下三个特点:① 休闲度假旅游成为过节常态;② 生态休闲游迅速升温;③ 乡村体验游持续活跃。可见,建设"全域生态旅游省"顺应了旅游市场的消费潮流,发展生态旅游正当其时。2018 年,福建省旅游发展委员会出台的《关于加快推进全域生态旅游的实施方案》表明,福建要将福州、厦门两市建成国际旅游城市;全省创建 15 家国家级全域旅游示范区,建设 100 个休闲集镇,开发 1000 个乡村旅游村,形成 10 000 个具有福建特色的观光、休闲、度假、康养、研学等各类旅游产品。[①] 实施方案还提出,打造平潭国际旅游岛。可见,福建省发展生态旅游业(含生态康养),生态前景和经济"钱"景均很可观。

(一) 将八闽文化与生态旅游相结合

福建在打造"清新福建"生态旅游过程中,擅于结合八闽文化资源,注重将文化元素融入生态旅游之中,使旅游不单纯的是看山看水而已,而是一边看山看水,一边感受独特的福建文化,如红色文化、公园文化、海丝文化、客家文化、茶文化、小吃文化等。八闽文化资源与生态资源的结合,突出了福建独特的"红、古、绿、新"(即红色古迹、古代建筑、绿色生态、现代面貌),这是福建生态旅游的一大亮点。2017 年 1 月,"清新福建十大精品线路"发布,分别是红色经典之旅、世遗探秘之旅、海丝休闲之旅、闽台风情之旅、世界茶乡之旅、温馨厦门之旅、宗教朝觐之旅、客家文化之旅、闽都文化之旅、温泉度假之旅。这十大精品线路,是对福建旅游"红、古、绿、新"的生动诠释。

"清新福建十大精品线路"之"红色经典之旅"主要行程包括永定(金砂红色遗址•泽东楼)—武平(刘亚楼故居、文博园)—上杭(古田会议旧址、毛泽东才溪乡调查纪念馆、临江楼)—长汀(中复村、红四军司令部、政治部旧址、瞿秋白纪念园、福音医院、云骧阁)—连城(松毛岭战役旧址群、新泉整训旧址群)—新罗(邓子恢故居、闽西革命历史博物馆)—漳平(洋美村红军留

---

① 肖长培.福建旅游供给侧结构性改革路径研究[J].学术评论,2016(02):55—64.

信处)—清流(毛泽东旧居)—宁化(长征集结出发地)—建宁(红一方面军总司令部、总前委旧址)—泰宁(红军街)—邵武(红三方面军指挥部、闽赣省委、东方县苏维埃、顺昌洋口镇)—武夷山(赤石、大安)。

"清新福建十大精品线路"之"世遗探秘之旅"主要行程包括福州(三坊七巷)—宁德世界地质公园(太姥山、白水洋-鸳鸯溪、白云山)—世界文化与自然双遗产武夷山(天游峰、大红袍、九曲溪、下梅古民居、《印象大红袍》实景演出)—泰宁丹霞/泰宁世界地质公园(大金湖、上清溪、尚书第、九龙潭、寨下大峡谷、明清园)—福建土楼(永定高北土楼群、福建土楼客家民俗文化村、初溪土楼群;南靖云水谣、田螺坑土楼群、河坑土楼群、大地土楼群)—厦门(鼓浪屿),① 这里就含有闽都文化(福州)、武夷山地址与公园文化、福建茶文化、客家土楼文化等。

"清新福建十大精品线路"之"海丝休闲之旅"主要行程包括福州(马尾船政博物馆、罗星塔、三坊七巷)——平潭国际旅游岛(石牌洋、海坛古城、石头屋、对台小额贸易城)——莆田(湄洲岛、工艺美术城、九鲤湖)——泉州(洛阳桥、海交馆、清源山、开元寺·东西塔、九日山、德化陶瓷博物馆)——漳州(南靖土楼、东山岛、火山岛、月港、天一总局、翡翠湾滨海度假区)——厦门(鼓浪屿、菽庄花园)。从唐宋到明清直至近代,福建是海上丝绸之路的重要起点。早在唐代中期,福建的泉州已与广州、交州、扬州并称为"全国四大通商口岸"。宋元时期,海上丝绸之路达至顶峰,泉州港成为"东方第一大港",与埃及的亚历山大港齐名。明代前期,福州港取代泉州港的官方港口地位,著名航海家郑和七下西洋,就是从长乐太平港开洋远航;漳州月港是明朝中后期中国最大的对外贸易港口。福建是中国21世纪海上丝绸之路核心区,"海丝休闲之旅"会使游客在生态旅游中充分感受到福建独特的海丝文化底蕴。"清新福建十大精品线路"中的每一条旅游路线,都是福建本土文化与生态资源结合的体现,这是"清新福建"品牌的魅力所在,也是"全域生态旅游省"建设的优势所在。

(二) 不断完善生态旅游产品体系

福建旅游坚持绿色发展,推进"旅游＋"融合发展,为相关产业和领域发展提供平台,旅游业的拉动力、融合能力以及催化、集成作用得到充分发挥。着力促进旅游业与休闲农业、工业、文化等产业融合,形成"旅游＋特色农业""旅游＋休闲乡村"等休闲旅游产品。推动森林康养、观光工厂和邮轮游艇旅游等新产业、新业态、新模式发展,创建一批现代农业庄园、休闲农业示范点、国家中医药健康旅游示范基地、养生旅游休闲基地、体育旅游休闲基地和研学旅游基地等。策划举办"万名台湾学子来闽修学旅游"活动,打造闽台修学旅游基地,使其成为全国第五个"中国邮轮旅游发展实验区"。实施乡村旅游"百镇千村"工程,10 个休闲集镇和 235 个乡村旅游特色村在城市和主要景区周边创建完成。充分发挥省旅游产业发展工作联席会议的统筹协调作用,联合省直相关部门共同推进 97 项旅游产业融合任务。截至 2017 年已创建 6 家国家级生态旅游示范区和 48 家省级生态旅游示范区、3 家国家级旅游度假区和 6 家省级旅游度假区,11 家省级露营公园、12 家省级养生旅游休闲基地和 8 家省级体育旅游休闲基地。其中屏南县白水洋·鸳鸯溪旅游区入选首批国家体育旅游示范基地,厦门国际马拉松入选首批国家体育旅游精品赛事。[①]

(三) 成立福建"旅游＋"质量等级评定委员会

福建省文化和旅游厅及全省上下都认真贯彻福建省委省政府关于加快旅游产业发展的重大决策部署和省领导关于"全省九市一区要全资源整合、全要素调动、全产业链发展"等指示批示精神,加快旅游供给侧改革,推进全域旅游发展,进一步打响"清新福建"品牌,加快把旅游业培育成为福建的三

---

① 汪平,吴健芳,李金枝,徐同庆.清新福建:全域生态旅游省建设向纵深推进[N].中国旅游报,2018-01-05.

大新兴主导产业,^① 积极发展"旅游＋"经济,如"旅游＋体育""旅游＋养生""旅游＋文化创意""旅游＋文娱""旅游＋互联网"等。为此,福建成立了"旅游＋"质量等级评定委员会,对全省旅游基地进行质量等级评定,规范"旅游＋"经济的有序发展。2015年,根据《关于委托省旅游协会开展旅游质量等级评定工作的意见》,成立福建省"旅游＋"质量等级评定委员会,对旅游资源进行第三方评估。2016年,该委员会认定10家单位为省级生态旅游示范区,分别是安溪志闽生态旅游区、德化石牛山景区、惠安聚龙小镇养生旅游区、将乐龙栖山景区、清流天芳悦潭生态旅游区、尤溪九龙埠景区、宁化天鹅洞景区、莆田瑞云山森林公园、龙岩龙硿洞生态旅游区和福鼎太姥山景区。2017年,福建省"旅游＋"质量等级评定委员认定了第一批养生、体育旅游休闲基地示范创建单位。第一批养生旅游休闲基地示范创建单位名单共15家,如厦门青礁慈济宫、漳州云霄金汤湾海水温泉度假区、德化九仙山景区、尤溪八字桥林下中药材种植林场、屏南青草医健康养生旅游项目等;第一批体育旅游休闲基地示范创建单位名单共15家,如福州海峡奥体中心、永泰大樟溪休闲游乐区、福清市一都漂流、泰宁金湖旅游度假区、福鼎市牛郎岗景区等。2018年,福建省"旅游＋"质量等级评定委员认定2018年省级体育旅游休闲基地10家、省级养生旅游休闲基地14家以及露营公园11家。福建省"旅游＋"质量等级评定委员会的成立和独立运作,有力规范并激励了福建省各地旅游景区的标准化建设,也规范并带动了全省"旅游＋"经济的发展。

(四) 全社会协同推进生态旅游升级发展

2016年,福建全域旅游工作推进会提出发展全域旅游,人人都要参与、行行都要推动、处处都可以旅游,把本区域整体作为功能完整的旅游目的地来建设,以旅游业带动和促进经济社会协调发展,实现区域资源有机整合,

---

① 汪平,吴健芳,李金枝,徐同庆.清新福建:全域生态旅游省建设向纵深推进[N].中国旅游报,2018-01-05.

各产业融合发展,全社会共建共享。各地旅游规划要对接《福建省"十三五"旅游业发展专项规划》,充分考虑本地国民经济和社会发展,与城乡建设、土地利用、基础设施衔接协调,还要考虑环境保护以及文化、教育、卫生、农业、林业、体育等各行业情况,做到"多规合一",从源头上体现"无处不旅游"。

为此,其一,建立了党政统筹、各部门各行业协同、社会全员参与的体制机制。为更好地发挥旅游主管部门的综合职能作用,福建于 2017 年成立了省旅游发展委员会,各地级市也相应成立了旅游发展委员会。其二,加大了旅游产业的投入。一方面设立旅游业发展专项资金,地方财政保障能力要与旅游发展要求相适应;另一方面推进多元化融资,创新旅游投融资平台,如 PPP、众筹模式等,引导社会资金投入旅游业。为形成大投入、大建设、大项目的旅游业发展格局,各市、县设立相应的融资平台。其三,注重产业融合,打造全域旅游产品体系。大力推进旅游业与其他各行业全面融合,持续推进旅游融合发展的"六个一百"工程,深化实施改造提升 100 家旅游景点、开发 100 种旅游纪念品、建设 100 个旅游设施基地、推出 100 道福建旅游美食、扶持 100 家特色旅游企业、挖掘 100 名历史人物等,发展旅游小镇、旅游风景道、旅游绿道、旅游产业集聚区、旅游度假区、特色旅游基地及研学旅游、养老旅游、低空飞行旅游、邮轮游艇旅游等新兴旅游产品,不断延伸旅游产业链,着力培育旅游新模式、新业态。其四,提高旅游综合服务能力。优化旅游基础设施和服务环境,开展景区提升计划。利用互联网,建设全域智慧旅游平台,实现旅游管理、营销和服务体系智能化。其五,强化全域旅游综合监管。成立福建省旅游发展委员会作为旅游综合监管管理部门,其市场职能包括综合协调、宣传营销、规划统筹、市场监管等。各地也争取成立旅游综合管理机构,建立与全域旅游相配套的执法体系,积极探索全域旅游综合管理新模式,创新旅游管理。其六,加强生态保护实现全域宜居宜游。在全域生态旅游省建设中,突出生态保护,坚持绿色发展,贯彻落实"绿水青山就是金山银山"的理念,以生态文明引领全省旅游产业发展。

自然生态的保护是福建在推进全域生态旅游省建设中始终放在第一位考虑的。在旅游景区开展生态环境最佳承载力测算,以此确定景区对游客的承载量,并对游客容量合理调控,保障旅游生态环境系统的可持续利用。旅游项目建设要建立环境影响评价制度,在建设选址和建设规模上与区域大气环境影响评价、土壤环境影响评价、水环境影响评价以及环境影响综合评价等相结合,实现生态良性循环与生态旅游可持续发展。同时,全域生态旅游与经济社会发展相融合,按照"景城一体、城乡一体、全域布局、产业互补"的思路,对旅游资源有机整合,促进旅游产业与其他产业融合发展,丰富旅游业的内涵和外延,最终实现旅游业的经济、社会、环境的综合效益,带动和促进了经济社会的协调发展。

(五) 率先发布"放心游福建"旅游服务承诺

在顾客对旅游投诉时,福建给出"一口受理""限时办结""先行赔付"等承诺,强化旅游市场综合监管。2016 年,福建省旅游局联合省工商局、省物价局下发《关于开展"放心游福建"旅游服务承诺工作的通知》,对广大游客郑重承诺:旅游投诉一口受理,简易投诉 7 天办结,超"七"投诉先行赔付。[①] 游客需要进行旅游投诉,只要直接拨打当地 12315 服务热线,不管投诉处理将会涉及哪些部门哪些单位。

游客申请启动快速处理程序的,投诉承办单位有义务告知游客应当提供哪些证据和相关材料。对符合快速处理条件的旅游投诉,即使游客没有申请启动快速处理程序,接诉承办单位也要主动启动快速处理程序,在收到投诉人提供的全部证据材料之日立案,并在之后的 7 个工作日内办结投诉。对恶性投诉,福建省同步建立恶意投诉的处理机制,在实现"有诉必理,有诉必果"的同时,防止可能引发的"碰瓷"。恶意投诉者一旦发现,将会被列入信用黑名单对外公布,对情节严重、构成诈骗等违法犯罪的,移送公安机关

---

① 文明. 清新福建游 服务有承诺东南网[EB/OL]. (2016-11-14) [2019-08-28]. http://np. fjsen. com/2016-08/11/content_18304297. htm

处理。2016年,福建省出台《关于提升旅游服务质量 加强旅游市场综合监管的实施方案》,理顺了各级各部门旅游市场监督的职责和责任,明确了实施旅游服务承诺、提升依法行政能力、建立健全信用体系等五项重点工作,对24类旅游问题进行了责任认定,明确了24个相关部门的责任清单。[①]"放心游福建"旅游服务承诺作出后,又成立旅游市场监督管理工作小组,该工作小组由各设区市、县(市、区)旅游局和平潭综合实验区旅游局牵头,工商、物价等部门配合,在工作中指定负责人和联络员,明确各成员单位责任分工,建立旅游投诉应急处置预案,对重大、紧急、群体旅游投诉及时启动应急措施,并确保相关单位在规定时间内反馈响应意见,积极处理。

随后,福建省旅游系统从事服务监管的负责人和业务骨干200余人参加了省旅游局举办的"放心游福建"旅游服务承诺培训,省旅游局和省工商局对"放心游福建"旅游服务承诺实施办法、旅游投诉热线12315系统应用等进行了详细解读、疑难解答和互动分享。2018年,福建还发布了"放心游福建"Logo标识,标识的主题是"清新福建,放心舒心爱心","福"字代表放心、舒心、爱心。此标识体现了福建省全力打造旅游公共服务体系,提升旅游服务产品品质,优化旅游服务环境的宗旨。

案例3-10　武夷山市奏响"全域旅游"新乐章

武夷山积极打造"旅游+"模式,利用朱熹文化、柳永文化、红色文化等丰富的文化资源推动旅游产业转型升级。核心景区提质升级,古镇文化游、乡村红色游、研学游等旅游形式显山露水,让武夷山旅游迸发新的活力。武夷山是世界文化与自然双重遗产,素有"碧水丹山"的美誉。这里

---

① 肖练冰.清新福建游 服务有承诺[EB/OL]. (2016-08-11)[2019-08-28]. http://np. fjsen. com/2016-08/11/content_18304297. htm

保存了世界同纬度带最完整、最典型、面积最大的中亚热带原生性森林生态系统,国家自然保护区空气负氧离子含量高达(8~11)万个/立方厘米,被誉为"天然氧吧"。武夷山是世界红茶和乌龙茶发源地,唐宋时期武夷山茶即闻名华夏,元明两朝列为皇家贡品,明清以来享誉世界。深山幽谷,流水潺潺。九曲溪畔,品茗对弈。一景一色,一茶一味,无不让人流连忘返。

武夷山市不断完善旅游配套服务设施建设,大力推动文化、生态农业等资源与旅游产业发展的深度融合,补齐旅游业发展短板,使旅游结构更系统、产品要素更齐全、发展因子更协调、作用机制更明显。武夷山市以创建国家全域旅游示范区为抓手,抢抓国家公园试点、国家主体功能区建设试点示范等政策机遇,着力推进旅游规划、旅游项目、旅游服务和行业标准全域化,形成处处可旅游、行行加旅游、时时能旅游、人人享旅游的全域生态旅游大格局,成效非常明显。武夷山已被列为国家全域旅游试点城市,获评最受海内外游客欢迎的旅游目的地之一、全球十大幸福地之一、国家首批生态旅游示范区、中国品牌旅游城市。

第三节 生态经济体系的福建思路与实践启示

一、生态经济体系的福建发展思路

习近平总书记为福建生态省建设亲自描画了"机制活、产业优、百姓富、生态美"蓝图。福建省 30 年持续行动,聚焦制度创新和实践创新,打造生态文明思想引领下的生态经济发展体系,走高质量发展、绿色发展之路,所取得的成就及其依循的路径和积累的经验,是美丽中国内涵的最佳诠释,具有美丽中国建设的突出示范性。

福建省在实践中探索美丽中国建设路径,逐步形成以打通"两山转换"通道为目标,以一二三产业联动融合发展为核心的生态经济发展思路:其一,实践"产业生态化,生态产业化"的新发展理念,通过"产业生态化"实现产业创新发展,通过"生态产业化"实现生态资源的价值增值。其二,通过产业发展与生态资源保护相互协调,突破资源环境瓶颈,建立健全生态经济体系,让生态优势变成经济优势,形成浑然一体、和谐统一的关系。其三,探索通过构建生态经济体系消除区域发展不平衡的可行路径,各地区可以根据各自的比较优势,找准自己的定位,同时根据动态竞争优势,构建适合自身条件的区域生态经济体系,利用产业发展规律实现后发优势。其四,贯彻绿色发展理念,通过源头减量化和末端轻量化的发展方式,依靠技术进步和创新驱动,提高资源利用效率和全要素生产率,从根本上摆脱对各类生态资源尤其是不可再生资源的过度依赖,提升国家竞争力。

二、生态经济体系的福建实践启示

构建美丽中国生态经济体系的关键,是优化绿色发展模式与路径,推进绿色产业强省建设。福建省围绕"机制活、产业优、百姓富、生态美"核心内涵,进行了一系列实践探索,包括:推动绿色低碳发展,着力绿色社区建设,践行绿色生产生活方式,引导绿色消费;加快绿色技术创新,打造自主创新新高地,创新企业生产模式,促进产业现代化、绿色化、数字化、网络化和智能化;持续推动生态产品市场化改革,建设碳排放权交易等绿色市场体系,促进产业联动融合发展;启动高质量绿色发展试点,大力发展数字经济、绿色节能产业、循环生态农业、文化创意和旅游康养产业,改造升级传统业态,壮大新业态,延长产业链,推动多业态融合发展。

生态经济体系的福建探索与实践,为"美丽中国"战略目标的制定和实施奠定了坚实的实践基础,提供了福建经验、福建示范和福建启示:① 建立资源可持续利用体系,节约集约使用资源,发展清洁能源,增强资源保障能力。② 深化供给侧结构性改革,坚持传统制造业改造提升与新兴产业培育并重、扩大总量与提质增效并重。③ 推行"一企一策""一业一策",着力优化产业结构、完善产业用地政策、产业发展机制、创新企业生产模式。④ 把握产业高端化、绿色化、服务化趋势,培育发展新动能,构建现代产业体系,延伸绿色产业链。⑤ 大力发展数字经济、生态工业、生态农业,创新生态资源资本化运作机制,促进绿色金融专业化建设。⑥ 发展福建全域文旅产业,变"旅游＋"为"＋旅游"。⑦ 扶持高校、科研院所和企业大力发展高新技术,鼓励科技创新,推进绿色发展、高质量发展。

第四章 美丽中国目标责任体系构建与落实路径

第一节 目标责任体系构建与落实的目标

一、目标责任体系的基本内涵

美丽中国目标责任体系是生态文明建设的重要组成部分,其目的是明确政府部门及相关主体责权配置并实施问责的制度体系。[①] 随着生态文明体制改革全面推进,美丽中国目标责任体系趋于成熟。在 2018 年 5 月举行的第八次全国生态环境保护大会上,习近平总书记提出了建设"以改善生态环境质量为核心的目标责任体系"。[②] 2018 年 6 月,国务院发布的《关于全面加强生态环境保护 坚决打好污染防治攻坚战的意见》中明确提出了"落实领导干部生态文明建设责任制,严格实行党政同责、一岗双责"。[③]

---

① 陈健鹏,韦永祥,等. 完善生态文明建设政府目标责任体系[EB/OL]. (2018-12-05)[2021-08-01]. http://paper.catheory.com/html/2018-12/05/nw. Dll0000xxsb_20181205-3-A4. htm

② 开创美丽中国建设新局面——习近平总书记在全国生态环境保护大会上的重要讲话引起热烈反响[EB/OL]. (2018-05-20)[2021-08-01]. http://www. xinhuanet. com/politics/2018-05/20/c_1122859915. htm

③ 国务院. 关于全面加强生态环境保护坚决打好污染防治攻坚战的意见[EB/OL]. (2018-06-24)[2021-08-01]. http://www. gov. cn/zhengce/2018-06/24/content_5300953. htm

科学正确的目标责任体系价值导向可引导生态文明建设取得实效。[①]美丽中国的目标责任体系其本质是保护生态环境,改善生态环境质量,满足广大民众对优质生态产品日益增长的需求,最终实现可持续发展和美丽中国的宏伟目标。因此,目标责任体系以改善生态环境质量为核心。

要改善生态环境质量,就需要有完整的目标责任体系、考核办法和奖惩机制。明确不同主体在生态环境保护中的目标责任和在其中扮演的角色,承担生态环境保护的任务,明确其责任清单且分解落实到位。建立包含资源消耗、环境损害、生态效益、人民福祉等在内的综合评价指标体系。建立严密的法律法规制度,加大法律执行力度,建立严格的责任追究制度,使落实目标责任成为常态,用科学严密、系统完善的法律制度体系为改善生态环境保驾护航,用最严格的法律制度护蓝增绿;[②]全面落实蓝天保卫战、深水污染防治行动计划和土壤污染防治行动计划,以空气、水和土壤三大战役为目标责任,确保全面建成小康社会、打好污染防治攻坚战。[③]

二、目标责任体系构建与落实要求

美丽中国目标责任制的构建是中国特色社会主义制度特征和优势的集中体现。自从党的十八大以来,在以习近平同志为核心的党中央强有力领导下,生态环境保护发生了历史性、转折性和全局性变化。中央环境保护督查、党政同责、一岗双责、问责追责等系列制度反复探索证明,各地各部门要坚决维护党中央权威和集中统一领导,坚决担负起生态文明建设的政治责任。各级党政主要负责人应成为该区域生态环境保护的第一责任人,做到

---

①　任勇.加快构建生态文明体系.(2018-06-29)[2021-08-01].http://www.qstheory.cn/dukan/qs/2018-06/29/c_1123054061.htm

②　李永胜.加快构建生态文明体系,实现美丽中国愿景[N].西安日报,2019-03-11(007).

③　潘家华等.指导生态文明建设的思想武器和行动指南[EB/OL].(2018-05-21)[2021-08-01].http://www.tanpaifang.com/ditanhuanbao/2018/0521/62000_2.html

守土有责、守土尽责,分工协作、共同发力。目标责任要建立科学合理的生态环境考评体系,作为各级政府和领导班子以及干部奖惩和提拔重用的重要依据,实行严格生态环境终身追责制度。建立一支生态环境保护的铁军,对破坏生态环境的领导干部要敢追责、真追责、严追责,这样生态环境保护和生态文明建设才可以取得实效,达到党和人民的预期目标。

三、福建目标责任体系的构建与落实思路

福建生态目标责任体系的基本框架,[①] 包括以下几类制度安排:

第一类,目标考核评估,主要是指特定的减排目标,改善环境质量和其他特定任务。例如,"五年"规划和其他特别评估中的限制性指标,包括水利部门牵头主导的"三条红线",环境部门牵头主导的"大气十条"和"水十条"以及农业部门牵头主导的"畜禽养殖资源化利用"。

第二类,以地方政府绩效考核调整为指导的综合生态文明目标评价体系,以《生态文明建设目标评价考核办法》为代表。

第三类,以生态文明建设为目标的指导性和试点性评价体系,包括生态环境保护,林业、水利和海洋部门的"生态文明建设试点示范"。

第四类,着重阐明生态文明建设领域有关部门规范化分工的制度安排,包括环境保护领域的权力、职责和责任清单。

第五类,基于责任制的问责机制,以中央环境监管制度为代表。[②]

福建省在美丽中国目标责任体系建设中,由省委省政府统一领导,整合相关组织机构,明确各有关部门职能职责,加强各部门协同机制建设。按照"一岗双责、党政同责、失职追责"的要求,紧紧抓住生态安全这个牛鼻子,努力加强生态安全主体责任的落实。创新考核办法,完善综合目标考核制度,

---

① 李江涛. 完善生态文明建设政府目标责任体系[N]. 学习时报,2018-12-05(004).

② 陈健鹏.完善生态文明制度体系,推进生态环境治理体系和治理能力现代化[N].中国发展观察,2019-12-20.

将反映生态安全建设水平的指标纳入地方领导干部政绩考核评价体系,加强对各级政府和有关部门环保目标责任书完成情况考核,深入实施领导干部环境保护责任和自然资源资产离任审计,推动领导干部切实履行生态环境保护责任,促进生态环境安全。体制机制具有根本性、全局性、稳定性、长期性的基本特点,保护生态环境必须依靠体制机制建设,强化目标责任体系。

第二节　目标责任体系构建与落实的福建实践

一、领导干部离任须过"生态审计"关

为了加快推进生态文明建设,践行绿色发展理念,促进自然资源资产节约利用和生态环境安全,推动领导干部切实履行自然资源资产管理和生态环境保护责任,党的十八届三中全会提出对领导干部实行自然资源资产离任审计。福建省委省政府高度重视,积极贯彻落实中央决策部署,要求各级审计部门大胆探索、先行先试,全力推动领导干部自然资源资产离任审计试点工作。

（一）建章立制,完善制度体系建设

2016年2月,省委省政府两办出台了《贯彻落实〈开展领导干部自然资源资产离任审计试点方案〉的实施意见》,明确了开展领导干部自然资源资产离任审计试点的目标与计划、试点的主要内容和保障措施。2017年6月,在充分总结前期审计试点经验的基础上,出台了《福建省党政领导干部自然资源资产离任审计实施方案(试行)》(闽委办发〔2017〕23号),进一步明确了试点工作的定位,提出更加明确、可操作性强的规范。地方党委和政府及相关部门也相应出台政策文件,泉州市、厦门市相继出台本地区审计试点实

施方案。相关政策文件成为全省生态文明绩效评价考核制度体系的重要组成部分。

案例 4-1　宁德率先编制印发领导干部履职风险防控清单

党的十八大以来,习近平总书记多次强调要健全权力运行制约和监督体系。为防范治"未病",预防和减少领导干部在履行经济责任和生态保护责任中碰红线、触底线,宁德市审计局在全省率先编制了《领导干部履行经济及生态责任主要风险防控清单》(以下简称《风险防控清单》),2018 年 4 月由宁德市委办、市政府办印发施行。《风险防控清单》在梳理分析近几年我市领导干部经济责任审计、自然资源审计资产离任审计试点实践的基础上,贯彻了中办、国办《党政领导干部和国有企业领导人员经济责任审计规定》《领导干部自然资源资产离任审计规定(试行)》,列举了八大类 69 个责任事项 206 个常见问题,涵盖了领导干部履行经济和生态责任过程中的主要风险点。《风险防控清单》作为宁德市委颁发的《宁德市完善审计制度若干问题实施意见》《宁德市领导干部自然资源资产离任审计实施方案(试行)》的配套制度,有效促进全市领导干部在经济建设和生态文明建设中依法行政、规范管理。相继被《中国审计报》头版、审计署网站、福建日报、台海网、闽东日报等十多家主流媒体报道。宁德市委办、市政府办、市纪委以专刊、信息等形式向省委办、省政府办、省纪委推送。

(二) 创新组织方式,积极稳妥有序推进审计试点工作

福建省坚持先易后难,先后采取了"结合型""专项型""独立型"等三种组织方式,先在"结合型"中探索,后在"专项型""独立型"中提升,分阶段分步骤,有序推进审计试点工作深入开展。其一,"结合型"审计方式。结合领导干部经济责任审计同步开展自然资源资产审计,是自然资源资产审计的

初始探索。2015 年开展"结合型"审计试点,将审计内容初步定在自然资源资产的总体状况、开发利用的可持续性、使用权转让(出让)的合法合规性、保护的有效性、收益或补偿资金征收和管理的合规性等 5 个方面,确定了"审什么"。其二,"专项型"审计方式。有针对性地对不同资源开展专项审计,是自然资源资产审计的进一步探索。针对各地区自然资源资产禀赋和生态环境保护工作重点,如,闽东南地区重点关注海洋资源、水资源,闽西北地区重点关注森林资源、矿产资源等,从技术层面积累经验,对审计试点的对象范围、内容重点、评价指标和组织方式等进行深入探索,回答了"评什么"。其三,"独立型"审计方式。对一个地区独立开展自然资源资产审计,着力于在审计技术方法和审计效果上有更实质性的突破,解决"怎么审"。2015—2017 年,福建省审计厅共开展自然资源资产"结合型"审计试点 36 个,自然资源资产"独立型"审计试点 15 个,自然资源资产"专项型"审计试点 10 个。

案例 4-2 厦门市"开门审计"

厦门市审计局根据福建省审计厅的要求,对 2013 年至 2017 年 6 月底思明区党政领导干部自然资源资产管理和生态环境保护责任履行情况进行了审计,重点审计了水、土地、森林等自然资源和相关生态环境保护情况。此次审计,厦门市审计局创新审计方式方法,初步取得较好的成效。

其一,在现场实施审计过程中,采用"开门审计"的方式,邀请国土、环保、执法等相关部门、思明区各街道有关人员和审计人员一起踏勘现场,对自然资源的规划、现状及航拍影像等图斑分析疑点进行核实,共同确认审计事实及结果。其二,在出具审计征求意见稿后,为进一步转变观念,分清责任,局长主持召开座谈会,听取了市市政园林局、市国土与房产局、市行政执法局等部门主要领导与思明区委区政府及相关区部门领导对审计征求意见稿的反馈意见。通过以上举措,促进市、区各部门之间进行充分沟通,共同探讨,建立自然资源资产长效监管机制,更好地落实整改审计发现存在的问题,增强市、区各部门对自然资源资产和生态环境的保护意识、责任意识和担当意识。

(三)借助科技力量,拓宽审计方法和路径

自然资源资产分布点多面广,各类数据量大,更新变化快,审计围绕资源的开发、利用、管理和保护,传统的审计方法无法满足审计工作需要。从2016年起,省审计厅坚持"开门搞审计",与省测绘地理信息局建立协作机制。基于"天图·福建"的基础测绘数据和各部门的专题业务数据,综合应用"3S"技术和数据库技术,有效地整合了土地、水、森林和环境保护等各种自然资源数据。使用空间叠加分析方法核查基本农田保护问题。利用空间邻域分析法对闽江流域生态林保护状况进行了研究。使用 GPS 定位技术来解决土地、林业、海洋渔业和其他相关职能部门之间基本数据的重叠以及超大规模填海和采矿等问题。利用 SQL Server 数据库软件监测水质、空气、污水排放量等数据进行审计,形成《计算机技术在森林资源资产审计中的应用》《环境监测数据的计算机审计方法》和《SQL Server 2008 在自然资源资产审计中的应用》等一批审计实例。高科技技术的运用有助于把发现的问题查深查透。目前福建省正积极实施自然资源资产审计大数据平台建设,加大对自然资源资产管理和生态环境保护等信息系统相关数据的采集力度,多渠道归集土地、矿产、森林、海洋、水资源、环保等自然资源资产基础数据,深度融合省测绘地理信息局地理国情普查等测绘成果,积极探索"地理信息＋"审计分析理念,建立数据分析团队,从自然资源资产审计数据规范的制定、审计数据库建设和审计服务系统开发等方面,形成一套地理信息审计服务模式,对自然资源资产和生态环境保护的数量和质量的变化情况

进行经常性分析,尝试回答了"多了还是少了、好了还是坏了"的问题,从空间维度破解资源环境审计难题。

(四) 精心做好试点准备工作,保证审计试点工作顺利开展

1. 收集、整理政策、法规,及时掌握国家政策新动向

审计人员及时掌握国家政策新动向,了解不同资源需要关注的重点是什么。如,土地资源,要关注土地利用总体规划、土地利用年度计划、规划中设立的约束性指标和预期性指标是否与国家政策相符;水资源,要关注国务院出台的最严格水资源管理制度是否得到落实;林业资源,要关注林业发展五年规划落实情况;海洋资源,要关注海洋功能区划及规划中设立的约束性指标和预期性指标的完成情况;环境保护,要关注水、土、气三个方面,环境保护规划是否与主体功能区规划、土地利用总体规划、城乡规划等相衔接。资源审计内容繁多、复杂,不可能面面俱到,主要抓住重点、热点和关键点。

2. 做好审前调查工作,了解各种资源现状

审计人员在审计试点前,针对各地区自然资源资产禀赋,认真做好审前调查,深入农业、林业、水利、国土、建设、海洋、环保等自然资源资产管理和环境保护相关部门了解调查地区自然资源资产现状,全面收集水、土、森林、大气、海洋等主要自然资源资产相关数据,摸清该地区自然资源资产的数量、结构、分布、质量等基本情况,确定审计重点、目标和方向。

3. 围绕履职尽责,制订审计实施方案

审计实施方案紧紧围绕领导干部履行国家法规、政策贯彻落实情况;主要审计领导干部对生态环境保护约束性指标和目标责任制完成情况;对自然资源资产开发利用和生态环境保护的重大决策;对自然资源资产和生态环境保护相关资金征收管理使用和项目建设运行情况;重大资源环境事件、环境风险隐患及相关预警机制建立及执行情况等方面,突出重点资源、重点领域、重点部门,体现当地特色。

案例 4-3　审天 审地 审空气

生态审计主要审计领导干部在任职期间管辖范围内自然资源资产和生态环境的数量质量变化情况，是多了，还是少了，是变好了，还是变差了。审计内容主要是山水林田湖草的有关情况，具体包括土地、矿产、森林、草原、水、海洋等六大类，当然也包括空气质量的变化情况。通俗地讲，就是"上审天下审地，中间还要审空气"。根据《福建省党政领导干部生态环境损害责任追究实施方案（试行）》等规定，针对 33 种情形，对党政领导干部进行生态环境损害责任追究，实行终身问责。

福州在领导干部自然资源资产离任审计方面已先行一步。2014 年开始，在市委市政府和省审计厅的领导下，福州市审计局积极探索、勇于创新，结合领导干部经济责任审计、县区政府财政决算审计、专项审计等，对省内 10 个项目探索自然资源资产审计，取得了一定成效。2015 年，市审计局成立领导干部自然资源资产离任审计工作领导小组及其办公室，统筹推进领导干部自然资源离任审计工作。

其中，福州市在辖区内开展了两项专项审计：2016 年 11 月在闽清完成领导干部自然资源资产离任审计试点；2017 年 8 月至 9 月在连江开展领导干部自然资源资产离任审计试点。"审计试点领域因地制宜。"市审计局农业与资源环境审计处处长黄建忠说，闽清试点主要审计的是森林资源和矿产资源，连江试点主要审计海洋资源和水资源。其他方面也有涉及，比如闽清审计试点重点检查了森林资源林业和矿产资源方面的政策措施和法规落实情况，同时了解土地资源、水资源和环境质量等总体情况。

2016 年开始，福州市的县级审计部门自加压力，在全省率先开展乡镇领导干部离任审计，积累基层审计经验。闽清县 2017 年 8 月 9 日起，在桔林乡开展领导干部自然资源资产离任审计工作。此外，开展乡镇审计探索的还有福清、连江、罗源等县（市）区。

（五）探索拓展，构建市县乡三级审计监督链条

乡镇党委、政府是自然资源资产管理和生态环境保护各项政策落实的"最后一公里"。为落实乡镇领导干部履行其管辖范围内生态环境保护的效果，2016年福建省审计厅在南平开展乡镇层级审计试点，打通了政策执行、责任落实的末端环节，形成了乡镇领导干部自然资源资产离任审计"五围绕五突出"的审计方法。即围绕"审什么"，突出乡镇党政主官履职、突出当地自然禀赋、突出生态环境保护目标完成；围绕"如何审"，运用内外审计资源、运用大数据、运用审计署操作指南、运用乡镇权责清单；围绕"如何评价"，评价约束性指标完成情况表、评价责任状履行情况表、评价政策制度落实情况表情；围绕"如何定责"，遵循"任前问题重点看整改、任内问题重点看决策""数量质量并重"和"责任链条同步确定"原则；围绕"如何运用"，促进政策在乡镇"最后一公里"的落实、促进领导干部牢固树立绿色发展理念、促进一批生态文明建设长效机制的形成。[①] 2016—2017年审计试点期间，全省共开展乡镇领导干部自然资源资产离任审计试点30个，2018年扩大到84个。通过全省审计机关自上而下审计试点探索，构建市县乡三级审计监督链条，压力层层传导、责任层层落实，很好地发挥了审计监督作用，生态环境审计取得了较大的成效。

栏目4-4　南平市乡镇领导干部"五围绕五突出"离任审计[②]

南平市审计局在试点中形成了"五围绕五突出"的审计方法。"五围绕五突出"即围绕"审什么"，突出乡镇党政主官履职、当地自然禀赋、生态

---

① 李四能.地方领导干部自然资源资产离任审计难点与对策研究[J].中共福建省委党校（福建行政学院）学报，2020(3)：10.

② 中共南平市委办公室.南平市创新乡镇领导干部自然资源资产离任审计"五围绕五突出"方法[J].福建党史月刊，2018(8)：15—22.

建设目标三个重点;围绕"如何审",突出内外资源运用、大数据技术运用、审计署操作指引在乡镇的运用和乡镇权责清单的运用等四个运用;围绕"如何评价",突出自然资源资产管理评价指标完成情况表、自然资源资产管理责任状履行情况表和政策制度落实情况表三张表格;围绕"如何定责",突出"任前问题看整改、任内问题看决策"、数量质量并重以及责任链条同步三个原则;围绕"如何运用",突出促进政策在乡镇落实,打通"最后一公里",促进领导干部守法、守纪、守规、尽责,促进乡镇牢固树立绿色发展理念。

（一）围绕"审什么",突出三个重点

其一,突出乡镇党政主官履职。针对乡镇党委政府在自然资源资产和生态环境保护方面所承担的职责任务,将乡镇党政主官作为审计重点,促进自然资源资产管理和生态环保各项政策在基层的落实。其二,突出当地自然禀赋。南平地处闽北山区,森林覆盖率居全省前列。同时作为闽江源头,境内河流众多,水资源十分丰富。在试点审计中,结合南平的自然禀赋突出森林资源和水资源审计。其三,突出生态建设目标完成情况。将《南平市生态文明体制改革实施方案》提出的36项目标任务,以及南平市打造全国绿色发展示范区,推进国家主体功能区和重点生态功能区建设等目标任务,作为乡镇党政领导干部自然资源资产离任审计的工作重点。

（二）围绕"如何审",突出四个运用

其一,突出内外资源运用。一方面,整合外部资源"开门搞审计"。建立部门联席会议制度,用好国土、农业、林业、水利、环保等专业主管部门力量,借助各部门的专业技术,提高乡镇领导干部自然资源资产离任审计的专业性和准确性,如在审计现场勘察、专业数据提取过程中,充分利用国土、林业等部门的地理信息系统和专业技术力量;另一方面,整合审计

117

机关内部力量资源与项目资源。试点审计中,打破市县审计机关以及业务科室界限,集中全市审计机关自然资源审计业务骨干、计算机审计技术人员,采取"行业审计"的组织模式,组建自然资源资产审计专业队伍。同时整合项目资源,将自然资源资产审计与经济责任审计、政策跟踪审计、生态环境审计等相结合,实现自然资源资产审计一审多果、一审多用。其二,突出大数据技术运用。综合运用"3S"技术(遥感 RS、地理信息系统 GIS、全球定位系统 GPS)、数据库技术,以"天地图·福建"基础测绘成果数据和各部门业务数据为基础,有效整合土地、水、森林、环保等各类自然资源数据。如在核查基本农田保护问题时,采用叠加分析法;在核查闽江流域生态林保护中,采用邻域分析法;在现场核实过程中,注重运用 GPS定位技术;在对水质、大气、污水排放等各种监测数据的审计中,注重运用好 SQL Server 数据库软件,形成《计算机技术在森林资源资产审计中的应用》《环境监测数据的计算机审计方法》《SQL Server 2008 在自然资源资产审计中的应用》等一批审计实例。其三,突出审计署操作指引在乡镇的运用。采取边审计、边研讨、边总结的方法,结合乡镇审计实际对审计署"操作指引"共进行 101 处调整。如增补 15 项符合当地乡镇实际的审计事项,剔除 34 条不符合南平乡镇实际的审计事项,整理 3 个审计步骤,修改 49 项内容,形成了较为符合南平特点的《乡镇领导自然资源资产离任审计操作指引》。其四,突出乡镇权责清单的运用。从乡镇权责清单入手,对乡镇政府已明确的权责清单进行筛选,梳理与履行自然资源资产管理和生态环境保护责任相关责任事项合计 169 项,其中乡镇党委政府 125 项,乡镇国土所、林业站等县(市、区)直属部门派驻机构 38 项,市直部门委托下放事项 6 项,据此结合相关领导干部任期和职责权限开展审计。

（三）围绕"如何评价"，突出"三张表格"

南平市在试点中按照"可量化、易核实、可追溯"和"用数据和事实说话"的原则，探索建立"三表并行"评价法，对领导干部履行自然资源资产责任情况进行总体评价。"三表"即约束性指标完成情况表、责任状履行情况表、政策制度落实情况表，基本涵盖乡镇领导干部自然资源资产履责的方方面面。其一，评价约束性指标完成情况。选择责任清晰、标准明确的针对乡镇层级的约束性指标进行量化评价。如，在森林资源方面，选择森林覆盖率、森林保有量、采伐面积等8个指标进行评价；土地资源方面，选择耕地保护量、基本农田保护面积等相关指标进行评价。其二，评价责任状履行情况。全面梳理被审计对象与上级政府或相关部门签订的有关自然资源资产管护方面的责任状，进行量化评价。如，党政领导干部生态环境保护责任书，森林管护责任制、耕地保护目标责任状、黄标车淘汰责任状等。其三，评价政策制度落实情况。对上级制定的有关自然资源资产和生态保护政策的贯彻执行情况、管理制度的建立执行和效果情况，进行量化评价。如中央、省、市、县有关生态文明建设、生态补偿机制，以及五类自然资源管护等方面的政策制度在乡镇的贯彻执行情况；"三个必造"造林绿化任务完成情况；"河长制"在乡镇落实情况等。

（四）围绕"如何定责"，突出三个原则

其一，"任前问题重点看整改、任内问题重点看决策"原则。试点审计中，针对往届党委政府存在的遗留问题，重点看本届党委政府对问题的整改纠正情况。如在建阳区崇雒乡审计中，发现该乡镇2004年将部分村落、水田违规划入生态林，并取得相应的生态林补助，该问题发生在往届班子任期，因此在责任认定上，重点围绕本届乡镇党委政府未对该问题及时整改，以及继续违规获取生态林补助款项等违规行为进行定责。其二，"数量质量并重"原则。在审计发现问题的领导责任认定上，既关注约束性任务数量指标完成情况,也关注同一时点资源的自然状态和丰富程度等质量状况。如在森林资源资产的审计中,在审核森林覆盖率、森林确权面积、林地保有量等数量指标的同时,也关注森林林类和树种结构、林木蓄积量、森林的采伐与造林面积比,以及森林的病虫害面积等自然资源资产质量指标。其三,"责任链条同步确定"原则。对审计查出的乡镇自然资源资产与生态环境损害的行为,按照《福建省党政领导干部生态环境损害责任追究实施细则》等规定,对乡镇党政领导定责的同时,对县(市、区)相关主管部门以及乡镇有关站办同步定责,构筑责任链条。如,针对闽江上游的乡镇存在生猪养殖污染整治不到位问题,同步对县、乡、村三级责任人进行问责。

(五)围绕"如何运用",突出三个促进

其一,促进政策在乡镇落实,打通"最后一公里"。打通"最后一公里"是开展乡镇领导干部自然资源资产离任审计的出发点,也是落脚点。通过审计揭示乡镇在自然资源资产管理和生态环境保护中存在的问题,提出审计建议,持续督促相关问题整改,促进各项政策真正在乡镇落实到位。目前,南平市试点审计已披露问题176项,提出审计建议30条,反映如"约束性指标只落实到县级,未分解到乡镇""涉及自然资源资产管护的乡镇站办隶属县级主管部门,工作职责与乡镇脱节"等典型性、普遍性、倾向性问题。其二,促进领导干部牢固树立绿色发展理念。将审计发现问题及整改情况定期向党委、政府、纪检监察机关、党委组织部门通报,作为对各乡镇党委政府党风廉政建设责任制考评、乡镇党政"一把手"述职述廉点评、乡镇党委政府绩效管理考评的重要内容,以"多平台"合力推动审计揭示问题的整改。通过强化审计结果运用,从严问责追责,推动各级领导干部切实履行自然资源资产管理和生态环境保护责任,牢固树立绿色发展理念。2015年以来,南平市共查处破坏生态环境及相关部门履职不到位等问题 156 起,被立案调查 151 起,被党纪政纪处分 142 人、问责 16 人、组织处理 9 人。其三,促进一批生态文明建设长效机制的形成。相关县(市、区)和乡镇在问题整改中,采纳审计建议,出台一系列制度和办法,有效加强了生态保护建设。如,光泽县结合落实"河长制",建立全县水环境质量考核补偿机制,建立了"绿水补偿""青山补偿"、智慧生态环境监管等生态文明建设长效机制,促进一批突出的环境问题得到有效解决,生态建设的短板得到加快补齐。

二、全面深化河长制,精心呵护一汪清水

福建全面推行河长制充分发挥了地方党委和政府的主体作用,完善水治理体系,创新水安全制度,统筹解决水问题,构建人与自然和谐发展的新的河湖生态新格局,是全面落实绿色发展理念,促进国家生态文明实验区建设的必然要求。[1] 福建省将落实"河长制"作为践行"绿水青山就是金山银山"和"五大发展理念"的具体实践,将落实"河长制"作为助推国家生态文明试验区建设的重要举措来抓,强化机制创新,以保护水资源、防治水污染、整治水环境、修复水生态为要务,以更高的要求、更严的标准、更实的举措全力打造"河长制"升级版,确保河更净、水长清。

早在 2009 年,福建大田县就率先开始了实行河长制治水的探索,然后在全省铺开。2016 年 10 月,中央深改组第 28 次会议研究决定在全国全面推行河长制,11 月中办、国办联合印发了《关于全面推行河长制的意见》。省委省政府高度重视,结合福建实际起草了《福建省全面推行河长制实施方案》(以下简称《实施方案》),并于 2 月 27 日由省委办公厅和省

---

① 马琦琳,赵琪,苏伟.流域水污染防治中的河长制[J].科技风,2018(9):137—138.

政府办公厅联合印发,3月1日起实施,福建省按此方案全面推行河长制。《实施方案》主要内容为一个目标、四项原则、四大任务、五级架构、六个机制。

为实现"水清、河畅、岸绿、生态"目标,福建建立"河长责任制",绘制河长责任区划图,形成分段监控、分段管理、分段考核、分段问责的工作格局,强化水生态保护属地责任,实施"一河一策";落实河湖管护主体、责任和经费,完善河湖管护标准体系和监督考核机制,建立河岸生态保护、饮用水水源地保护、地下水警戒保护三条蓝线;运用卫星遥感等先进技术强化河湖监控,依法查处非法侵占河湖、非法采砂等行为;构建流域上下游水量水质综合监管系统、水环境综合预警系统,建立上下游联合交叉执法和突发性污染事故的水量水质综合调度机制。

2014年以来特别是中央印发《关于全面推行河长制的意见》以来,福建省以问题为导向,以创新为动力,认真打好六大组合拳,流域生态明显改善,河流水质持续向好,群众获得感显著提高,河长制工作取得显著成效。截至2017年上半年,福建省共设立河长4973名、配置村级专管员8578名,比中央要求提前3个月实现省市县乡村五级组织体系全覆盖;福建省12条主要河流Ⅰ～Ⅲ类优良水质达94.4%,保持全国领先水平;476条小流域Ⅰ～Ⅲ类优良水质为78.4%,比2016年提高4.7%。

2009年以来,福建省大田县探索河长制,建立了有目标、有秩序、有动力的长效治河制度,为解决发展与保护权衡、治河组织体系和公众参与等难题提供了经验,为生态文明制度建设提供了探索性改革经验(见图4-1)。具体的做法及经验如下:

(一)主官持续重视:传达治河目标,上下统一

其一,在机构设置上,成立县河长制工作委员会(简称河工委)和河长制办公室(简称河长办),前者作为河长工作的协调机构,由县委书记

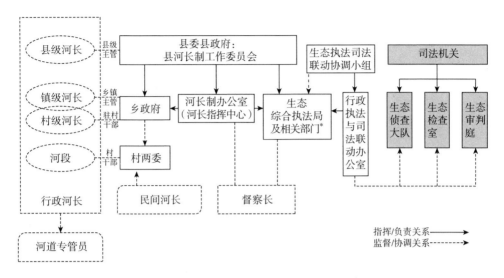

图 4-1　大田县河长制组织结构

注：＊ 相关部门包括：水利、环保、国土、住建、农业、林业、安监等。

担任主任，县长担任第一副主任，后者是以信息平台为依托的办事机构。其二，在法制建设上，梳理涉水法律法规，建立健全地方水环境管理制度，与司法机关取得合作。其三，在规划设计上，制定《大田县全流域保护与发展规划》，明确功能分区，划定"三条红线"，将水土流失和水环境治理工作融入"全域旅游"计划中，制定"一河一策"。其四，在招商审批上，赋予水土保持、环境保护部门一票否决权和第一审批权，实行四个"一律"。其五，在工作安排上，作为全县的工作重点，在每年的县委县政府第一次工作会议中明确各级河长的责任，并定期或不定期召开各级河长培训会议。

（二）明确责任体系：动员多元河长，全民参与

落实"一河三长"，即治河责任分解到人，每条河都有行政河长、督查河长和民间河长定期巡查管护。行政河长的设置是在县、乡镇、村街设置三级河长，由县长任总河长，分管水利和环保的两位副局长担任两条干流的县级

河长,19 名乡镇主要领导担任其境内的乡镇级河长,168 名乡镇驻村干部和 266 名村两委委员分别担任村级河长和河段长,村级河长监督河段长的工作,河段长协作村级河长的工作。生态综合执法局长任总督察长,县"两办"督查室、监察局、县机关效能建设领导小组办公室、河长办领导任督察长。聘请老党员、老干部、村民代表等担任民间河长。

(三)整合多方资源:协同各界资源,形成合力

依据"一河一策",将水利、环保、住建、农业和林业部门的工作计划和项目,统筹为实施河道清淤整治、水土流失综合治理、工矿企业污染防治、城乡环境综合整治、农业面源污染治理和造林绿化等"六大行动"。通过政府购买服务、政府和社会资本合作(PPP)、河道认养等方式,整合利用多元资本,升级河道水环境和生态景观水平,如矿区水土流失"五园"模式治理、城市垃圾填埋场治理、河道生态旅游开发、河道光伏发电等项目。

(四)打通配合障碍:综合生态执法,衔接行刑

建立健全行政管理协作制度,成立生态综合执法局,理顺各部门间"批、管、查、罚"行政管理的协作机制,打通行刑衔接机制。其一,建立行政审批制度、行政执法通告制度、行政监察责任追究制度和案件移送制度。其二,成立生态综合执法局,落实执法主体和责任,加强执法力度,协调执法依据。其三,打通行刑衔接机制,包括设立生态资源执法联动协调小组、下设办公室、设立专门司法保障队伍和建立协调制度。

(五)搭建信息平台:衔接治理环节,理顺机制

河长指挥中心是将河流日常管护流程得以正常运作的核心部门。经县委书记协调,将各部门数据整合成一套全县"河网电子信息地图",在此基础上开发了 1.0 版本的可视化沟通、实时监控的"河长指挥系统"。目前,大田县正在将各部门的日常联络员制度与河长指挥系统对接,打造 2.0 版本"部门在线监控和联动系统",将为涉水执法提供更快

捷、精准的执法信息。未来,将进一步建设集信息汇集、分类存储、查询、分析、预测、显示、互动指挥等功能为一体,以资源总量管理和开发使用、排放管理和检测、资源承载力监测预警为子模块的 3.0 版本"河流资源管理预警系统"。

(六) 明晰赏罚激励:培育正向期望,鼓励参与

赏罚激励的方式主要包括河长制考评和舆论监督宣传。河长制考评,每年中期提前公布当年的考评项目,日常抽评,年底终评,次年一月公布考评结果。除此之外,每个考评对象都有奖惩得分,创新得分,被督察通报或舆论曝光则扣分。县财政每年拨款 12 万元奖励评出的"最美河流"和"十佳河长",这也是干部提拔的重要依据。评出的"十差河长"将被通报批评和约谈,且不能参与来年的评先评优和干部提拔。

三、党政同责,一岗双责

党的十八大以来,福建省委省政府认真贯彻落实习近平生态文明思想,按照党中央、国务院决策部署,在生态环境部指导下,严格落实各级党委、政府和相关部门生态环境保护责任,着力构建"党政同责""一岗双责"新机制,实现了由"政府负责"向"党政同责"转变、"末端治理"向"全程管控"转变、"督企为主"向"督政督企并重"转变、"软要求"向"硬约束"转变等四个历史性转变,是生态环境保护发生历史性、转折性、全局性变化的一项具体体现,为我国生态文明建设和生态环境保护工作提供了实践经验。

(一) 明确职责规定,生态环境保护责任由"政府负责"向"党政同责"转变

明确职责规定,生态环境保护责任由"政府负责"向"党政同责"转变。强化顶层设计,出台《福建省生态环境保护工作职责规定》,明确各级党委、

政府及 52 个部门共 130 项生态环境保护工作职责,形成全链条、多层次、广覆盖的责任体系。其一,以上率下抓同责。坚持高位推动,率先在全国成立以省委书记为组长、省长为常务副组长的生态文明建设领导小组,定期研究解决生态环境保护重大问题。率先将市长环境保护目标责任书提升为党政领导生态环境保护目标责任书,由省委书记、省长与九市一区党政"一把手"签订。其二,横向拓展抓同责。将纪委、组织、宣传、政法、机构编制等党委部门纳入生态环境保护工作责任范畴,明确和细化"一岗双责"要求。各省直相关部门确定一名副厅级领导和处级干部,负责对本系统生态环境保护职责履行情况进行监督检查。其三,纵向延伸抓同责。要求乡镇党委、政府按属地管理原则,明确一名班子成员分管生态环境保护工作,设置镇、村环保网格员,打通责任落实"最后一公里"。

（二）健全指标体系,生态环境保护重心由"末端治理"向"全程管控"转变

健全指标体系,生态环境保护重心由"末端治理"向"全程管控"转变。建立涵盖 8 个方面、包括 25 项一级指标和 49 项二级指标的生态环境保护指标体系,其他负有生态环境保护监管责任的部门评分权重由原来 30% 增至 60% 左右,充分体现山水林田湖草生命共同体理念,努力扭转环保部门单打独斗、"先污染后治理、边污染边治理"的局面。其一,突出绿色发展。增设"绿色发展"指标,涵盖能源消耗、集约用地、水资源利用等细化指标,促进资源能源集约高效利用。其二,突出生态保护。新增森林、岸线、湿地、自然保护区、水土流失治理等细化指标,更好地体现污染治理和生态保护并重。其三,突出群众满意。单设"群众环境满意度"指标,增加解决区域突出环境问题等指标权重。其四,突出差异考核。设置全省通用指标和分地区指标,对沿海与山区、流域上游与下游实行差异化考核,适时调整指标权重,增强考核针对性和实效性。

（三）有效传导压力，生态环境保护监管由"督企为主"向"督政督企并重"转变

有效传导压力，生态环境保护监管由"督企为主"向"督政督企并重"转变。借鉴政治巡视经验做法，将工作重点由具体环境问题拓展至党政部门履职情况，牢牢抓住监管工作的"牛鼻子"。其一，建立常态化监督检查机制。将生态环境保护目标责任书改为"一年一签订，一年一考核"，采用日常监督检查、年底现场抽查和综合评议相结合的办法进行年度考核，推动工作抓常、抓细、抓实。其二，建立"一季一通报"机制。在全国率先将生态环境保护工作纳入全省经济运行分析会内容，每季度通报一个专题，直戳地方环境"痛点"，让地方领导"红脸""出汗"，已累计通报大气、水环境以及垃圾处理、黑臭水体等13个专题。其三，建立全覆盖督察机制。借力中央环保督察，出台交账销号、信息公开等督察配套办法，构建与中央环保督察无缝衔接的工作推进制度体系。自2016年7月起，先后组建10个督察组，将每年对九市一区实行全覆盖式省级环保督察延伸至重点县、镇、村，并对相关地区开展督察"回头看"，防止"虎头蛇尾""过关"了事。其四，建立突出问题专项督查机制。出台《百姓身边突出生态环境问题整治工作办法》，针对养殖污染治理、石材行业整治、污水垃圾处理等群众关心的热点难点问题，组织开展集中攻坚行动，健全长效机制；对重大突出环境问题实行省委省政府挂牌督办，在省委权威刊物《八闽快讯》上建立问题台账并动态更新，纳入生态环境保护目标责任书考核内容，防止"一阵风""走过场"。

（四）强化考核约束，生态环境保护绩效由"软要求"向"硬约束"转变

强化考核约束，生态环境保护绩效由"软要求"向"硬约束"转变。将生态环境保护绩效考核结果在大会上点评、媒体上公布，并作为奖优罚劣的重

要标准,充分发挥指挥棒作用,杜绝考核制度成为"稻草人""纸老虎""橡皮筋"。其一,干部选拔任用。将考核结果通报组织部门,作为领导班子及领导干部考核评价、任免的重要参考依据。对占全省县(市、区)总数约 40% 的 34 个县(市),取消 GDP 考核指标,重点考核集中于生态环境保护和农民增收两项内容。其二,年终绩效考评。将考核结果通报绩效管理部门,对保护和改善生态环境成绩显著的单位和个人给予奖励。优化绩效考核指标,将环保工作权重提高到 10%,明显高于 GDP 权重。其三,监督执纪问责。将考核结果通报纪检和审计等部门,作为领导干部生态环境损害责任终身追究和自然资源资产离任审计的重要参考。对连续两年考核不合格的,追究相关地方党委、政府主要领导的责任。

第三节　目标责任体系构建与落实的福建实践评析与启示

　　深化生态保护责任机制改革,完善提升党政领导生态环境保护目标责任考核制度、自然资源资产负债表编制制度、领导干部自然资源资产离任审计制度、党政领导干部生态环境损害责任追究制度等改革措施,倒逼各级党政领导干部牢固树立和践行新发展理念。强化资源环境约束性指标考核,让政绩考核的指挥棒"绿"起来,使既要金山银山又要绿水青山成为政绩观的新常态。

一、率先建立经常性领导干部自然资源资产离任审计制

　　为推动领导干部切实履行自然资源资产管理和生态环境保护责任,福建省委省政府全力推动领导干部自然资源资产离任审计试点工作。为监督、检查和评价领导干部任职期间自然资源资产管理和生态环境保护工作成效,围绕自然资源资产审计"审什么""怎么审""如何定责""结果怎样运用",探索确立八大类别 36 项审计评价指标体系,建立"省对市、市对区县、县对乡镇"的审计制度,既揭示问题化解风险,又落实责任强化问

责,让领导干部改变以往过多关注 GDP 增长而忽视自然资源合理高效利用和生态环境保护的观念,树立正确的政绩观和发展观。

自然资源资产离任审计是以被审计的领导干部任职期间履行自然资源资产管理和生态环境保护责任情况为主线,审计试点期,福建省各级审计机关共出具审计报告 61 份,促进增收节支资金 10.8 亿元;审计发现各类问题 826 个,已整改落实到位 528 个,正在整改 298 个;提出审计建议 53 条;被批示审计信息 45 篇次。

二、全面推行"河湖长制"

针对河湖管理多头管理、权责不清、执法不严等问题,创新"组织体系全覆盖、保护管理全域化、履职尽责全周期、问题整治全方位、社会力量全动员、考核问责全过程"和"有专人负责、有监测设施、有考核办法、有长效机制"的"六全""四有"治河新机制,由各级党委和政府主要领导同时担任河长,建立区域流域结合、省市县乡村五级穿透的组织体系,全省 5829 名河长、448 名湖长、1182 个河长办和 12 197 名河道专管员全部上岗履职,打通水生态环境保护"最后一公里"。

三、创新党政领导生态环保目标责任制

针对生态环保责任多头、责任盲区等问题,率先实施"党政同责,一岗双责"制度,开展地方党政领导生态环保责任制考核,抓住党政"龙头",每年由省委书记、省长与设区市党政主要领导签订生态环境保护目标"军令状"并严格考核,同时明确党政 52 个部门、130 项工作职责,理清各部门履职范围、职责边界,解决责任多头、责任真空、责任盲区等问题。制定党政领导干部生态环境损害责任追究实施细则,强化党政领导干部的保护职责,对履职不到位、问题整改不力的严肃追责,实现了由"政府负责"向"党政同责"转变、"末端治理"向"全程管控"转变、"督企为主"向"督政督企并重"转变、"软要

求"向"硬约束"转变等四个历史性转变。

四、建立生态文明目标评价考核制度

出台《福建省生态文明建设目标评价考核办法》和配套的《福建省绿色发展指标体系》《福建省生态文明建设考核目标体系》，突出资源消耗、环境损害、生态效益等指标，对各设区市党委政府开展绿色发展年度评价和生态文明建设目标五年考核，推动形成促进绿色发展的正确导向。引导各地由注重经济增长向生态环境和发展质量转变，取消包括扶贫开发工作重点县、重点生态功能区在内的 34 个县 GDP 考核指标，根据不同主体功能区特点和生态文明要求，把考核的重点放在资源消耗、环境损害、生态效益以及扶贫攻坚和农民增收上，建立了以"一办法、两体系"(即目标评价考核办法，绿色发展指标体系、生态文明建设目标考核体系)为基础的目标评价考核体系。在全省范围内建立"一套体系、两个联动、三方督导、四项机制"的"1234"工作机制，构建纵向到底、横向到边的目标评价考核体系，筑牢"绿色指挥棒"。

五、形成纵向到底、横向到边的大环保工作格局

各部门"管发展管环保、管行业管环保、管生产管环保"理念得到强化，推动资源共享、政策协同、工作联动，扭转了过去各唱各调的局面。如，政法委牵头协调环保与公安、检察、法院等部门，建立打击环境违法犯罪活动联动机制，实现环保案件"快取证、快移送、快审理、快判决"。环保监管力量下沉，形成市、县、镇、村四级网格体系，明确网格员 3.6 万人，实现环保问题"快发现、快上报、快纠正、快处理"。

六、打赢水、大气、土壤污染防治攻坚战

坚决打赢蓝天保卫战、深入实施水污染防治行动计划、全面落实土壤污染防治行动计划，以空气、水体和土壤三大战役为目标责任，确保全面建成

小康社会、打好污染防治攻坚战。聚焦打赢水体、大气、土壤污染防治攻坚战，打好蓝天保卫战，完善污染减排的环境政策和市场机制，坚持臭氧和$PM_{2.5}$协同控制，加强挥发性有机物治理，从严整治"散乱污"企业，严格管控城市扬尘污染，加大柴油货车污染治理力度，强化区域联防联控和污染天气应对，让蓝天白云、繁星闪烁成为常态；打好碧水保卫战，统筹左右岸、上下游、陆上水上、地表地下、河流海洋、水生态水资源、污染防治与生态保护，全面推行"河湖长制"，打造清水绿岸、鱼翔浅底的碧水环境；打好净土保卫战，以保障农产品质量和人居环境安全为重点，建立污染地块名单及其开发利用的负面清单，健全污染地块联动监管机制，建设覆盖全省的土壤环境治理监测网，加强土壤污染治理和修复，推进垃圾分类处置，强化固体废物污染防治。

第五章　美丽中国生态文明制度创新路径

第一节　生态文明制度体系创新的目标与要求

党的十八大报告指出"面对资源约束趋紧、环境污染严重、生态系统退化的严峻形势,必须树立尊重自然、顺应自然、保护自然的生态文明理念,把生态文明建设放在突出地位,融入经济建设、政治建设、文化建设、社会建设各方面和全过程,努力建设美丽中国,实现中华民族永续发展。"[①] 党的十八届三中全会进一步指出"全面深化改革的总目标是完善和发展中国特色社会主义制度,推进国家治理体系和治理能力现代化。"国家治理体系和治理能力是一个国家的制度和制度执行力的集中体现,也是我国建立"美丽中国"的路径和依据。

一、生态文明制度体系创新的目标

在面对资源约束趋紧、环境污染严重、生态系统退化严峻的形势下,党的十八届三中全会通过的《中共中央关于全面深化改革若干重大问题

---

① 胡锦涛.坚定不移沿着中国特色社会主义道路前进为全面建成小康社会而奋斗——在中国共产党第十八次全国代表大会上的报告[M].北京:人民出版社,2012:39.

的决定》(以下简称《决定》)首次确立了生态文明制度体系,明确了生态文明制度建设的"四梁八柱"。[①] 我国建立生态文明制度体系的主要内容主要包括源头严防、过程严管和后果严惩,实施主体功能区的制度,保护好禁止开发区和限制开发区的环境,领导干部的考评考核制度,增强保护者积极性的生态补偿制度等方面。为充分发挥生态文明制度建设的"四梁八柱"作用,确立了生态文明制度体系创新的三个目标。

完善科学决策制度是提高生态文明建设的政治领导力。改革党政干部考核任命聘用制度,加大对各级党政领导生态文明建设的问责制度,把生态文明建设成果作为干部任用的重要依据。在社会广泛参与下对重大规划和开发项目进行科学的环境影响评估。加快资源环境部门大部门体制改革,在经济发展决策中增加资源环境部门的话语权。加强各级人民代表大会和政治协商会议的立法监督和问责职能。[②]

强化法治管理制度是提高生态文明制度的执行能力。加快生态文明建设的立法进程,特别是地方各级人民代表大会应当加快颁布生态文明建设地方法规。按照"五合一"的总体布局要求,在生态文明建设中要促进各种现行法律的生态调整。加强执法力量和资源环境部门的软硬条件,提高执法水平,增强司法力量,保障生态文明建设。

加强道德文化制度是提高全社会生态文明的自觉行动能力。生态价值要纳入社会主义核心价值体系,形成资源节约和环境友好型的执政观、政绩观。增强企业的社会责任感和荣誉感,形成对保护环境引以为荣的道德风气。对企业家开展环境知识教育和可持续发展教育,激发企业家的环境保护意识。培养公众对现代环境公益和环境权的意识,逐步形成"利益相关,人人负责"的主流社会氛围。

----

①　周生贤.构建生态文明建设和环境保护的四梁八柱,推进生态环境治理体系和治理能力现代化[N].中国环境报,2014-12-02.

②　夏光.建立系统完整的生态文明制度体系:关于中国共产党十八届三中全会加强生态文明建设的思考[J].环境与可持续发展,2014,39(02):9—11.

二、生态文明制度体系创新的要求

建立健全国家治理体系和治理能力现代化的生态文明体系是建设"美丽中国"的有力保障。"美丽中国"的建设在于化解中国经济发展与自然环境及资源承载力的对立矛盾，实现经济与生态协调的高质量发展。因此建设科学规范的生态文明制度体系，是实现环境治理能力现代化的客观要求和党执政为民的责任担当，也是环境保护和生态治理的重要内容。邓小平曾经指出，制度问题"更带有根本性、全局性、稳定性和长期性""制度好可以使坏人无法任意横行，制度不好可以使好人无法充分做好事，甚至会走向反面。"① 2018 年 5 月 18 日的生态环境保护大会上，习近平总书记强调"要用最严格制度最严密法治保护生态环境，加快制度创新，强化制度执行，让制度成为刚性的约束和不可触碰的高压线。"

在党的十九大报告中，习近平对生态文明制度在生态环境监管方面提出了基本的思路与要求。其一，完善生态环境管理制度。强调从总体设计和组织领导入手，统一行使全民自然资源资产所有者职责，统一管理自然资源资产和自然生态监管，统一管理所有国土空间用途管制和生态保护修复。这为自然资源部和生态环境部等部门的职责分工明确了指导思想，也为生态环境监管体制改革制定了原则。其二，构建国土空间开发保护制度。习近平主张科学布局生产生活生态空间，通过国家公园建设建立自然保护地体系，加强自然资源源头保护；主张加强主体功能区配套政策的完善，同时强调要像对待生命一样对待生态环境，统筹山水林田湖草系统治理，实行最严格的生态环境保护制度。其三，建立严格的监管和责任追究制度体系。包括加强执法能力建设，尽快建立省、市、县、乡镇四级生态环境执法监管网络；在各级干部绩效考核中不断加大生态指标的权重；加强环境责任审计，

---

① 邓小平.邓小平文选：第二卷［M］.北京：人民出版社，1994：333.

建立各级各类法人生态环境损害责任终身追究制。[①]

因此,生态文明制度的建立健全能够促使人类活动在一个更高层面上重新参与到自然生态环境的自循环治理系统当中,以人类活动的理性抉择促进人与自然关系的重新建构,科学选取合理的生态环境保护机制,确保国土空间生态环境的有效开发与利用和自然生态环境繁荣发展,为建设"美丽中国"奠定扎实基础。

三、生态文明制度体系的福建创新思路

福建始终贯彻落实习近平生态文明制度的思想,统筹推进山水林田湖草系统治理、推进生态产品市场化及城市生活垃圾分类治理等的生态环境治理。关于生态文明制度体系的构建主要从以下三方面入手。

(一) 坚持生命共同体理念,实现生态与社会协同发展

2013 年 11 月 9 日,习近平在《关于〈中共中央关于全面深化改革若干重大问题的决定〉的说明》中强调:"山水林田湖是一个生命共同体,人的命脉在田,田的命脉在水,水的命脉在山,山的命脉在土,土的命脉在树。用途管制和生态修复必须遵循自然规律,如果种树的只管种树、治水的只管治水、护田的单纯护田,很容易顾此失彼,最终造成生态的系统性破坏。""人"作为画山水画的主体,起到了主导性的作用,是能否实现协调发展的关键。人的认知、决策和行为成为能否协调发展的关键,需要从整体上考虑如何科学合理而有序地利用"山水林田湖"资源。人们应该具有尊重自然、顺应自然、合理有效地利用自然的主观意识,并制定相关的政策法规来改善经济发展模式。早在 1997 年,时任福建省副书记的习近平在三明市将乐县常口村调研时,提出了山区要画好"山水画"、做好山水田文章的发展理念。这一发展理念逐步发展、完善,并不断实践,从萌芽到成

---

① 李昕,曹洪军.习近平生态文明思想的核心构成及其时代特征[J].宏观经济研究,2109
(06):5—15.

熟经过了近 20 年的时间,最终形成了 2013 年习近平提出的"山水林田湖草是生命共同体"原则。画好山水画与做好山水田的文章本质就是探讨山、水、林、田之间的有机联系以及人与这些自然因素之间的关系。保护生态环境就是保护生产力,改善生态环境就是发展生产力。只有处理好山、水、林、田和人的关系,才能实现山区的开发和发展。福建坚持习近平"山水林田湖草是生命共同体"的理念,以支撑国家生态文明试验区建设、构建国家南方地区重要生态屏障,按照"全流域整体规划、系统保护、上下联动、要素协同、突出重点、分步实施、关键突破、持续共享"的思路,全面实施水环境治理与修复、生物多样性保护、水土流失治理及农地生态功能提升、废弃矿山生态修复和地质灾害防治机制创新与能力建设的"五大重点工程",强化生态系统保护修复与优化国土空间开发保护融合,加强生态产业化和产业生态化与新型城镇化的互动,改善闽江流域环境质量和生态功能,实现生态保护与经济社会协同发展。[①]

(二) 引入第三方专业机构,提高治理市场化与专业化

党的十八届三中全会提出加快生态文明制度建设,建立系统完整的生态文明制度体系的改革方向和任务,显示我国的治理模式已经开始从管理走向治理,政府不再是社会治理的唯一主体,包括企业、社会组织、个人等都是社会治理的主力军。会议明确提出:发展环保市场,建立吸引社会资本投入生态环境保护的市场化机制,推行环境污染第三方治理。由此,政府和社会资本合作模式(PPP)被视为化解地方债务风险、为新一轮城镇化筹资的重要手段,得到了各级政府的高度重视,PPP 模式运用和推广进入了新的发展机遇期。为贯彻落实《国务院办公厅关于推行环境污染第三方治理的意见(国办发〔2014〕69 号)》精神,积极开展第三方生态环境治理的探索,鼓励社会资本参与污染治理,提高环境污染治理专业化和市场化水平,福建出台了《关于推进环境污染第三方治理的实施意见》。2016 年 8 月,《国家生态

---

① 福建省人民政府. 福建省闽江流域山水林田湖草生态保护修复实施方案[R]. 2018.

文明试验区(福建)实施方案》提出探索利用市场化机制推进生态环境保护。建立吸引社会资本投入生态环境保护的市场机制,推广政府和社会资本合作模式,推行环境污染第三方治理、合同能源管理和合同节水管理。加快培育壮大一批环保产业龙头企业,支持拥有核心技术或拳头产品的龙头企业向环保服务领域拓展,成立综合性环境服务集团公司,提供第三方治理服务。探索建立限期第三方治理机制,对排放污染物超过规定标准或总量控制要求、存在严重环境污染隐患且拒不自行治理的违法排污企业,实施强制委托第三方治理。实施河流管养制度,实行河流管养分离,培育一批专业化、社会化的养护队伍。2016年11月,福建研究出台了《福建人民政府办公厅关于福建省培育发展环境治理和生态保护市场主体的实施意见(闽政办〔2016〕185号)》,明确提出以改善生态环境质量为导向,以供给侧结构性改革为主线,着力壮大绿色环保产业,培育绿色发展新动能,着力规范市场秩序,营造公平竞争环境,着力创新体制机制,构建有效的政策激励体系,激发市场主体活力,形成政府、企业、社会三元共治新格局,加快推进国家生态文明试验区建设。2018年5月18日,习近平在全国生态环境保护大会上的讲话中强调,要探索政府主导、企业和社会各界参与、市场化运作、可持续的生态产品价值实现路径,开展试点,积累经验。"让专业的人干专业的事",环境治理引入了专门的第三方机构,生态环境有了专业的"管家"。"谁污染,谁治理"逐渐向"排污者付费,专业户治理"模式发展。

(三)创新生态产品市场化机制,实现垃圾分类制度

福建还遵循习近平生态文明思想,积极探索排污权、用能权、碳排放权和水权等环境权益交易制度。在企业全面推行排污权交易制度,积极推进闽江、九龙江等重点流域部分支流开展水权交易试点,建立碳排放权交易市场监管体系。2019年6月3日,习近平对垃圾分类工作作出了重要指示,"推行垃圾分类,关键是要加强科学管理、形成长效机制、推动习惯养成。要加强引导、因地制宜、持续推进,把工作做细做实,持之以恒抓下去。要开展

广泛的教育引导工作,让广大人民群众认识到实行垃圾分类的重要性和必要性,通过有效的督促引导,让更多人行动起来,培养垃圾分类的好习惯,全社会人人动手,一起来为改善生活环境做努力,一起来为绿色发展、可持续发展做贡献。"2000 年,厦门被建设部城市建设司确定为全国首批生活垃圾分类收集试点的八个城市之一。2004 年厦门市人民政府颁布了《厦门市城市垃圾管理办法》,明确了生活垃圾收集、运输、处理及相应设施的相关标准和环境卫生清扫保洁标准,居民生活垃圾管理应遵循无害化、资源化、减量化的原则,逐步实行生活垃圾分类收集。2016 年,厦门积极采取有力措施、努力破解矛盾问题,快速推进了厦门生活垃圾分类工作的顺利开展,成效显著,整体工作水平位居全国前列。2017 年 8 月厦门市第十五届人大常务委员会第六次会议通过《厦门经济特区生活垃圾分类管理办法》,并于同年 9月正式实施。

第二节 生态文明制度体系创新的福建实践

　　良好生态环境是最普惠的民生福祉。要通过最严格的制度保护生态环境,促进环境质量持续改善,生态环境进一步优化,水资源得到合理利用,生物多样性得到有效保护,环境风险得到有效控制,建立健全促进绿色发展的体制机制,使福建迈入"海蓝溪清、林繁土固、生物多样、兴业民富"的生态文明新阶段,切实提升人民群众对生态环境的获得感、幸福感和安全感。

一、打造闽江流域"山水林田湖草"生命共同体

　　闽江是福建第一大河流,流经福建省4个设区市和36个县(市、区),流域面积6.1万平方千米,约占全省面积的一半,闽江流域内经济总量占全省的40%,是福建的"母亲河"。闽江流域也是我国南方地区重要的生态屏障,是东南地区重要水源涵养地、水土保持地和生物多样性保护地,对台湾海峡近海生态环境影响大。2018年,福建闽江流域山水林田湖草生态修复项目被列入全国第二批试点,将用3年时间,投入120.91亿元,涉及三明、南平、福州、龙岩、宁德5个设区市共29个县(市、区),项目实施期为2018—

2020年。①

（一）健全管理机制

福建十分珍惜国家支持在闽江流域开展山水林田湖草生态保护修复试点的机遇，省委省政府高度重视，主要领导多次批示要求做好试点工作，健全管理机制。其一，健全工作机制。建立由财政牵头，自然资源、生态环境、发改等九部门相互配合的协同工作机制，试点市县也相应成立领导小组和办公室，明确部门职责分工，形成"省级协调、市为主体、县抓落实"的三级联动推进机制。其二，完善制度建设。省级研究出台了项目、资金管理办法，以及绩效评价、正向激励、攻坚战实施方案等一系列政策，完善了制度体系。各地市也陆续出台了加强项目和资金管理等一系列办法、措施。其三，突出控规引领。督促指导试点地市编制试点项目控制性详细规划，组织专家开展控规审查，管控各地试点项目建设，突出项目布局的科学性、系统性和协调性。其四，健全项目管理。组织召开福建省项目推进会和省级部门联席会议研究部署试点工作，开发上线试点项目信息管理系统，聘请咨询团队并派专家驻点提供技术支撑，将试点项目纳入福建污染防治攻坚战和投资工程包"一月一协调、一季一督查"推进机制。其五，开展绩效评价。对试点县（区）资金投入、项目进度、绩效目标落实情况等指标进行绩效评价，根据评价得分排名情况给予正向激励。其六，开展宣传推广。编制印发工作简报、试点工作资料汇编，梳理总结创新案例，福建日报和中国自然资源报等省内外新闻媒体多次就福建试点工作进行专题报道。

（二）创新资金筹措机制

闽江流域29个试点县（市、区）大部分为老区苏区县、重点生态功能保护区，地方财政比较困难。为切实减轻地方政府资金筹措压力，福建确定了省级多承担一点的原则，试点项目总投资120.91亿元中，除中央基础奖补资金20亿元和企业出资外，地方政府出资部分由省市按6∶4比例承担。

① 福建省人民政府.福建省闽江流域山水林田湖草生态保护修复实施方案[R].2018.

省级出资由统筹不少于 30％的省直有关部门生态环保专项资金部分和正向激励资金两部分构成,按 5∶1 落实。具体为:其一,统筹整合省级及以上专项资金,利用现有资金渠道,按照"渠道不变、责任不变、统筹集中、各计其绩"原则,2018—2020 年,省生态环境厅、自然资源厅、发展和改革委、水利厅、住建厅、农业农村厅、林业局、海洋渔业局等部门相关生态环保专项资金安排用于支持试点项目不少于 30％。其二,设立正向激励资金。省级设立了 10 亿元正向激励资金,由省财政厅、发展和改革委、生态环境厅按照 5∶2.5∶2.5 比例承担。正向激励分为两部分:一部分是按照 29 个试点县(市、区)年度工作绩效评价得分排名,分档给予 500 万元～1500 万元奖励;另一部分是对每个符合精品示范条件的工程项目给予 2000 万元奖励。根据 2018 年度绩效考评,将乐、延平、建阳、古田、浦城五县(区)位列第一档,各获得正向激励 1500 万元。县(市、区)主要通过三方面筹集:① 试点市县进一步调整支出方向,优化支出结构,通过增加预算安排、盘活财政存量资金、安排地方政府债券资金等途径,多渠道筹措,确保财政投入落实到位。② 继续争取中央支持,如中央预算内生态环保基建投资、中小河流治理、造林绿化、水土保持、矿山地质环境等专项资金。省直有关部门给予指导,优先帮助试点县(市、区)申报中央项目。③ 创新投融资机制,鼓励试点县(市、区)将同类项目和较为分散的项目捆绑打包,形成一批投资工程包,充分发挥工程包的规模效应和政策效应。鼓励在依法依规前提下,运用 PPP、第三方治理等市场化运作模式,挖掘项目商业价值,积极创造条件,吸引社会资本方参与建设和运营。

（三）着力打造精品项目

福建省试点项目共有 21 项,积极引导各地因地制宜开展探索实践,形成典型经验。目前已有一批项目正在创新实施。例如将乐县统筹施策,积极寻求"绿水青山"向"金山银山"转换的有效路径。其一,注重多规合一。统筹生态环境修复、村庄环境整治、乡村土地利用、产业集群升级,在一张蓝图上谋划生态、生产和生活共同发展。其二,注重全生态要素统筹保护。统筹林分改造、土壤修复、水土流失治理等建设,保护自然价值,增值自然资本,筑牢乡村振兴生态基础。其三,注重生态和经济协同发展。大力发展大棚农业、花卉种植、乡村旅游等产业,促进生态资源向经济效益的转换。其四,注重智力支持。与三明学院等院校开展合作并将科研成果运用到项目建设,力争将项目所在区域打造成"生态文明研究院"和"生态文明教育基地"。又如明溪县立足当地鸟类资源优势,通过山水林田湖草生态保护修复项目,大力开展生物多样性保护,努力打造国际候鸟迁徙通道黄金生命线。目前已出台鸟类保护地方规定,开展林分改造、水体污染和农业面源污染治理等工程,改善鸟类栖息地环境,成立福建省首个观鸟合作社,2018 年已接待鸟类爱好者超过 3 万人。在改善生态环境的基础上,计划打造"鸟类保护＋文旅康养"绿色发展模式,拟建设鸟类监测科考步道、鸟类救助收容中心、科普自然营、观鸟旅游点、开发 APP 管理软件等,建立当地特色的可持续发展模式。

案例 5-1　常上湖生态修复治理[①]

常上湖紧邻 204 省道,湖滨带沿线弃渣较多,水土流失严重,植被群落覆盖较低、纵向连续性差,拦截和过滤能力差。将乐县开展常上湖的山水林田湖草综合修复治理。一是水环境治理与水生态修复。对常上湖进行水质提升、生态改造,对河道水环境进行水资源利用、水环境改善、水生态修复,构建布局合理、功能完善、结构稳定的水生态环境。同时还对沿岸农村生活污水进行治理,并在金溪沿岸开展生态廊道的建设。二是水土

---

① 三明市山水林田湖草生态保护修复试点工作领导小组办公室. 闽江流域(三明段)山水林田湖草生态保护修复控制性详细规划. 2019-03.

流失综合治理。主要通过林草改良、林相调整等增加林分多样性,从而减少水土流失,提高区域水源涵养能力。同时对芙蓉梨园区域坡地进行梯田整治、完善生态灌溉排水系统设置拦砂子坝等。三是农田生态功能提升。主要是土地整理、灌排设施配套、田间道路配套及防护林建设等。四是机制体制创新。通过机制体制创新使其成为生态文明的教育示范基地,因为习近平曾在将乐常口调研时指示"山区要画好山水画,扎实抓好山地开发、做好山、水、田文章",生态保护修复的思想从将乐常口开始萌发。

案例 5-2　重视鸟类资源保护 迁徙季守护候鸟①

2018 年,明溪县开展候鸟保护专项行动,由此拉开了明溪候鸟保卫战的序幕。该县持续加强野生动物资源保护巡查,开展集贸市场交易野生动物和餐饮行业滥食野生动物专项治理。同时,充分依托已建成的视频监控设施,密切监控进入鸟类栖息地各类人员的活动,及时发现和查处违法犯罪行为,清除非法猎捕工具和设施,以"缉枪治爆"专项行动为契机,严厉查处各类非法枪支,有效防范了利用枪支射杀野生动物违法犯罪活动,为冬候鸟的到来撑起绿色安全航线。每到秋季,成群结队的候鸟飞越高山、河流,迁徙至南方。在青翠的山色中,一行行成群结队的候鸟,穿过山谷,展翅高飞。这样一幅万鸟迁飞、叹为观止的壮丽图景,每年春秋季节都会出现在明溪县夏阳乡与将乐县漠源乡接壤的七姑山"千年鸟道",这个季节,百万候鸟南北迁徙。

---

①　肖书平.明溪县重视鸟类资源保护 迁徙季守护候鸟[N].三明日报,2018-10-16.

1. "千年鸟道"穿越七姑山

七姑山位于国际候鸟迁徙路线上的重要区域,附近有7座高峰分别分布在明溪与将乐、沙县三县交界地带。这7座山之间形成一条不规则的峡谷,宽约50千米,长约30千米,成为候鸟迁徙的天然通道。每年清明至谷雨,来自东南亚、新西兰等地的候鸟由南往北迁徙;立秋至霜降,内蒙古、西伯利亚等地的候鸟由北往南飞。特别是立冬至小雪期间,这些南来北往的候鸟,会在七姑山及附近群山中作短暂停留,然后乘着山谷间强劲的气流飞越高山,继续迁飞,年复一年,由此形成我国内陆候鸟迁徙的"千年鸟道"。

明溪县林业局局长李毅介绍,据不完全统计,从七姑山过境的候鸟,每年有100多种,数百万只。每年"立冬"和"春分"的候鸟迁徙季节,有100多种数百万只以鹟科鸫亚科为主的冬候鸟迁徙到该区域越冬,一时间形成万鸟齐飞的壮观场面,吸引了国内外观鸟爱好者慕名观光旅游,使明溪县成为中国重要观鸟基地之一,观鸟生态旅游基地慢慢形成。

2. 禁止猎捕,打响候鸟"保卫战"

在捕鸟者的眼中,这万鸟齐飞的图景让他们看到的不是壮美而是利益。过去,由于交通不发达,当地经济落后,村民贫困,少有肉食,候鸟的迁徙为村民带来了难得的荤食,夏阳乡逐步形成了猎捕候鸟的不良习俗。20世纪70年代,当地甚至曾流传"养鸡不如打鸟"的口号。时至今日,每年候鸟过境的季节,仍然会有一些捕鸟者偷偷在这"千年鸟道"上插上竹竿,张起大网,吸引候鸟"自投罗网"。对此,明溪县十分重视鸟类资源的保护与发展工作,继2015年出台了《明溪县保护鸟类资源推动观鸟旅游产业发展工作意见》,2017年又出台了以鸟类资源保护为主的《明溪县鸟类资源保护和开发工作行动计划》,在福建省率先发布鸟类禁捕令,发布了《明溪县人民政府关于发布野生鸟类禁猎期和野生动物禁止使用的猎捕工具方法的通告》,划定和制定鸟类栖息地保护措施,加强鸟类及其栖息地保护,强化对森林、湿地和水域的监测与管理,推广使用低毒、生物农药,严厉打击捕捉、出售、贩运野生鸟类行为,开展野生动物保护宣传"进课堂、进社区、进乡村"活动。

3.护航行动,打造候鸟"绿色安全航线"

爱鸟护鸟应该成为人类自发的行动。为此,明溪县开展各种爱鸟护鸟宣传,通过创新工作机制,公开审理非法狩猎案件,对被告人发出"护鸟令",使广大群众零距离接受庭审警示和教育。利用多种媒介宣传《野生动物保护法》《森林法》等法律法规和保护鸟类等野生动物资源的重要性,使爱鸟护鸟深入人心。

二、长汀以"组合拳"精准治理水土流失[①]

长汀水土流失治理的成功实践被国家水利部、院士专家团誉为"不仅是福建生态省建设的一面旗帜,也是我国南方地区水土流失治理的典范"。长汀水土流失水平低于福建省平均水平,面积从 2000 年的 105.66 万亩下降到 2017 年年底的 36.9 万亩,流失率从 22.74% 降低到 7.95%;森林覆盖率由 59.8% 提高到 79.8%;全年空气质量保持在国家 Ⅱ 级标准以上;饮用水源地水质达标率为 100%。近 6 年累计脱贫 3.5 万人,GDP 年均增长 10.4%,实现了"山绿"与"民富"共赢,为全国生态脆弱地区实现生态"高颜值"与经济"高素质"提供了"长汀样本"。截至 2019 年,长汀的森林覆盖率提高到 80.3%,水土流失率也下降到 7.4%。[②] 截至 2020 年,长汀水土流失

---

①　林默彪,郭为桂.美丽中国的县域样本:福建长汀生态文明建设的实践与经验[M].北京:社会科学文献出版社,2017.

②　涂成悦,刘金龙,董加云.政府间纵向互动与基层森林治理创新[J].林业经济问题,2021(1):1—9.

率降至 6.78％。①

长汀治理水土流失的成功,是贯彻落实习近平生态文明思想的丰硕成果。在 2000 年之前也有治理,但一直处于"远看一点绿,近看水土流"的"火焰山"状态。习近平在福建工作期间先后五次深入长汀调研,亲手抓起、亲自推动长汀县水土流失治理,作出六次重要批示和两次重要指示,并提出转变生产生活方式,遵循科学治理的重要思想,且把此列入为民办实事的十大工程之一,坚持每年拨款 1000 万元,通过举全省之力推动老区水土流失治理取得了跨越式进展。因此长汀水土流失治理的巨大成功离不开习近平生态文明思想的指导。长汀县牢记习近平"进则全胜,不进则退"的嘱托,在福建省委省政府坚强领导下,以推进国家生态文明试验区建设为契机,弘扬"滴水穿石,人一我十"精神,形成了"党政主导、全民参与、科学治理、依法保护、综合防治、绿色发展"的长汀经验。

(一) 突出党政主导,久久为功

长汀县始终把抓好水土流失治理、守好绿水青山作为政治责任。其一,加强领导、书记挂帅。成立县水土流失治理和生态文明建设创建领导小组及办公室,县委书记任组长,对全县生态环境治理负总责,专题研究水土流失治理。其二,压实责任、强化担当。实行"党政同责、一岗双责"工作推进机制和党政"一把手"工程,建立县领导和部门挂钩水土保持工作责任制,成立县生态环境保护攻坚战役指挥部,强化生态文明建设职责。其三,建强队伍、配齐力量。升格县级水保站为副科级单位,成立 18 个乡镇水保站,配强水保工作力量,先后抽调 400 多名干部充实到水土流失治理一线。其四,正向激励、逆向惩戒。将生态文明建设 7 个方面 31 项指标列入干部考核评价体系,开展领导干部自然资源资产离任审计试点工作。实施最严格的考核

---

① 刘文,彭绍云.新形势下纵深推进长汀水土流失治理的实践与探索[J].亚热带水土保持,2021,33(01):34—36,39.

问责,形成抓生态建设激励问责的有力导向。

(二)突出全民参与,撸袖实干

长汀县把解决突出生态环境问题作为民生优先领域,让良好生态环境成为最普惠的民生福祉。其一,真正动员群众、依靠群众。按照"谁治理、谁投资、谁受益"的原则,实现从政府主导的个体治理转变为集体、社会、个人多元参与治理,让群众成为战荒山治恶水的主人翁和主力军,涌现出十九大党代表沈腾香、全国劳模赖木生、"女愚公"马雪梅、"断臂铁人"蓝林金、"绿色使者"刘静美等一大批草根英雄。其二,让群众分享实实在在的生态红利。长汀县坚持把民生优先作为出发点和落脚点,把解决突出生态环境问题作为民生优先领域,打好打赢"绿水提升、青山修复、蓝天巩固、净土保卫"四大战役,让良好生态环境成为生态红利。

(三)突出尊重规律,科学治理

长汀县坚持科学精神,牢牢把握和遵循生态系统演进规律,勇于探索,因地制宜,找到最佳的治理措施与举措。其一,筑巢引凤强化科技支撑。建立水土保持院士专家工作站、水土保持研究中心、博士后研究工作站等"三站一院一中心"科研平台,探索和应用推广水土流失治理新模式、新技术,总结了红壤丘陵区不同流失强度的水土流失治理模式,制定了《红壤丘陵区水土保持治理标准体系》,填补了我国南方红壤丘陵区水土保持标准空白。其二,"反弹琵琶"突出理念引导。探索出陡坡地"小穴播草"技术、山坡地"等高草灌带"种植法、"老头松"施肥改善植被、"果草牧"循环利用等一系列有针对性的创新治理办法。其三,改革引领推动共治共享。率先将家庭承包制引入山地开发和实施林权制度改革,在明晰产权的基础上,实行林地所有权、承包权和经营权"三权分置",走过了一条从承包责任制到集体林权制度改革之路,实现了金融部门业务拓展、林业投资热情提升、林农收益增加"三赢",森林资源真正成为林农的"绿色银行"。

（四）突出生态保护，依法保障

其一，严密制度刚性约束。出台《关于建立健全水土流失治理和生态文明建设若干保障机制的意见(试行)》，从决策机制、产业发展、生态党建等十个方面做出制度规定。采取"大封禁、小治理"的办法为生态修复创造条件，每年颁布《封山育林命令》《关于禁止采伐天然林的通告》和《关于封山育林禁烧柴草的通知》，严格"十个禁止"措施，引导乡(镇)村制定《乡(村)规民约》，建立形成"县指导、乡(镇)统筹、村自治、民监督"的护林机制，实现林业行政案件发生数和林木损失数同比"双下降"。其二，铁腕执法保卫青山。成立生态警务大队，出台《关于为推进水土流失治理建设生态长汀提供司法服务保障的意见》，2012—2017 年，累计受理生态违法犯罪案件 231 件 323 人，批准逮捕 59 人，提起公诉 222 人。县法院创新生态司法庭前"三调查"、判前"三落实"、判后"三到位"的"三三机制"新模式，共受理各类生态资源案件 56 件，结案 53 件，成功调解了全国首例畜禽养殖水污染环境民事公益诉讼案。

（五）突出统筹施策，综合防治

长汀县从系统工程和全局角度探索治理之道，全方位、全地域、全过程实施生态保护和修复。其一，山水林田湖草系统治理。将汀江流域治理、空气污染治理、生活环境治理等纳入水土流失治理的范畴，治山、治水、治空气、治环境同步进行。通过立体式治理，全面开展山水林田湖草一体化生态保护和修复。截至 2017 年，策划实施治理山水林田湖草项目 79 个，总投资95.1 亿元。其二，保护建设开发多规合一。以整合水保、水利、林业、农村环境整治、扶贫开发和土地整理、矿区整治等"六大工程"为抓手，建立联席会商协调机制，探索实行水土流失治理与生态建设规划、乡村旅游规划、城市建设规划、经济发展规划、国土规划、水资源发展规划等"多规合一"，将约束性、禁止性要求落实到具体的地域，确保治理方向、目标和措施一致，保护、治理和开发相协调。

（六）突出产业驱动，绿色发展

长汀县大力发展绿色低碳循环产业，推动实现"山绿"与"民富"相统一。其一，坚持生态建设产业化。在福建全省首创成立水土流失治理公司，实行专业化、规模化、集约化治理，注重治理后的开发运用，形成水土流失治理良性运行长效机制。出台激励政策，调动社会参与治理积极性，吸引大批企业参与到生态保护和修复中去，减轻流失区环境承载压力，实现了生态效益和经济效益的双赢。其二，坚持产业发展生态化。坚决淘汰和拒绝"十五小"、新"五小"污染企业，实行环保"一票否决"。推动产业转型升级，做大做强稀土精深加工、纺织服装、文化旅游三个主导产业，全力打造现代农业、医疗器械、电子商务三个重点产业，培育壮大新能源、健康养老两个新兴产业，构建形成"332"新产业格局，实现经济总量、产业质态的全面提升。

（七）突出升级治理，精准发力

2019年2月28日，福建省委全面深化改革委员会审议通过了《长汀县推进水土流失精准治理实施方案》（以下简称《方案》）。根据《方案》，长汀将继续提升"长汀经验"，守护好"绿水青山"，打造"金山银山"，实现经济发展和生态环境双颜值。当时《方案》提出，到2020年，长汀要实现治理水土流失面积20万亩以上；实现林分改造，抚育10.2万亩，减少水土流失面积4.64万亩以上，水土流失率下降1%以上，森林覆盖率稳定在79.8%；地区生产总值达270亿元以上，平均增长9%以上，实现GDP和城乡居民人均可支配收入比2010年翻一番。为此，长汀县重点盯紧未治理的36.9万亩水土流失地的治理和已治理的109.3万亩水土流失地的巩固提升目标，在2019—2020年，投入5.72亿元实施水土流失精准治理深层治理"三大工程"21个项目，突破流失斑块治理、林分结构改善、土壤综合整治、病虫害防治等重难点。2019年3月2日，长汀县举行水土流失精准治理深层治理推进会,部署安排 2019—2020 两年水土流失精准治理深层治理工作,长汀县委县政府向各乡镇颁发水土流失治理目标责任状和林长制责任书,动员全县广大党员干部群众迅速行动起来,再掀水土流失治理新高潮,在新时代更高起点上打造"长汀经验"升级版。

长汀县在治理水土流失的过程中,经过长期的探索和实践,积累了丰富的治理经验,形成了几大治理与开发模式。如"大封禁,小治理""草牧沼果""等高草灌带""老头松"施肥改造、陡坡地"小穴番草"等,这些治理技术和模式有其深刻的科学性:① 充分利用了植被自然演替规律;② 充分利用了植被地带性分布规律;③ 充分利用了生态自然修复规律;④ 充分应用了自然生态系统循环规律。2019 年 5 月 27 日,由国家水利部推荐的长汀县水土流失治理案例被列入中组部干部培训教材。

三、建立环境权益交易制度

(一) 探索用能权交易制度

早在 2015 年,福建就发布了《关于推进节能量交易工作的意见》(试行)(闽政〔2015〕34 号)和《福建省节能量交易规则(试行)》(闽经信环资〔2015〕547 号)等节能量交易相关文件,启动了水泥(熟料产品)的节能量交易程序。但由于节能量交易工作是一项全新的工作,全国没有成功的经验可参照,处于摸索和尝试阶段,为完善和积累交易试点经验,针对交易过程中出现的问题,又适时下发了《关于全省水泥企业开展节能量交易试点的补充通知》(闽经信环资〔2015〕676 号)和《关于调整福建水泥行业企业节能量交易试点工作的通知》等文件对节能量交易工作进行调整,对节能量交易计算方法进行解释和说明,并明确 2015 年各企业的节能量交易按非现金方式进行交易、确认和结算。

2016 年 9 月,福建省经信委又发布了《关于开展燃煤火电企业节能量交易有关工作的通知》和《关于在全省水泥行业企业开展节能量交易的通知》,福建被纳入全国用能权有偿使用和交易试点。2017年12月,福建省人民政府出台了《福建省用能权有偿使用和交易试点实施方案》,把节能量交易调整为基于能源消费总量控制下的用能权交易,把试点范围扩大到有色、石化、化工、平板玻璃、钢铁等重点用能行业。积极推进"1+1+7"的制度体系建设,会同有关部门制定了《福建省用能权指标总量设定和分配办法(试行)》等7个用能权配套文件,形成了比较完善的用能权交易制度体系。

至2017年年底,福建省基本建立了能源消费量报告、监测和审核、用能权指标管理、分配和交易等制度体系以及用能权交易平台,初步完成用能权交易试点的顶层设计工作。同时,将本省行政区域内火力发电(燃煤和燃气,不含自备电厂)和水泥制造(包括粉磨站)两个行业的用能单位纳入用能权交易试点,实现福建省由节能量交易向用能权交易的过渡,截至2018年3月,福建省已有32家水泥制造企业和19家火力发电企业初步纳入用能权交易试点。

（二）探索水权交易制度

泉州市开展水权交易的生态保护市场化机制,在完善水价形成机制的基础上,建立与节水成效、调价幅度、财力状况相匹配的农业用水精准补贴机制。要将农业用水精准补贴落实到种粮的农民用水合作组织、新型农业经营主体和用水户手上,以提高补贴的精准性、指向性。对于农业水价综合改革后,灌溉用水量大于原灌溉用水量且高于农业灌溉用水定额的农户,不予精准补贴;对农业水价综合改革后,灌溉用水量小于原灌溉用水量并且低于农业灌溉用水定额的农户,除了给予精准补贴外,还给予节水奖励,以充分调动农户节约用水的积极性。在节水奖励方式上,对采取节水措施、调整生产模式促进农业节水的农民用水合作组织给予一定的先进奖励或给予设施补助;对农业用水少于用水定额并做好污染面源的种粮主体,给予奖励补助。

(三)探索碳排放权交易制度

福建十分重视碳排放交易市场体系建设,自 2016 年 9 月以来,先后出台了《福建省碳排放权交易管理暂行办法》《福建省碳排放权交易市场建设实施方案》《福建省碳排放配额管理实施细则(试行)》等 9 个配套文件,建立了包括交易信息管理与在线报送平台、碳排放配额注册登记系统平台、碳排放交易平台等的碳市场信息支撑体系,已经形成了系统完善的碳排放权交易制度和市场体系。

2016 年 7 月 29 日,福建温室气体自愿减排交易机构落户海峡股权交易中心,标志福建省跨入全国碳排放交易行列。2016 年 12 月 22 日,福建碳排放权交易市场正式开市运行,2017 年 6 月 30 日是福建省碳市场首个履约期截止日,277 家重点排放企业中有 271 家积极完成履约,有 2 家企业延期完成履约,4 家企业未按规定完成履约。福建积极开展碳排放交易试点,最终共纳入电力、钢铁、化工、石化、有色、民航、建材、造纸、陶瓷等九大行业的 277 家企业,约覆盖 2 亿吨二氧化碳排放,占全省碳排放的80%以上。交易主体包括重点排放单位、减排项目业主等,交易方式共有挂牌点选、协议转让、单向竞价三种方式,交易品种主要有福建碳配额(FJEA)、国家核证自愿减排量(CCER)和福建林业碳汇减排量(FFCER)三种产品。

案例 5-3 福州深度挖掘碳排放权交易市场[①]

按照"将生态效益转变为经济效益"的思路,福州市大力推动绿色金融的发展,挖掘碳排放权的潜在经济价值,先试先行开展碳排放权金融品

[①] 福州国家生态文明试验区建设领导小组办公室,福州市发展和改革委员会.绿水青山就是金山银山——全力推动生态文明试验区建设的福州实践.2018.

交易。通过推动福州市重点排放单位参与碳排放权交易市场,有效利用市场手段推动节能减碳。福州市碳交易态势良好,2016 年,福州市涉及电力、钢铁、化工、有色、航空、玻璃、陶瓷等 50 家重点排放单位均足额履约,履行配额足额清缴义务,履约率达 100%,截至 2017 年 11 月底,钢铁、电力、陶瓷等行业共 22 家企业积极开展碳交易活动,成交量约 70 万吨,总成交金额约 2000 万元。企业明确了环境保护主体责任,主动为绿色让步。

2017 年 5 月 18 日,在第十二届世界低碳城市联盟大会暨低碳城市发展论坛上,福州获得"年度可持续发展低碳城市"称号,反映了福州市近年来将低碳发展作为经济社会发展的重大战略和生态文明建设的重要途径取得显著成效。为控制温室气体排放,促进企业向绿色低碳的方向发展,福州市通过市场机制来鼓励重点排放企业自觉参与福建省碳排放权交易。

除此之外,福建还积极创新林业碳汇交易试点。2017 年 5 月,福建省政府印发《福建省林业碳汇交易试点方案》,选择顺昌、永安、长汀、德化、华安、霞浦、洋口国有林场、五一国有林场等 20 个县(市、区)、林场开展林业碳汇交易试点,主要采取碳汇造林项目试点、森林经营碳汇项目试点、竹林经营碳汇项目试点三种试点类型,每个试点开发生成 1 个以上林业碳汇项目。截至 2017 年 12 月,全省积极开发林业碳汇项目交易模式,在全国率先形成一套较为成熟有效的林业碳汇交易规则和操作办法。

1. 明确试点类型

(1)碳汇造林项目。主要条件为:2005 年 2 月 16 日以来的无林地,造林地权属清晰,具有县级以上人民政府核发的土地权属证书;土地不属于湿地和有机土的范畴,土壤的扰动符合水土保持的要求;不采取烧除的林地清理方式(炼山)以及其他人为火烧活动,不移除地表枯落物、不移除树根、枯死木及采伐剩余物。

（2）森林经营碳汇项目。其实施的主要条件为：土地为符合国家规定的 2005 年 2 月 16 日以来乔木林地，且属于人工幼、中龄林；土壤为矿质土壤，土壤的扰动符合水土保持的要求；不涉及全面清林和炼山等有控制火烧，除为改善林分卫生状况而开展的森林经营活动外，不移除枯死木和地表枯落物。

（3）竹林经营碳汇项目。主要条件为：土地为符合国家规定的 2005 年 2 月 16 日以来的竹林；土壤不属于湿地和有机土壤，土壤的扰动符合竹林科学经营和水土保持要求；采伐收获竹材时，只收集竹杆、竹枝，而不移除枯落物，不清除竹林内原有的散生林木。

2. 加强组织领导

各地要切实加强组织领导，确保相关工作稳步推进、规范开展、取得实效；完善体系建设，加强林业碳汇交易的成本研究分析，研究建立林业碳汇项目申报平台；加强技术创新，创新开展重点生态区位商品林赎买转保护林等碳汇项目方法学的研究，开发生成一批林业碳汇项目；抓好试点建设，以点带面大力发展林业碳汇；严把项目质量，确保项目的真实性、合格性、有效性；加大宣传力度，多层次、多形式地宣传发展林业碳汇的目的意义、政策做法、市场行情等，提高公众对生态文明建设、应对气候变化的重要性认识。

3. 规范组织者实施

省林业厅负责经省碳交办备案的福建林业碳汇减排量(以下简称 FFCER)相关工作的组织实施、综合协调和监督管理，对申请备案的 FFCER 进行评审，评审结果报省碳交办核定。重点排放单位用于抵消的林业碳汇项目减排量不得超过当年经确认排放量的 10％；省林业厅受理申请材料后，应当在网站公示 5 个工作日，收集公众意见，并在 30 个工作日内会同省碳交办，组织专家对申请材料进行评审。第一次申请备案的项目，应当对项目及减排量同时评审。通过专家评审的项目及减排量，由省林业厅出具项目及减排量评审意见，报省碳交办备案。

(四) 排污权交易制度

2000 年,福建深入实施生态省战略,深化生态文明体制改革,把建立排污权有偿使用和交易制度作为生态文明建设的重要内容,有序开展排污权有偿使用和交易试点,逐步形成以二级市场为核心的排污权交易制度。

1. 强化顶层设计,建立二级市场

坚持政府推动与市场驱动相结合,出台系列排污权政策,为企业打造公开、公平、公正的交易环境,为发展排污权二级市场打下坚实基础。其一,统一交易制度。相继出台《福建省人民政府关于全面实施排污权有偿使用和交易工作的意见》等 20 多份文件,对核量、储备、交易等关键环节做出明确规定,建立起较为完善的政策体系。其二,统一管理机构。采取自上而下的方式逐步推进排污权管理机构建设,建立省市县三级管理模式,省级负责排污权的政策研究、技术支持、指导推进等工作,市县两级负责排污权核定、收储、出让等具体工作。其三,统一交易规则。所有参与交易的企业均遵循相同的交易规则、交易流程,接受相同的交易管理,实现定量、申请交易、登记、储备等全过程监管,促进排污权交易公平公开。其四,统一交易平台。委托福建省海峡股权交易中心提供统一的交易平台,规范排污权交易管理,将交易从政府部门职能中分离出来,减少政府对市场的干预,保障市场的独立性。其五,统一确权凭证,明确排污许可证为排污权交易确权凭证,企业排污权发生变动时,排污许可证要做相应变更,以法律文书确认企业的排污权交易行为,保障企业的合法权益。

2014 年,福建省人民政府出台了《关于推进排污权有偿使用和交易工作的意见(试行)》,开始在造纸、水泥、皮革、合成革与人造革、建筑陶瓷、火电、合成氨、平板玻璃等 8 个行业试点推行排污权交易,并于 2014 年 9 月举行了首场排污权有偿使用和交易竞价会。为完善配套政策,福建陆续出台有关排污许可证、主要污染物排污权指标核定、建设项目主要污染物排放总量指标等十余个管理办法和政策文件,建立了交易和监管的长效机制。

在此基础上,2016 年年底,福建省人民政府出台了《关于全面实施排污权有偿使用和交易工作的意见》,从 2017 年 1 月 1 日起排污权有偿使用和交易的实施对象扩大为全省范围内工业排污单位,工业集中区集中供热和废气、废水集中治理单位,城镇污水集中治理单位削减的污染物也纳入可交易范围。实施排污权有偿使用和交易的污染物为国家对福建实施总量控制的主要污染物,现阶段包括化学需氧量、氨氮、二氧化硫、氮氧化物。排污权核定后,其有效期统一为 5 年。新(改、扩)建项目新增的排污权指标,都要通过市场交易、政府储备出让等方式有偿取得。此外,还建立了完备的排污权收储机制。按照"现有工业排污权单位的污染物绩效排放量与环境影响评价批复量进行比较后取小值"原则核定初始排污权,并加强排污权收储管理,制定了排污权储备管理办法,开展有偿收储。

2. 加强市场引导,培育二级市场

营造良好的排污权交易市场环境,引导企业积极参加排污权交易,努力培育二级市场。其一,实行有偿取得。把污染物排放总量指标作为环境影响评价审批的前置条件,将排污权交易作为解决建设项目总量指标来源的一种手段。明确新(改、扩)建项目新增的排污权指标,应通过市场交易、政府储备出让等方式有偿取得。其二,依法核定权属。出台了《福建省主要污染物排污权指标核定管理办法(试行)》等多份技术规范,规范了核定原则、核定流程等,确保公平确权;允许企业将"十二五"期间减排形成的削减量核定成可交易排污权,进入市场交易或用于自身发展;明确排污单位是排污权交易的主体,可根据需求自觉减排,自主交易获利。其三,交易价格市场主导。不设政府指导价,企业可综合考虑产业结构、区域政策和治理成本等因素调整排污权挂牌价格,交易价格围绕供需关系合理波动,引导市场逐步形成交易价格体系。其四,允许跨区域交易。允许排污权在满足区域环境质量要求的前提下跨设区市流转,防止交易碎片化,增加交易灵活性,提高环境资源配置效率,最大化发挥市场调节机制的作用。

3. 建立储备机制,活跃二级市场

建立以市场机制调节排污权二级市场供需平衡的政府储备制度,实现二级市场资源的有效配置,活跃二级市场。其一,盘活闲置强化储备。除明确破产、关停、淘汰、取缔的排污单位无偿取得的排污权无偿收回外,还规定自环评文件批准之日起五年内未开工建设等情况下排污单位尚未使用(自愿放弃)的排污权指标由政府收储,以此盘活排污单位闲置的排污权。其二,有偿收储缓解供给。开展有偿收储,在二级市场供大于求的时候回购排污权,减少市场存量,缓解市场供给压力。如2015年12月南平市以957万元收储福建南纸的二氧化硫可交易排污权270万吨,氮氧化物可交易排污权300吨。其三,适时出让满足需求。作为二级市场的有益补充,政府储备的排污权可以在排污权指标供给不足时作为补充来源,缓解市场需求压力。如2015年年初泉州市以市场集中竞价的方式出让9吨二氧化硫、28吨氮氧化物的政府储备排污权,满足了泉州市正一方陶瓷科技有限公司等3家企业建设项目需求,进一步激活二级市场。

大力发展排污权二级市场,制定了公开竞价、协议出让和卖方挂牌等多种交易方式,构建独立的第三方交易平台,委托海峡股权交易中心为福建省唯一的排污权交易平台,独立完成排污权交易全过程,政府不直接参与排污权交易。积极探索推进流域内行政区排污权交易,政府储备的排污权进行有偿转让出让,允许跨设区市交易。截至2018年1月31日,福建共举行69场排污权集中竞价交易,累计1549家企业参与交易,总成交4083笔,总成交金额84 485.74万元。

4. 优化交易模式,服务二级市场

以"服务更优、效率更高为目标,不断创新交易机制,营造良好的交易环境,使排污权交易更加便捷高效。其一,推行"互联网+"交易模式。2014年9月建成全省连通的排污权交易网络,参与交易的企业无须到现场竞价,实现"足不出户,完成交易"。其二,丰富交易方式。制定网络竞价、协议转

让、买方挂牌等多种交易形式以满足企业不同需求,便于企业选择合适的方式参与交易:"网络竞价"方式集中竞价,价格优先,时间优先;"协议转让"方式方便灵活,企业间自由协商,自主交易;"买方挂牌"方式由买方企业提出意向购买价格,交易机构进行撮合,以卖方确认时间优先原则确认成交,适于需求急切的企业。其三,优化交易流程。网络竞价交易频次增加到 2 场/月,交易手续从原来需双方签署成交书简化为受让方单方签署成交确认书、合同并交款后即可取得交易凭证,降低企业参与交易的时间成本。其四,下调交易服务费。根据市场交易的实际情况,两次下调交易服务费,减少企业交易成本,提高企业参与交易的积极性。目前,海峡股权交易中心对当期交易金额 3000 元及以下的排污权交易免除交易费用。

5. 政策调控,引导二级市场

严守环境质量底线,通过政策调控、积极引导二级市场为环境治理服务,实现经济发展和环境保护的共赢。其一,实现项目倍量交易,要求企业按大于 1∶1 的比例购买所需的排污权指标,以市场手段促使企业做出更为符合环境管理要求的选择。通过对工业园区外和城市建成区的大气污染型工业企业实行倍量交易,引导企业进入工业园区,远离城市建成区。其二,实行行业总量控制。明确造纸、印染等建设项目主要大气污染物指标应来源于火电行业或其他行业的自备电站;机动车和农业源削减量不得用于工业类建设项目。其三,实行环境质量调控。对环境质量达不到要求以及未完成污染减排约束性任务的区域,不得进行增加本区域相应污染物总量的排污权交易和政府储备出让。

四、创新市场化生态环境治理机制

福建通过深化环境公用设施经营管理体制改革,积极推广运用政府和社会资本合作模式,广泛吸引社会资本参与环境公用设施建设和运营。鼓励以市、县为单位对城镇污水处理、垃圾处理项目进行捆绑或对若干乡镇污水处理项目捆绑,引入第三方进行整体设计、建设、运营;已建成的项目,也可通过项目租赁、重组、转让等方式引入第三方治理。对以政府为责任主体的区域和流域环境综合整治、农村环境综合整治、畜禽养殖面源污染治理、土壤修复等领域,鼓励采用环境绩效合同服务等方式引入第三方治理。

(一) 区域和流域环境"PPP 模式"综合整治

福州市共有 107 条内河,水网平均密度之大全国罕见,这曾是一道令福州市民自豪的风景线。然而,随着城市建设与发展,福州也患上内河污染、水体黑臭等城市病。尽管一直重视内河整治工作,但由于历史原因与地形条件所限,福州水系仍被内涝与黑臭所困,曾被当时的国家住房和城乡建设部、国家环境保护部挂牌督办。针对顽疾,福州市在水系治理中开出新药方——告别以往末端治理的旧思路,引入 PPP 模式,实行既治标又治本的全过程综合治理新模式。

2016 年 12 月,福州市政府决定引入 PPP 模式全面治理市区水系,其中,金山片区水系综合治理 PPP 项目位于福州南台岛片区西侧,整治河道 11 条,总长达 38.9 千米,整个汇水面积为 34.96 平方千米。作为福州市为民办实事项目,金山片区水系项目在实施过程中建设了一系列"海绵体",把全面彻底、系统综合、生态海绵的思路贯穿于治理全过程,实现自然渗透、自然积存、自然净化,修复金山片区水系生态环境,发挥其对水资源的调蓄作用。

"PPP＋海绵体"的双料配备,最终成为撬起福州水系建设目标实现的那个支点。金山片区水系治理未新建任何补水设施,而是通过建立河道水力模型、水质模型,对现有生态补水设施科学调度,通过科学运行管理,恢复河道自净能力,进一步减少生态补水量。

金山片区水系综合治理 PPP 项目看似简单的"PPP＋海绵体"双料模式,背后却是政府部门综合施政的思路转变,以及坚持"真做 PPP、做真

161

PPP"的决心和作为。在传统模式之下,政府大包大揽,忙得不亦乐乎,结果常常差强人意。

金山片区水系治理 PPP 项目,由福州市水务投资发展有限公司作为政府出资方代表,中国水环境集团、中国市政工程西北设计研究院有限公司、宏润建设集团股份有限公司组成联合体中标参与建设。项目总投资 15.53 亿元,建设期为 2 年,运营维护期为 13 年。项目包括对河道内外污染源控制、行洪能力的保持与提升、驳岸新建与改造、景观绿化、水生态系统基础的构建与恢复以及长期水质在线监测系统等建设。仅台屿河河道治理工程投资就达到 12 074.1 万元,景观绿化工程投资 1822.84 万元,合计 13 896.94 万元。

从台屿河的 PPP 实践来看,政府用开放的态度拿出优质项目,用市场化的手段与社会资本平等合作,流程更顺畅了,效率提高了,水系治理也更加专业规范。

PPP 模式让治理后的运营维护有了坚实保障。一边是社会资本方拿出资金、技术、服务等浑身解数,力求通过在合作期内将项目建设好、运营好,以获得合理回报;另一边是政府方转变思路,开始琢磨起如何做一个更合格的监管者。持续、科学、有效的运营管理是河道长治久清的根本保障,随着治理内容逐步完善,项目重点也将向河道管理倾斜。

福州市政府专门制定了内河管理办法,对河道水质、设备运行情况、景观保养等全方位进行考核。按照"水清、河畅、岸绿、景美"的目标,以"系统、科学、管用"为指导方针,福州市通过采取打通断头、河道清淤、沿河截污、水系贯通等措施,整体推进,务求实效,让台屿河这条黑臭河实现了"华丽转身"。

水系治理,不仅消除了福州市令人难以忍受的内河黑臭现象,还培育出崭新的城市风景线。

案例5-4　"六水共治"构建碧水城厢

木兰溪、延寿溪、下磨溪、钟潭溪、院里溪、东太溪……莆田市城厢区溪流纵横、水系密布,境内共有水库25座、山塘45座、中小河流72条和渠道22千米,孕育了丰富的水生态资源。

近年来,城厢区以治污水、清河水、防洪水、排涝水、保供水、抓节水"六水共治"为抓手,全面开展木兰溪生态水系建设,实施了木兰溪防洪安全、水质提升、景观整治等一系列综合治理工程。同时,持续开展碧水、蓝天、净土保卫战,集中解决了东圳库区居民搬迁等20多个突出环境问题,有效堵住污染源头,东圳水库和木兰溪干流水质优良比例均达100%,延寿溪等重点小流域Ⅲ类水质比例明显上升,构建了"碧水城厢"新格局。

木兰溪流经城厢区华亭镇、霞林街道24个村居,干流长度23.5千米,境内流域面积105平方千米。近年来,在木兰溪防洪工程不断推进的同时,木兰溪水质问题也愈发受关注。在此背景下,城厢区实施木兰溪流域水质提升攻坚行动,通过汇水支流综合整治、污水收集处理、入河排污口和污染源整治、垃圾清理保洁、严控畜禽养殖污染及强化执法监管等六大措施,全力改善木兰溪水生态环境。

城厢区生态环境局局长林桂祖介绍说,城厢区深入落实河长制,实施"一河一清单、一周一督查、一月一通报"机制,对流域汇水区域内的入河排放口进行全面排查,共排查出2400多个排污口,全面实施整治。同时,大力推进生态水系建设项目,采取控源、截污、清淤、清障、补水、培植水生植物等方式,对木兰溪12条支流进行综合整治。下大力气截污纳管,一期将44个村3万户纳入区农村污水PPP项目建设;完成上百家"小散乱污"企业整治,不达标排放的企业立即关停取缔。

木兰溪城厢段沿岸村庄星罗棋布,人口稠密。由于历史原因,这些村庄污水管网等基础设施配套不到位,给木兰溪水生态环境带来了不小的压力。为此,城厢区以打造木兰溪"百里兰溪十里景"为纽带,启动木兰溪周边旧村庄改造项目,带动两岸周边开发建设。目前,华亭镇樟塘片区、霞林街道屿上、万达南等多个旧村改造项目已完成征迁工作。

"木兰溪全流域系统治理是当前头等大事,全区上下要全力以赴推进。"城厢区委书记王文才指出,要加快农村污水管网建设,大力整治小散乱污企业、畜禽养殖场等,确保木兰溪主河道水质优良率100%;统筹推进木兰溪流域的美丽乡村建设、村庄整治、产业布局等,推动农村人居环境质量全面提升;加快"一溪两岸"开发建设,推动人文宜居新城厢进入"木兰溪时代"。

(二)农村环境综合整治

在推进农村人居环境整治过程中,福建步步为营,不敢懈怠,福建探索政府、农村集体和农民、社会力量多元化投入机制,扩大资金来源。福建省坚持"因地制宜、分类指导、规划先行、完善机制、突出重点、统筹协调"的指导方针,组织开展农村"厕所革命"、农村垃圾治理行动、农村污水治理行动、农房整治行动、村容村貌提升行动等"一革命四行动",致力于打造人与自然和谐共生的美丽宜居乡村。

1. 干群总动员

福建省委省政府高度重视农村人居环境整治工作,专门成立领导小组,由省委书记任组长、省长任第一副组长,亲自研究部署,亲自推动实施。2018年8月出台的《福建省农村人居环境整治三年行动实施方案》,明确了"一革命四行动"的目标任务、工作重点、保障措施。2019年1月9日,省委农办、省农业农村厅等省直16个部门联合印发《福建省农村人居环境整治村庄清洁行动方案》。随后,各部门迅速行动,积极推进村庄清洁行动。福建省46.3万名党员,深入1.4万多个建制村,带领663.5万农民,清理生活垃圾和畜禽粪污36万多处、沟渠4万多条,发放《村庄清洁行动宣传单》80多万份。"脏乱差"问题明显改善,村容村貌焕然一新。

2. 部门通力配合

各部门齐抓共管、密切配合、构筑合力。对农村人居环境整治涉及多部门职责的实际情况,建立健全"农业农村部门总牵头,相关职能部门分类牵头、专项主抓、具体落实"的职责分工体系,构筑横向到边、纵向到底的工作推进机制。目前,福建各省直部门"一对一"挂钩,分片负责全省农村人居环境整治试点和铁路沿线环境整治工作,并建立定期会商、信息沟通、专家共享的工作机制。

案例5-5 美丽乡村是我家——农村人居环境整治的福建实践

石狮市

2019年4月1日,全省首个环卫一体化PPP项目落户石狮市。"这将从根本上打破原先镇与镇之间、村与村之间的辖区划分,彻底消除'三不管'地带。"石狮市城市管理局相关负责人表示,该项目由政府与社会资本按照1∶9的比例出资,创新性地采用多项服务内容相结合的一揽子解决机制,有助于提升资金使用效率、强化行业监管、转变政府职能。

南平市

在污水垃圾治理领域,全省超过90％的县已推出以县域为单位的市场化项目。南平市将全市90个乡镇污水处理项目捆绑打包成一个PPP工程包,总投资约9.6亿元,每日处理量达到6万吨,解决了已建乡镇污水处理设施"晒太阳"的问题。

> **漳州市**
>
> 自 2017 年以来,漳州市推行农村污水治理 PPP 运作模式,企业运维、政府监管各司其职,加大乡镇污水设施和配套管网建设力度,乡镇污水设施运转向好的趋势已然显现。

(三) 推进畜禽养殖废弃物资源化利用

近年来,福建通过采取总量控制、关闭拆除、改造升级等措施,畜禽养殖污染防治特别是生猪养殖污染防治取得了明显成效,畜禽养殖废弃物处理利用水平显著提升,2016 年福建省畜禽粪污综合利用率达 70%,显著高于全国平均水平,但也存在种养对接不紧密、配套设施不完善、机制创新不够、政策支持引导不足等问题,畜禽废弃物资源化利用仍有较大提升空间。为贯彻落实《国务院办公厅关于加快推进畜禽养殖废弃物资源化利用的意见》,全面深化福建畜禽养殖污染整治,进一步完善相关政策措施,明确时间表和路线图,努力走出一条种养结合、农牧循环的绿色发展道路,为国家生态文明试验区建设提供有力支撑,省政府办公厅印发了《福建省加快推进畜禽养殖废弃物资源化利用实施方案(闽政办〔2017〕108 号)》。该方案以畜禽养殖废弃物源头减量、过程控制、末端利用为主线,紧紧围绕建立健全畜禽养殖废弃物资源化利用制度,提出了 11 项重点任务。调整优化畜禽养殖布局、推进畜禽标准化规模养殖、促进畜禽粪便肥料化利用、提升沼液资源化利用水平、拓展畜禽粪污多元化利用范围、严格落实畜禽规模养殖环评制度、完善畜禽养殖污染监管制度、建立属地管理责任制度、落实规模养殖场主体责任制度、健全绩效评价考核制度、建立健全畜禽粪污资源化利用市场机制。

案例5-6 永定区打造6个示范点,引导养殖户走生态循环养殖道路

"永定区以创建畜牧业绿色发展示范区为契机,2018年启动畜禽粪污资源化利用项目建设,打造6个示范点,通过试点示范,引导养殖户走生态循环养殖道路。"永定区畜禽养殖废弃物资源化利用行动领导小组办公室负责人告诉记者,龙岩市永定区力争通过三年努力,基本建立科学规范、权责清晰、约束有力的畜禽粪污资源化利用制度,基本形成种养循环发展机制,使全区畜禽粪污基本实现资源化利用。

永定是全国生猪调出大县(区)之一。根据当地现阶段畜禽养殖现状和资源环境特点,永定区以粪污源头减量、过程控制、末端利用为核心,因地制宜、分类施策,推广经济实用的畜禽粪污资源化利用技术模式,加快构建种养结合、农牧循环发展机制。2019年,永定区开始实施畜禽粪污资源化利用整区推进项目,使全区畜禽粪污综合利用率达到85%以上,规模养殖场粪污处理设施装备配套率达到100%。到2020年,全面完成畜禽粪污资源化利用整区推进项目建设,全区畜禽粪污综合利用率达到90%以上,规模养殖场粪污处理设施装备配套率达到100%。

为此,永定区持续提高畜禽养殖废弃物综合利用率,加快构建种养结合、农牧循环、产业化发展、市场化经营、科学化管理和社会化服务的畜禽养殖废弃物资源化利用新格局,推进全区畜牧业绿色发展。同时,永定区建立健全畜禽养殖污染常态化监管机制,巩固治理成效,避免"污染—整治—回潮—再整治"的恶性循环。对辖区内所有畜禽养殖场(户)实行建档立卡、一场(户)一档管理,建立完善畜禽养殖场直联直报信息系统,实现精准监管,坚决遏制畜禽违法养殖和污染环境行为。

为引导生猪、肉牛规模养殖场改水冲粪为干清粪,永定区采用节水型饮水器或饮水分流装置,实行雨污分流、回收污水循环清粪等有效措施,从源头上控制养殖污水产生量。按照种养结合原则,沼液就地肥料化利用,

并配套存贮不少于3个月的贮液池和配肥池、沼液灌溉利用管网等设施设备。对肉牛、羊和家禽等以固体粪便为主的规模化养殖场,鼓励进行固体粪便堆肥或建立集中处理中心生产商品有机肥。鼓励沼液和经无害化处理的畜禽养殖废水作为肥料科学还田利用,确保科学合理施用。

永定区积极支持社会资本参与畜禽粪污资源化利用工程,对兴建有机肥厂或第三方服务机构配套的粪污运输车辆、大型厌氧发酵池(罐)和生物天然气等设施设备进行专项补贴,鼓励开展沼气发电并入国家电网或集中供气或生产生物天然气。对猪场粪污处理采取就地"小循环"、就近"中循环"、区域"大循环"利用模式。有足够消纳地的养殖场,按照种养结合原则,沼液就地肥料化利用,粪便经发酵后由有机肥加工企业收购加工成为商品有机肥。对消纳地不足的养殖场,沼液应由第三方服务机构统一收集,进行异地"中循环"或"大循环"肥料化利用;第三方服务机构应科学处理收集的粪污,构建区域"大循环"利用模式。

五、厦门市生活垃圾分类

(一)注重总体设计,系统推进工作

垃圾分类不是简单的市容环境管理问题,而是牵动全社会的系统工程,必须立足全局、系统谋划,进行决策、组织的总体设计,才能有效推进实施。厦门市注重总体设计,系统推进垃圾分类。其一,成立了市级生活垃圾分类工作领导小组,由市长担任组长,市委副书记担任常务副组长,市委组织部、市人大、市政府、市政协相关领导任副组长,成员由26个市直部门的主要领导组成,领导小组下设办公室,办公室主任由分管副市长兼任,加强了对生活垃圾分类工作的组织领导。其二,提出"岛内全面推行垃圾分类和垃圾不落地,岛外扩大试点、逐步推开"的垃圾分类工作目

标。其三,制订生活垃圾分类工作实施方案,通过后端决定、牵引和倒逼前端的做法,明确了生活垃圾分类标准。按照可回收物、厨余垃圾、有害垃圾和其他垃圾"四分类",并配备与之相对应的蓝色、绿色、橘黄色和红色"四色桶",便于居民识别和投放。同时,按照分类投放、分类收集、分类运输、分类处理"四个环节"的要求,补齐短板。即建立与分类品种相配套的分类投放,建立定点与定时相结合的分类收集,建立与清洁直运为主相适应的分类运输,建立与垃圾分类相衔接的分类处理。

（二）广泛宣传培训,凝聚社会共识

针对全市 71.29 万户居民,2016—2017 年厦门制作 50 多万册《厦门市生活垃圾分类宣导手册》,编印 100 多万份垃圾分类宣传单、20 多万册《厦门市经济特区生活垃圾分类管理办法》单行本,并以广播、电视、报纸、网络、楼宇梯视、微信公众号等全媒体资源为载体,全方位向广大市民普及生活垃圾分类知识。发动党员干部、志愿者、社会组织进入社区（小区）开展宣导。社区干部、督导员逐家逐户上门开展入户宣传。学校利用国旗下讲话、校园广播、班级板报、LED 宣传屏,宣传经验做法。另外通过"小手拉大手、大手牵小手"家校联动,形成良性互动闭环,达到"教育一个孩子,影响一个家庭",有效促进了居民参与垃圾分类工作。市委领导带头在市委党校开设"垃圾分类厦门在行动"专题讲座进行宣讲,统一领导干部认识,激发抓工作的思想自觉。邀请清华大学、中国环境保护协会等国内专家对市区两级垃圾分类办、垃圾分类管理中心人员开展培训。垃圾分类办、垃圾分类管理中心干部向社区干部、督导员进行分批轮训,2016—2017 年共组织垃圾分类培训90 余期、392 场次,受培训人数达 3 万余人,培养了一大批垃圾分类一线工作者。筛选 8 位垃圾分类工作做得好的社区负责人,组成垃圾分类经验介绍"宣讲团",到各个街道进行巡回宣讲,介绍各自垃圾分类工作好的做法与经验,达到取长补短、互相学习的目的,形成"比、学、赶、超"工作氛围。采取演讲、知识竞赛、有奖竞答、文艺节目等群众喜闻乐见的宣传方式，比如思明快板、湖里三字经、翔安答嘴鼓、同安垃圾分类歌、集美环保舞蹈，让居民对垃圾分类知识入心入脑。

（三）夯实各个环节，加强全程把控

垃圾分类投放、收集、运输、处理四个环节，环环相扣，缺一不可，因此厦门市对"四个环节"的前、中、后端配套设施设备同步进行保障，确保全程可控。其一，在垃圾分类投放环节中，注重硬件保障，给居民小区统一配发前端垃圾分类设施。同时，突出了激励引导，分类合格的居民可扫二维码获得积分拿奖品，让群众有获得感。海龙小区组建"绿翔妈妈"队伍，带领居民使用厨余垃圾制作环保酵素，让垃圾分类变得更具有家庭实用性；欣悦园小区将部分厨余垃圾科学处理后，作为小区"一米菜园"的肥料，组织居民种菜收菜，并将蔬菜送给小区的孤寡老人，让邻里之间关系更加融洽，使居民对垃圾分类有热情有兴趣。其二，在垃圾分类收集环节上，设立桶边督导员制度，帮助居民准确分类。对低值可回收物收处实行财政补贴政策，最大限度收集玻璃、啤酒瓶等低值可回收物。其三，在垃圾分类运输过程中按分类进行车辆保障，自推行垃圾分类起至2017年购置厨余垃圾转运车90辆，厨余垃圾采取公交化的直运模式，划定厨余垃圾收运线63条，沿线设置收运点1600多个，保证各投放点的厨余垃圾得到定点收集，之后全封闭直接转运到厨余垃圾处理厂，减少了中转环节，防止了二次污染。同时全市购买了9辆有害垃圾专用车辆，由各区委托国有企业专门负责每半个月到各小区或清洁楼收集转运一次。分类运输车辆按市、区6：4的比例承担。为加强垃圾资源化利用，各回收企业根据所设置的智能回收箱的传感信息，及时到小区收集可回收物。其四，在垃圾分类处理这一最后关节，福建省着重同步进行建设分类处理设施。截至2017年，厦门市已建成3座垃圾焚烧厂（处理其他垃圾，日处理能力约2850吨、正筹建1座增加约2500吨）、2座厨余

(餐厨)垃圾处理厂(日处理能力约 1300 吨、正扩建增加约 1200 吨)、1 座工业废物处置中心(可处理 46 种有害垃圾,年处理能力约 4.65 万吨)、3 座大件垃圾处理厂,可回收物由商务局统一收集处理,形成有害垃圾定时上门收运,大件垃圾预约上门收运,各类垃圾分类处理的格局。

(四) 建立示范标杆,以点带面推开

首批通过 20 个垃圾分类示范小区和 45 所示范学校的试点示范,带动厦门全市面上推开。机关企事业单位带头实行生活垃圾分类,驻厦部队、省部属单位积极响应。在推开阶段,以 20 个示范小区 13 个方面的建设标准作为标杆,街道、社区、小区各级党组织逐级部署,将垃圾分类融入小区建设,采用包片包干,包楼层督导,通过规范引导、强化考评等措施,在一个多月时间内,示范小区分类知晓接近全覆盖,厨余垃圾分类准确率达 70%,之后组织全市街道、社区前往观摩学习,推动了全市垃圾分类的开展。

(五) 强化立法保障,加强执法力度

福建厦门利用经济特区立法权,加快垃圾分类工作立法,使垃圾分类工作走向依法推进的轨道。历时半年,厦门完成了《厦门经济特区生活垃圾分类管理办法》(以下简称《办法》)立法工作,这部法规立足于"立得住、行得通、管得了"的思路,规定可以委托执法,并将执法权下放到执法中队,对违规投放、收集、运输、处理等各节点都明确了相应的罚则,且对一些特定违法行为采取"双罚制",即在对违法单位实施处罚的同时,还对其直接负责人和相关责任人员实施处罚。该《办法》已于 2017 年 9 月 10 日起正式实施,这是全国第一部全过程、全流程的垃圾分类人大立法。与此同时,还配套出台了《厦门市生活垃圾分类工作考评办法》《厦门市生活垃圾之有害垃圾收运、储存、处理规定》《厦门市大件垃圾管理办法》《厦门市垃圾分类以奖代补资金管理办法》《厦门市垃圾分类违法行为信用修复办法》等 20 项配套制度,为依法推进垃圾分类工作提供有力支撑。

（六）坚持问题导向，巩固提升成效

其一，开展"先分后混"联合专项整治。厦门市成立两个联合执法组，进行"先分后混"整治，2016—2017年共检查了近399个居民小区、12个城中村、4座写字楼、26座清洁楼、27条沿街店铺道路(区域)、29个农贸果蔬批发零售市场、250个厨余垃圾装车点、618个分类垃圾居民投放点，走访近78个小区物业、31个社区居委会、11个街道办事处。对违反《厦门经济特区生活垃圾分类管理办法》的单位和个人开具执法文书共120份，实施行政处罚42起，其中已立案查处8起。通过媒体曝光22次，其中电视专题报道4次。通过督查执法整治行动，对垃圾分类违法行为起到了震慑作用，进一步提高垃圾分类参与率和准确率。其二，开展落后小区整治行动。确定100个落后小区，作为重点整治对象，结合社区综合治理、老旧小区改造、文明社区创建等工作，提出整治方案，进行综合整治。其三，推进高楼撤桶工作。发挥媒体正面宣传、增进沟通的积极作用，大力推动撤桶难度较大的高楼进行撤桶。截至2017年全市共有5663栋高层住宅楼，目前已有4643栋实施了"高楼撤桶"，约占82%。

（七）建立健全机制，层层传导压力

其一，建立暗访机制。市垃圾分类办成立10人暗访组，坚持每周6天随机暗访居民小区，每天在市垃圾分类工作微信群公布存在的问题和评分，并将暗访结果月度排名在新闻媒体公布，实现压力的及时传导。其二，领导高度重视。市领导每天晚上利用信息化手段，对垃圾分类工作暗访情况进行点评。

（八）城乡统筹结合，因地制宜推进

其一，城乡一体，通盘考虑。将农村垃圾分类纳入厦门全市垃圾分类总盘子进行管理，由市垃圾分类办牵头统筹和督查指导。把城郊农村和远郊农村区分开来，城郊农村按城乡一体化推进，纳入城区收运体系；远郊农村采取与城市不同的政策要求进行分类、收运和处理。其二,因地制宜,区别对待。远郊农村仅设置一个投放点,保洁员兼顾保洁和督导职责。鼓励就地处理消纳,厨余垃圾可通过田间地头堆肥,实现"种植消化",不想堆肥的用于喂食自家非规模化饲养的家禽家畜,进行"过腹消化";有害垃圾由村民拿到投放点换取积分,兑换日用品;可回收物由村民自行收集售卖;其他垃圾采取直运方式定期收运。

案例 5-7　厦门垃圾分类工作蝉联全国第一①

2019 年 6 月,住建部办公厅印发《城市生活垃圾分类工作考核暂行办法》,对全国 46 个重点城市开展垃圾分类工作情况考核。考核内容主要包括引导居民自觉开展生活垃圾分类、加强生活垃圾分类配套体系建设、强化组织领导和工作保障等工作进展情况及取得的成效,考核从体制机制建设、示范片区建设、教育工作、宣传工作等 10 个单项计分,满分 100分。在第三季度的考核中,厦门总分为 80 分,其中,教育工作和宣传工作两个单项,厦门都拿到了满分。在体制机制建设、示范片区建设等分值较高的单项,厦门的分数也排在前列。值得一提的是,厦门是 46 个重点城市中,唯一总分上 80 分的城市。近日,住建部通报第三季度全国 46 个重点城市生活垃圾分类工作情况,厦门以总分 80 分的成绩,排名第一,这也是厦门连续两个季度生活垃圾分类工作排名全国第一。

---

① 周铮澜. 厦门垃圾分类工作蝉联全国第一. 厦门电视台,2019-01-30.

第三节 生态文明制度体系创新的福建实践评析与启示

福建生态环境的治理取得了显著的成效。2018年,福建省闽江流域山水林田湖草生态修复项目被列入全国第二批试点,用3年时间,投入120.91亿元,涉及三明、南平、福州、龙岩、宁德五个设区市共29个县(市、区),截至2019年7月底,试点项目累计完成投资76.5亿元,占总投资额63%,各地市完成投资情况为:南平市34.27亿元,三明市29.9亿元,福州市8亿元,宁德市2.34亿元,龙岩市1.99亿元。水土流失率由2011年的9.95%下降至2018年的7.97%。长汀县从"火焰山"变成了"绿满山",水土流失面积从2000年的105.66万亩下降到2017年年底的36.9万亩,水土流失率从22.74%降低到7.95%,低于福建省平均水平;森林覆盖率由59.8%提高到79.8%;空气质量常年保持在国家Ⅱ级标准以上;饮用水源地水质达标率均为100%。闽江流域部分生态绩效指标得到明显改善,"干流和二级以上支流水质优良比例""小流域优于Ⅲ类水质比例""劣Ⅴ类水质"等6项指标已提前达到国家试点考核要求。2019年,厦门市2303个建成小区中的1987个已推行分类,占86.28%(其中,岛内1727个建成小区已全面推行,岛外

576 个建成小区中的 260 个已推行分类,占 45.14％并呈全面推行态势);120 家市直机关、85 家星级宾馆(酒店)、1124 所学校、12 家市属国有企业、66 个农贸市场以及车站、码头、机场、公园、景区等公共区域和驻厦部队已全部推行垃圾分类;农村垃圾分类覆盖率达 45％以上;2018 年上半年全市垃圾增长率为 1％,较 2017 年同期的 14.6％有大幅下降,岛内两区呈负增长趋势。厦门全市日产垃圾约 5000 吨,其中每日收处厨余垃圾由最初的300 吨增加到 2018 年的 1000 余吨,分出可收回物约 1000 吨,分类更精细、源头减量成效更明显。2018 年福建省节能环保产业产值达 1380 亿元,实现了乡镇生活垃圾转运系统全覆盖、建制村生活垃圾常态化治理机制全覆盖,85％建制村都有 1 座以上水冲式公厕,94％县(市、区)无害化户厕普及率达85％以上,90％乡镇建成生活污水处理设施,5700 多个村庄开展美丽乡村建设,创建 500 多个美丽乡村示范村。

　　福建始终坚定改革定力和决心信心,把党中央的顶层设计一项项转化为地方的工作实践,转化为可靠管用的制度成果。其一,坚持山水林田湖草是一个生命共同体理念,改革的系统性、整体性、协同性不断增强。福建遵从自然生态的整体性、系统性及其内在规律,推动关联性较强的改革举措协同并进,推进闽江流域山水林田湖草生态保护修复试点,进行系统保护、宏观管控、综合治理,增强生态系统循环能力,有效维护生态平衡。其二,围绕解决土壤资源破坏、水土流失问题,加快构建治水保土新机制。坚持统筹施策、综合防治,践行"长汀经验",矢志不移推进福建省水土流失治理。其三,建立环境权益交易体系。以改善环境质量为目的、绿色发展为核心,把排污权、碳排放权、用能权等生态环境资源作为一种资产来界定,作为一种资本来经营,完善用能权、排污权、碳排放权和水权交易,探索多元化、市场化生态补偿机制。其四,围绕解决环境治理和生态保护市场主体活力不足问题,加快构建市场化激励约束机制。坚持政府市场两手发力,因地制宜开展差别化探索,构建资源环境价格机制,增强生态保护市场化活力。其五,围绕解决群众关心的热点、难点环境污染问题,加快建立环境综合治理机制。坚持全民共治,推动顶层设计与地方实践良性互动。厦门市创新垃圾分类模式,抓住分类投放、分类收集、分类运输、分类处理"四大环节",探索出全民众参与、全机构协同、全流程把控、全节点攻坚、全方位保障的"五全工作法",岛内全面推行垃圾强制分类。

一、推广"政府＋群众＋市场"的水土流失治理模式

党委作为社会事业的领导者,政府作为人民群众的受托者,应成为生态治理责无旁贷的主导力量,政府应该始终坚持以政策为导向,通过不断创新政策、完善政策和落实政策,引导人民群众发挥水土流失治理的主体作用,充分调动民间力量。要尊重群众首创精神,始终坚持把群众作为治理水土流失的主体和力量源泉,全民动员、全社会参与,组织群众积极承包治理,培育治理大户引导治理,引入个人承包治理,凝聚民心,发挥民智,调动民力,变"要我治理"为"我要治理",走出一条水土流失治理的群众路线,充分调动广大人民群众治理水土流失的主动性、积极性和创造性,使群众真正成为治理水土流失的主人翁和主力军。同时要发挥市场机制的引导作用,转变资源配置方式是实现有效治理的重要支撑。如何在巩固治理成果的基础上合理开发,"既要绿水青山,也要金山银山",就成为水土保持事业持续发展的重要问题。为解决这一问题,长汀采取的是市场化、规模化和专业化的路子,以市场机制为引导,推行市场化运作,利用社会资金、社会力量来做大做强生态产业,推进水土流失治理。

二、深化生态环境治理的市场化模式

福建充分发挥了市场配置资源的决定性作用,引导企业参与到生态环境治理,适时推广权益交易等市场化的生态环境治理。其一,要尊重企业主

体地位,营造良好的第三方治理市场环境,积极培育可持续的商业模式,建立健全"排污者付费、第三方治理、政府监管、社会监督"的污染治理机制,形成了规范有序的第三方治理市场,大力推行污染第三方治理、合同环境服务、区域综合服务等市场化治理模式,实施生态环保投资工程包政策,吸引各类专业投资主体参与生态环保项目投资、建设和运营。其二,明确用能权为权益属性,辨清如何界定用能权、水权,鼓励试点地区进行差别化探索,并建立健全激励机制和容错纠错机制。注意政策间的协调,特别是与其他节能减排相关政策间的协调,避免因规制领域、规制对象相同造成重复管理。这需要在用能权制度设计中充分研究其他相关制度的运行机制,对制度间如何衔接进行探索,使政策间起到相互补充的作用。通过激励相容的政策设计,让市场自身发挥更大作用,通过市场来实现要素资源的优化配置,逐步弱化政府在交易匹配和价格决定中的主导地位,发挥企业的市场主体作用,激励企业自主节能。

三、实施系统化的生态保护和修复措施

从系统和全局角度探索治理之道,全方位、全地域、全过程实施生态保护和修复。生态修复要坚持保护优先、自然恢复为主的方针,人工修复应更多地尊重自然、顺应自然,要有系统性、整体性方案。长期以来,我国高强度的国土资源开发导致许多生态系统出现了比较严重的退化,针对这些生态退化,国家相继组织开展了一系列生态修复和治理工程,提高了林草植被、森林覆盖率,但由于工程之间缺乏系统性、整体性考虑,存在着各自为战、要素分割的现象,局部效果较好但整体效果差。对山水林田湖草生态系统的修复治理,要统筹山上山下、地上地下、陆地海洋以及流域上下游,依据区域突出生态环境问题与主要生态功能定位,确定生态保护与修复工程部署。要抓紧修复重要生态功能区和居民生活区废弃矿山、交通沿线敏感矿山山体,推进土地污染修复和流域生态环境修复,加快对珍稀濒危动植物栖息地

区域的修复;优化生态安全屏障体系,构建生态廊道和生物多样性保护网络,开展生物多样性保护,提升生态系统质量和稳定性;加强流域与湿地的保护,推进生态功能重要的江河湖泊水体休养生息;建立以国家公园为主体的自然保护地体系,改革各部门分头设置自然保护区、风景名胜区、文化自然遗产、地质公园、森林公园等的体制,对上述保护地进行功能重组,建立国家公园制度,实施最严格的保护。

四、推行生态环境治理综合防治制度

综合治理生态系统是习近平提出的加快构建生态文明五大体系的要求,综合运用教育、技术、经济、行政、法律和公众参与等方法治理生态系统,习近平强调:要提高环境治理水平,要充分运用市场化手段,完善自然环境价格机制,采取多种方式支持政府和社会资本合作项目,加大重大科技攻关,对涉及社会经济发展的重大生态环境问题开展对策性研究。综合整治和生态修复往往是连在一起同时运用,并且是分不开的。处理好行政管理区域与自然区域的关系,山水林田湖草是生命共同体,加强生态合作具有自然合理性。跨行政区域的自然资源和生态系统保护,要打破行政界限,加强行政管理区域间的沟通合作,创新管理机制与方式,以全局观念、整体思维、系统方法,推进联防联控联治,包括污染治理、自然资源开发利用和保护,生态系统保护修复和治理,要按照统一的思路和标准编制生态功能区划,统一生态保护红线,确定生态合作重点区域与重点任务,以山水林田湖草生态系统自然区域为管理单元,探索生态环境治理综合防治机制。

五、强化领导干部生态环境治理的责任制度

自然资源和生态环境破坏问题,有的是发生在一个行政管理单元内,有的是发生在跨行政区域。必须坚持强化各级领导干部生态环境治理责任,加强生态系统所在自然区域自然资源和生态系统的全面管理,既要按行政

区域又要按自然区域管理自然资源和生态环境,推进自然资源资产负债表编制和领导干部自然资源资产离任审计制度,资源环境是公共产品,对其造成损害和破坏必须追求责任。领导干部作为一个地方重大事项的决策者,对资源环境保护要负总责、负全责,自然资源资产负债表编制要覆盖行政区的全部生态系统,并考虑到与其他区域的关系,体现生态系统的整体性、均衡性和系统性。对领导干部进行自然资源资产离任审计制度,落实领导干部任期生态文明建设责任制,建立最严格的责任追究制度。

第六章　美丽中国生态安全体系实现路径

第一节　生态安全体系实现的目标与要求

一、生态安全体系实现的目标

建设美丽中国是工业文明到生态文明的文明形态转型,需要包括生态文化体系、生态经济体系、生态目标责任体系、生态文明制度体系和生态安全体系在内的五大生态文明体系架构支撑,这是习近平阐述的美丽中国建设的重要内容,意义重大而深远。[①] 建设美丽中国,就是要让中华大地上各类生态系统具有合理的规模、稳定的结构、良性的物质循环、丰富多样的生态服务功能。[②] 生态安全是指生态系统的健康和完整情况,是生态系统运行整体上呈现的一种良性循环状况。国际应用系统分析研究所(IIASA,1989)将生态安全定义为:在人的生活、健康、安乐、基本权利、生活保障来源、必要资源、社会秩序和人类适应环境变化的能力等方面不受威胁的状态,包括自然生态安全、经济生态安全和社会生态安全,组成一个复合人工

---

①　李永胜. 加快构建生态文明体系 实现美丽中国愿景[N]. 西安日报,2019-03-11(007).

②　任勇. 加快构建生态文明体系[EB/OL]. (2018-07-02)[2020-05-06]. http://theory. people.com.cn/n1/2018/0702/c40531-30099784.html

生态安全系统。学者高吉喜指出,生态安全是一个国家赖以生存和发展的生态环境处于不受或少受破坏与威胁的状态,通常具有两重含义:①指生态系统自身是否安全,即其自身结构是否受到破坏,功能是否健全;②指生态系统对于人类是否安全,即生态系统所提供的服务是否能满足人类生存发展的需要。① 我国在 2000 年发布的《全国生态环境保护纲要》中,第一次明确提出了"维护国家生态环境安全"的目标。生态安全体系是生态文明体系的自然基础,加快建立健全以生态系统良性循环和环境风险有效防控为重点的生态安全体系。②

（一）生态系统的良性循环

生态系统是一个全面完整的生物链,每个生物物种,都是大自然生物链中不可或缺的链接,是生物系统的一部分。在一个良好的生态系统中,每个生物链条之间都是紧密相连的,无论哪个环节的生物链遭到破坏,都会牵一发而动全身,整个生态系统都会因此受到影响。人类作为生态系统中生物链的一环,从生态系统获取生产生活所需的一切资料来源,只有把人类自身看成是生态系统中最普通的一员,而不应该凌驾于其他物种之上,才有可能与大自然和谐共处,达到和谐共生的境界。可见,推动生态系统的良性循环极为重要。

（二）环境风险的有效防控

当前,我国仍处于环境风险高峰平台期,长期积累的生态破坏、环境污染对人民群众生产生活造成严重影响的事件高发频发。生态文明建设中,必须提高警惕,必须牢固树立底线思维,把生态环境风险纳入常态化管理,系统构建全方位、全过程、多层级生态环境风险防范体系。其一,降低生态系统退化风险。通过实施国土空间管制和生态红线制度,实行最严格的环

---

①　高吉喜.生态安全是国家安全的重要组成部分[J].求是,2015(24):43—44.
②　李永胜.加快构建生态文明体系 实现美丽中国愿景[N].西安日报,2019-03-11(007).

境执法措施,并建立生态保护红线的监管机构,确保更强有力的法治保障生态安全;采取生态系统修复和保护措施,确保物种和各类生态系统的规模和结构的稳定,提升生态功能与服务。其二,防范和化解生态环境问题引发的社会风险,维护正常生产生活秩序。①

二、生态安全体系实现的要求

习近平在全国生态环境保护大会上强调,要加快构建生态文明体系。生态文明体系是习近平生态文明思想指导实践的具体成果,是对生态文明建设战略任务的具体部署。而建立生态安全体系是加强生态文明建设的应有之义,是必须守住的基本底线②。生态安全体系是生态文明体系的基础,生态安全关系人民群众福祉、经济社会可持续发展和社会长久稳定,是国家安全体系的重要基石,只有生态安全,才有社会安全,才有国家安全。

为完善生态安全体系,需健全如下环境保护制度:其一,建立"党政同责"和"一岗双责"制度,落实生态文明建设政治责任,着力构建党委领导、政府统筹、部门共管、社会共治的生态环保工作格局。其二,推行排污权交易制度,促进产业结构优化升级。要在管理性政策文件制定和技术性标准规范文件制定方面完善政策体系;要在机构建设和平台建设方面健全工作机制;要在试点范围、污染因子和初始排污权核定等方面规范培育市场。其三,探索生态环境损害赔偿制度,破解"企业污染、群众受害、政府买单"困局。探索建立技术标准体系,促进鉴定评估有依据、结果科学有效;探索建立专业评估力量,促进鉴定评估有支撑、市场规范有序;探索建立赔偿保障

---

① 任勇. 加快构建生态文明体系[EB/OL].(2018-07-02)[2020-05-06]. http://theory.people.com.cn/n1/2018/0702/c40531-30099784.html
② 同①.

基金,促进鉴定评估有保障、赔偿先行落实;探索完善司法联动机制,促进损害赔偿有约束、责任落实到位。其四,推行环境污染责任保险,撬动环境风险共管共控。围绕制度建设,不断夯实顶层设计;围绕保障激励,加强政策扶持;围绕取得实效,创新推广模式。

三、生态安全体系的福建实现思路

福建作为全国首个生态文明试验区,积极推进生态安全体系建设,将生态安全摆在更加突出的基础性、保障性位置,大胆探索、先行先试,全力筑牢生态安全屏障,着力打造生态文明建设福建样板。关于生态安全体系的构建(图 6-1)主要从以下三个方面入手。

(一) 强化生态空间管控,促进生态系统良性循环[①]

首先,在陆域和海域方面划定生态保护红线,构筑生态安全屏障,这是保障生态安全的底线和生命线。在陆域方面,福建全省陆域国土面积 12.4 万平方千米,生态红线阶段性划定的面积为 32 781.95 平方千米,占陆域国土面积的 26.44%,划分为水源涵养、生物多样性维护、水土保持和防风固沙 4 类生态功能极重要区域,以及水土流失生态环境极敏感区域。在格局上凸显对“山水林田湖草”的整体保护,以山形水系为主框架,形成以闽西武夷山脉-玳瑁山脉和闽中鹫峰山-戴云山-博平岭两大山脉为核心骨架,以闽江、九龙江等主要流域和海岸带为生态廊道的基本生态保护空间格局。在海域方面,福建省海洋国土面积为 13.6 万平方千米,选取 37 640 平方千米海域开展划定工作,共划定 10 种类型的海洋生态保护红线区 188 个,面积为 14 303.20 平方千米,占全省海域总选划面积的 38%。其次,创新武夷山国家公园试点体制,保障重要生态空间。福建省环保厅等多部门联合,在全省范围内开展了“绿盾 2017”国家级自然保护区监督检查专项行动和“绿盾

---

① 吴明其. 开发与保护并重[J]. 海峡通讯,2020(1):56—59.

2018"自然保护区监督检查专项行动,全面排查了全省 17 个国家级自然保护区和 22 个省级自然保护区存在的突出环境问题。再次,编制自然资源负债表摸清资产"家底",为探索生态系统价值核算体系打基础,构建生态系统价值核算样板。2016 年 12 月省政府印发《福建省生态系统价值核算试点方案》,提出以沿海的厦门市、山区的武夷山市为试点区,以国家级研究团队为技术小组,邀请国内相关领域专家成立专家顾问组。

（二）加强环境综合治理,提升生态环境质量

首先,在水污染防治、大气污染防治和土壤污染防治方面打响污染防治攻坚战,着力补齐生态环境短板。水污染防治方面,实施水污染防治计划,抓"清新水域"工程,全面实施"河长制",全力推进"三项全面清理"整治,并率先开展水质实时监测数据公开。大气污染防治方面,抓"洁净蓝天"工程,推进区域联防联控。土壤污染防治方面,抓"清洁土壤"工程,有序推进土壤污染治理与修复工作。其次,完善生态补偿机制,加大生态环境投资力度,实现生态惠民、生态利民、生态为民的目标,推动建立适宜生存生活的生态空间,形成生态系统良性循环的新格局,着力建设生态安全型的新时代。①

（三）提升环境风险防控水平,保障区域环境安全

其一,密织生态司法"防护网",确保更强有力的法治保障生态安全。因地制宜设置生态环境审判机构,优化职能配置和管辖方式,实现全覆盖;坚持"打防并举",全面发挥司法审判职能;创新生态环境审判机制,保障生态环境可持续。其二,加强环境监测能力建设,构建环境监测预警体系。要构建该监测预警体系需要建设覆盖全省、布局合理的生态环境监测网络;实现生态环境监测信息全省联网、集成共享;构建测管联动、依法追责的生态环境监测机制。其三,推动省级环保督察纵深发展,构建齐抓共管环境保护格局。突出顶层设计,完善环保督察工作机制;建立权责体

---

① 宋娇芝. 习近平生态文明思想研究［D］. 太原理工大学,2019.

系,充分发挥环保督政作用;依规严肃问责,强调环保督察结果应用;注重社会共治,营造全社会共抓环保氛围。其四,完善"网格化"环保监管体系,打通环保监管"最后一公里"。建立环保监管网格化制度体系与配套机制;依托综治,推进环保监管与综治网格的融合;搭建网格化环保监管信息化平台;重视培训和考评,打造高素质网格员队伍;提升服务,推动形成"全民参与、社会共治"格局。其五,加强环境应急体系建设,提升应急管理能力水平。妥善应对突发环境事件;严格突发环境事件风险管控;扎实做好环保投诉件受理。

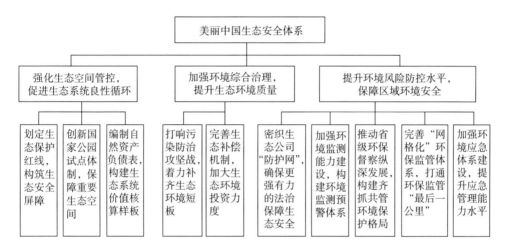

图 6-1 美丽中国生态安全体系框架

第二节　生态安全体系实现的福建实践

一、"多规合一"的国土空间开发保护格局

我国环境问题根本在于环境容量超载,而环境容量的基础是生态空间,[①] 要把习近平总书记提出的"生态功能保障基线、环境质量安全底线、自然资源利用上线"三大红线落实到国土空间,[②] 将生态、环境、资源等约束性定量要求落实到管理网格、控制单元和地块区域,确保各项部署要求在各地落地生根。2016 年 11 月福建省人民政府印发的《福建省级空间规范试点工作实施方案》和 2016 年 12 月中共中央办公厅、国务院办公厅印发的《省级空间规划试点方案》,都以严格落实主体功能区规划为基础,统筹推进"多规合一",整体谋划国土空间开发,科学布局城镇空间、农业空间、生态空间,建立科学适度有序的国土空间布局体系。[③]

---

① 陆军,秦昌波,万军. 加强新时代中国特色社会主义生态文明建设的建议[J]. 环境保护,2017(22):23—27.

② 刘树升. 习近平生态文明思想的文化根基、理论渊源和现实依据[J]. 山东省社会主义学院学报,2019(6):42—48.

③ 同①.

（一）划定生态主体功能区[①]

《福建省主体功能区规划》(以下简称《规划》)将福建省划分为四大功能区，强调不同区域要依据资源环境的承载能力确定功能定位，控制开发强度，规范开发次序，完善开发政策。这四大功能区包括优化开发区域、重点开发区域、限制开发区域、禁止开发区域。① 优化开发区域，主要指那些国土开发密度已经较高、资源环境承载能力开始减弱的区域，包括福州、厦门、泉州中心城区等，共9个区。② 重点开发区域，包括国家层面的海西沿海城市群和闽西北省级层面的产业集中区域，共32个县(市、区)。这些区域要提高集聚产业能力，加快推进城镇化，成为支撑未来福建省经济持续增长的重要增长极。③ 限制开发区域，是指以提供农产品和生态产品为主体功能、资源环境承载能力较弱、大规模集聚经济和人口条件不够好并关系到地区生态安全的区域。④ 禁止开发区域，是指依法设立的各级、各类自然文化资源保护区域以及其他需要特殊保护的区域，包括自然保护区、风景名胜区等7类，共197处。《规划》提出，构建以福州、厦漳泉大都市区为中心，以快速铁路、高速公路、主要港口为依托，以多个区域中心城市为骨干，以国家、省级重点开发区域为主要支撑点，以一些中心城镇为基础的城市群发展战略格局。此外，构建以"五江两溪"("五江"指闽江、九龙江、晋江、汀江、敖江，"两溪"指木兰溪、交溪)为主要水生生态廊道，以武夷山-玳瑁山山脉、鹫峰山-戴云山-博平岭两大山脉为核心，以近岸海域和海岸带为门户屏障，以限制开发的重点生态功能区为支撑点，以点状分布的禁止开发区域为重要组成的生态安全战略格局。努力推进形成闽东南沿海高优农业、沿海蓝色农业、闽西北绿色农业三大特色农业产业带。

---

① 福建省人民政府.《福建省主体功能区规划》颁布实施 全省将划分四大功能区［EB/OL］.（2013-01-15）［2020-05-06］. http://fz. china-house. com/index. php? all = true&do = news&id=105092

《规划》明确提出,主体功能区布局基本形成。以优化和重点开发区域为主体的经济布局和城镇化格局基本形成,由限制开发区域为主体框架的生态屏障基本形成,农产品供给安全得到保障,禁止开发区域和基本农田得到切实保护。耕地保有量面积不低于国家下达的指标,基本农田面积不低于1.14万平方千米。河流、湿地面积不再减少,林地面积稳定在9.12万平方千米。空间利用效率明显提高。城市空间每平方千米生产总值大幅度提高,城市人口集聚能力进一步增强,城镇化率每年提高1.5个百分点。单位面积耕地粮食和主要经济作物产量提高10%以上。城乡区域协调性增强。缩小不同区域城镇居民人均可支配收入、农村居民人均纯收入和生活条件差距,扣除成本因素后人均财政支出大体相当。生态省建设成效显著。水土流失面积减少,水、空气、土壤等生态环境质量明显改善,生物多样性得到切实保护,森林覆盖率稳定在65.5%以上。主要污染物排放得到有效控制。人居环境更加优美舒适。工业和生活污染排放大大减少。

（二）福州市城市治理实施"多规合一"

为推进国土空间有序开发和有效管制,提升国土空间治理能力,科学合理布局和整治生产空间、生活空间、生态空间,[1] 福州市全面启动"多规合一"工作,包括一张图、一个信息平台、一个协调机制、一个审批流程、一个监督体系、一个反馈机制的"六个一"工作内容。[2]

其中,"多规合一"平台是基于"1＋N"分布式架构搭建信息联动管理平台,"1"指福州市"多规合一"信息联动管理平台;"N"指市发改、规划、国土、环保等部门业务子系统。平台有四大功能亮点：① 通过各部门数据共享服

---

① 寇有观. 学习习近平生态文明思想 建设智慧生态城市[J]. 办公自动化,2018(10)：8—13,22.

② 黄戎杰,杨莹,林洛羽. 推动生态文明建设 构筑绿色生态家园[N]. 福州日报,2017-12-01.

务和维护功能,促进部门间规划数据共享共用;② 提供了福州市"一张图"专业性统计分析和辅助决策功能,实现智能选址,解决了项目审批过程部门间选址矛盾问题;③ 创新"一表式"受理的业务审批新模式,提供"一站式"审批功能,实现各部门全过程联动审批和督办管理;④ 实现"多规合一"数据库管理及持续更新维护,为今后各类规划的科学编制提供数据支撑。

截至 2017 年 4 月,平台已完成 7 个子系统的开发、对接、测试工作,并及时同步到市电子政务信息云平台,提供给规划编制人员使用。多规合一"一张图"成果数据及规划、国土、环保、林业、水利、园林等部门的最新规划成果数据已导入多规平台"一张图",各单位对接工作已基本完成。此后,"多规合一"信息联动管理平台总体运行稳定,并通过多部门生成会商(图6-2)。已会商通过项目将直接推送至行政服务中心的"多规合一"并联审批系统,开始协同审批流程,切实提高各部门的审批效率(图 6-3)。

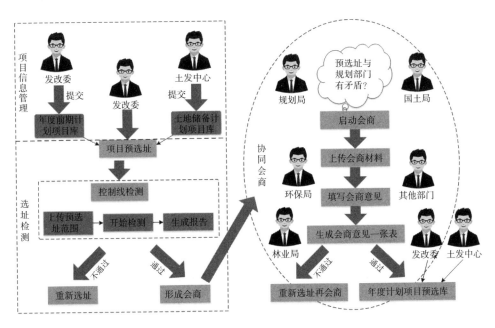

图 6-2　"多规合一"项目策划生成会商流程

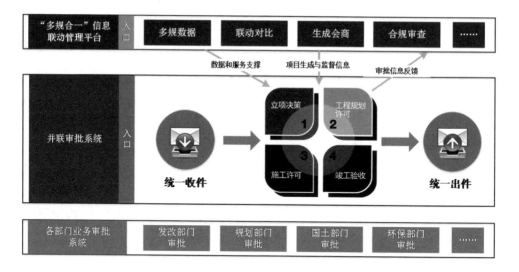

图 6-3 一口受理、并联审批流程

1. 信息共享,多个部门分权治理

为构建市、县两级标准统一、多部门分权治理的多规"一张图",首先,将福州市 10 余个部门的规划信息、空间信息、建设项目审批信息等相关信息基于统一的标准进行融合,并在界面上进行可视化"展示",形成空间信息"一张图"和"多规合一",告别了以往规划的"不透明"。平台建设之初,需要对"多规"的内容进行梳理,把它们各自确定的发展目标、发展规模、用地指标、用地布局空间差异等进行分析。其次,还要将这些规划所涉及的用地边界、空间信息、建设项目参数等信息融合到一张图上。实现信息共享,打破之前的隔绝"壁垒",是建设"多规合一"信息联动管理平台的核心和关键。

为避免规划"各自为政",甚至"打架"的情况出现,"一张图"要以产业发展规划、城乡建设规划、土地利用规划、生态环保规划为主体,充分考虑林业、园林、水利、海渔、交通等专业规划,通过全面比对、按区分配、布局调整,消除"多规"间存在的矛盾和差异,逐步实现发展目标、人口规模、建设用地指标、城乡增长边界、功能布局、土地开发强度的"六统一",实现城市建设用地"一张图"管理。①

整合形成"一张图"后,为给今后的城市发展提供依据,还要再进行"五线"的划定,包括建设用地控制线、城市增长边界线、生态控制线、基本农田控制线、产业区控制线。这不仅可以牢牢把住基本生态用地和城乡建设用地,控制无序开发,还可以引导产业集聚。

除了各部门规划的"一张图"划定,针对六区及外围县(市),"一张图"也是采用统一标准,采用系统对接,能和大平台实现数据的共享。

2. 规划透明,各条"底线"清晰明了

依托平台的"一张图",各项目的生成机制也被同步建设,结合各控制线,规划、国土、环保等各部门对项目的生成进行线上意见会商。通过平台,项目范围是否符合"多规合一"5条控制线,是否满足城乡规划、土地利用总体规划及环保、林业、水利等专项规划的约束和管制,都一目了然。

在福建生态功能红线划定的框架下,结合"多规合一",将重要生态功能区、生态敏感区和脆弱区等列入生态保护红线管控范围。项目建设之初,在平台上就能提供"多规"查询、分析、统计、选址及检测功能,实现发改、规划、国土等各部门之间"一张图"的共享共用,进一步明确福州市生态功能保障基线、环境质量安全底线、自然资源利用上限。规划"透明"了,也不"打架"了,由此带来的一项利好便是加速审批,避免了审批失误或反复审批的弊端,大幅提高后续业主报建项目的"一口受理"审批效率。

平台建立前,项目的串联审批模式常常会有落地慢等不足,"多规合一"平台则打造了"线上线下"一体化服务体系。项目从立项决策、工程规划许可、施工许可到竣工验收的四大阶段,实现了全过程协作审批。

"多规合一"信息联动管理平台是并联审批的基础和支撑。福州市在市行政服务中心设置了建设项目"一口受理"窗口,开启"一份办事指南、一张

---

① 强海洋.中国空间规划体系构建研究[J].发展研究,2015(5):20—23.

申请表单、一套申报材料、完成多项审批"的新型审批模式。原来是"老百姓跑路",现在是"数据健身",通过"互联网＋行政审批服务"为项目建设助力。

3. 智能分析,城市治理智慧升级

建设"多规合一"大平台,除了实现规划"合"、审批提速外,还有一个更给力的功能,那就是智能分析,探索科学规划与建设,实现智慧化治理。在平台里引入数据挖掘和分析方法,实现项目智能选址、冲突检测、实施评价等功能,待运行成熟后,就能把全过程的智能分析覆盖到全市整体的空间规划编制、实施、监督中去。

此外,平台还有各类衍生功能。规划编制时,平台能提供现有各类空间规划的用地分布和统计分析;在规划编制成果上报市规委会审查前,能提供模拟会审,与"多规合一"规划图和控制线、其他空间规划进行差异和冲突检测,消除差异;规划实施阶段,能提供项目智能选址及项目与各类空间规划的冲突检测,了解可选址地块及项目所在位置是否与城市规划、土地利用规划、环境保护规划及其他专项规划存在冲突,为城市空间资源布局充分"把脉"。

该平台的智慧性还体现在规划监督上,一改往日的人力"盯梢",直接在平台上就能提供规划实施的各类对比分析和评价分析,监察各类规划的实施和城市建设审批情况。

(三) 建瓯市坚守耕地红线、建设绿色家园

近年来,建瓯市坚持把加强环境保护与落实土地管理基本国策相结合,通过健全"三项机制"、推进"三旧"改造、开发"三种用地"和实施"三个治理"等措施,妥善处理保护资源和保障发展、国土开发与保护生态的关系,最大限度地发挥土地资源的经济、社会和生态效益,实现共赢共享、统筹发展。

1. 健全"三项机制",强化土地规划管控

加快完善土地管理机制建设,对土地利用实行严格控制,实现土地资源的优质配置,推进耕地和建设用地的均衡发展。其一,健全土地管理责任机

制。建立市、乡、村层层负责,相关部门协同配合的土地管理责任机制;完善土地管理联席会议、部门联动协作、土地管理奖惩等制度。同时,市政府每年都与乡镇(街道)签订《耕地保护目标责任书》,将耕地保有量和基本农田管护列为主要领导绩效考评的刚性指标,严格落实考核和奖惩制度。其二,健全土地利用约束机制。加强土地利用总体规划编制,发挥土地利用总体规划的管控作用,统筹土地开发利用和保护;出台《关于进一步加强工业项目用地管理的实施意见》,明确工业项目的评审程序、用地规模、用地选址、供地方式等。其三,健全土地执法监察机制。建立了市、乡、村三级土地巡查网络,2016—2017 年,卫片执法立案查处违法用地 27 宗,罚款 6.05 万元,没收违法建筑物 0.37 万平方米,拆除违法建筑物 4.98 万平方米。

2. 推进"三旧"改造,深挖土地集约潜力

注重盘活存量建设用地,对城乡闲置地、空置地和低效利用地进行重新规划和"二次开发",最大限度地提高土地的利用率。其一,推进旧城改造。坚持高起点、高标准、高水平和节约集约用地的原则,加快推进城区棚户区改造。其二,推进旧厂房改造。实施城区七里街丁墩山工业小区整体搬迁,开展土地整理,用于商住小区建设,2016—2017 年共搬迁企业 13 家,腾出土地面积 160 多亩,开发总建筑面积近 30 万平方米。其三,推进旧村改造。充分用好上级实施城乡建设用地增减挂钩政策,对农村的空心村、空心房、危旧房等农村宅基地和其他建设用地进行重新规划、整治,部分复垦为耕地,部分改建为新村。2016—2017 年,全市实施旧村复垦项目 7 项,总投资275 万元,总面积 212.67 亩,新增耕地 211.83 亩。

3. 开发"三种用地",拓展土地使用空间

最大限度地开发利用好低丘缓坡地,解决好发展建设用地问题,不断拓展经济发展用地空间。其一,工业园区用地。全力在城东打造建设大型工贸集中区——中国笋竹城,累计征地 7546 亩,开发建设 5508 亩,其中三分

之二以上为低丘缓坡地。截至 2017 年 4 月,已入园企业 75 家,年产值 7 亿元,创税收 4000 多万元。在徐墩镇规划开发丰乐工业平台,总面积 5000 亩左右,其中低丘缓坡地占 90％。其二,交通设施用地。加大交通基础设施建设,规划建设了浦南、松建、建闽高速公路以及合福高铁。如合福高铁全长 60 千米,共征地 1798 亩,其中低丘缓坡地 1360 亩,占 75.7％。其三,住宅小区用地。在城市建设中,积极拓展发展空间,充分利用低丘缓坡地推进城市开发,先后开发建设了冠达园、上峰景城、中信豪庭、三江国际等一批住宅小区和保障房。

(四) 泰宁县着力建设宜居宜业宜游的美丽山城

近年来,泰宁县依托丰厚的历史文化积淀和自然生态资源,坚持"政府引导、市场运作"的原则,逐步形成以"粉墙、黛瓦、坡顶、翘角马头墙"为符号的新徽派建筑风格,走出一条切合泰宁实际,具有泰宁特色的城市建设路子,并荣获首批国家生态文明建设示范县、全国绿化模范县、国家级生态县等荣誉称号。

1. 以科学的规划指导城市建设

高度重视城市规划的指导作用,历届领导班子始终坚定一张蓝图绘到底。其一,坚持"接班接规划"。20 多年来,历届县委县政府始终把规划实施过程当作一场"接力赛",持续发力、久久为功,真正做到"铁打的规划流水的官",一任接着一任干,确保规划的权威性、约束性。其二,坚持"先规划后建设"。秉承"高起点规划、高品位设计"的理念,先后投入 5000 多万元,委托同济大学等 30 多家权威规划设计机构,编制或修订城市总规及 60 余项各类详规,县城 30 平方千米的规划区面积 100％完成控制性详规,并推动城市规划与旅游发展等规划"多规融合",构建了"量身定做"且较为完备的规划体系。其三,"无许可不立项"。建立城乡规划委员会制度,明确城区重要地段、重要区域、重要节点的所有重点项目,其选址定点和工程规划,都必须经过委员会审核才允许立项施工,并实施城市规划评审专家论证咨询制度,确保规划实施不走样。

2. 以独特的风格推动城市建设

着力挖掘泰宁古建筑中的造型元素、传统符号,奠定形成了"杉阳明韵"新微派建筑风格。为使这一建筑风格巩固下来,注重从"点线面"端共同发力。其一,"点"上抓示范。以县城中心的状元街为起点,率先探索实施,打造泰宁建筑风格的样板,该项目建成后获得各方肯定。其二,"线"上抓延伸。以城区主干道、主街道为轴线,实施金湖路等沿线立面改造工作,延伸建筑风格,进一步塑造泰宁城市风貌。其三,"面"上抓推广。以县人大决议的方式,将"杉阳明韵"建筑风格确定为泰宁城市建筑主体风格,并将建筑风格要求编入各类规划,从县城向乡村贯彻推广,确保这一建筑风格在全县范围内得以保持和覆盖。

3. 以特色的理念引领城市建设

坚信"不怕有缺点、就怕没特点"的理念,在城市建设上努力做到不求其大、但求其佳,不求其名、但求其实。其一,凸显旅游城市的特点。始终把城区当作景区来建设,以游客的视角、景区的标准来抓城市建设,结合创建国家全域旅游示范区工作,布局开发了滨水休闲、古城开发、高山安养、乡村旅游四大板块,努力把整个县域当作最大的景区、最好的产品、最美的旅游目的地来打造。其二,凸显历史文化的特点。注重将历史、宗教、戏曲、名人、古建、民俗风情等文化元素融入城市建设中,对城区古建筑进行分级保护,先后修缮修复世德堂、进士街等古遗迹。同时,大力保护古街、古巷、古井、古民居等历史遗存,传承发展梅林戏等非物质文化遗产,恢复风雨桥、牌坊、水车等历史人文景观,并建成"千年赋"青铜雕塑公园,启动非遗博览苑等项目建设,延续泰宁历史文脉。其三,凸显绿水青山的特点。强调"显山露水、透绿见景",通过开园辟绿、沿河布绿、拆墙透绿、见缝插绿、适地增绿,实现黄土不见天、边坡无创面,形成绿树成荫、移步换景、错落有致的绿化效果。2020 年,全县先后建成 15 个景园、10 千米亲水步道、30 千米自行车道以及夜景体系,城区绿化率达 37.4%、人均公共绿地面积达 14.7 平方米,两项数据都位居全省前列。

4. 以务实的举措提升城市建设

坚持创新思路,通过修古城、建新城、管老城,进一步促进城市扩容提质。其一,坚持产城联动修古城。全面推进泰宁明清古城综合保护开发,在加大古遗迹保护修缮力度的同时,启动业态布局、夜景、巷道景观等提升工程,实施三涧湾仿古商业街区、非遗博览苑等项目,丰富手工艺制坊、擂茶馆等休闲业态,打造泰宁城市的最大卖点,泰宁古城成为全省首批现代服务业集聚示范区。其二,坚持集聚人气建新城。全面启动"丹霞之城"开发,抓好"三路一桥"、LNG 管道燃气等基础设施建设,加快医院、学校等项目布局,引入养生休闲、体育会展、文艺创作等业态,进一步拉开城市框架,疏解城市功能。其三,坚持补齐短板管老城。抓公共交通,新能源公交实现全域化运营,泰宁成为共享单车在全省投放运营的首个县级城市。抓常态管理,构建完善"大城管"机制,成立城建国土联合执法大队,将城市管理工作做在日常、抓在平时。

(五)龙岩市创新举措推进土地集约节约利用

近年来,龙岩市精准施策、精实利用、精细管理,推进土地集约节约利用,促进经济社会生态协调发展。

1. 精准施策

其一,统筹规划。将重点建设项目纳入土地利用总体规划,突出城市商务、商贸物流、人居"三大板块"集聚发展,避免土地闲置。实行经营性用地供应刚性管控,对世界文化遗产、红色体验、文化创意等特色产业用地应保尽保。实行住宅用地供应三年滚动计划。其二,优先保障。对重大基础设施、战略性新兴产业、现代服务业等重点项目实行政策、规划、指标、审批、供交地"五保障"和报批、收储、置换、办证、抵押登记"五优先",实现企业向重点园区集中、土地向重点产业集中、政策向优势企业集中。开展开发区、工业集中区节约集约用地评估,根据评估结果下达用地计划指标。其三,灵活供地。对超过200亩的重大工业建设项目,规划时预留发展用地,实行统一规划、分期供地分期建设。根据企业生产周期、生产经营和产业升级规划,科学确定出让年限,建立租赁、先租后让、租让结合等供地方式,对中小企业投资额小于500万元或用地面积10亩以下的一般工业项目,实行租赁或短期出让,适应多样化用地需求。

2. 精实利用

其一,利用低丘缓坡地。每年以不少于5%的经营性土地出让金收入投入低丘缓坡地基础设施建设,把推行"坡地工业集中区建设"作为对县节约集约目标管理考评内容,将新罗区、上杭县列入创建"节地型、生态型"低丘缓坡地开发利用示范(片)区,对选址在低丘缓坡地开发利用试点范围内的项目实行单独报批、单列用地计划指标。其二,利用废弃矿山土地。新罗区通过生态综合治理把废弃矿山建成紫金山体育公园,再造建设用地1667亩,中央公园景观区1350亩。连城县结合矿山环境整治,利用锰矿废采场和排土场开发建设绿色光伏电站。其三,实施"空间换地""亩产倍增"行动。将盘活存量与年度新增建设用地挂钩,将城镇新增建设用地与农村空闲宅基地退出挂钩,逐步提高存量用地供应比例。对暂时无法盘活的地块,实施"绿地工程";对批而未用土地,采取置换用地、调整项目用地、二次招商、督促限期开工等措施盘活利用。引导中小项目使用标准化厂房,对盘活利用低效地突出的县(市、区)给予用地指标倾斜。

3. 精细监管

其一,三线同步。将耕地红线、生态红线、城市发展边界线同步考虑,划定永久基本农田和生态涵养区。2016—2017年,龙岩市提出以"提质改造、补改结合"落实占补平衡,实施土地整治示范项目28个、旧村复垦项目287个,新增耕地1.5万亩,加大城市周边基本农田保护建设,打造与城市景观相协调的景观农田,促进城市内部自然生态系统与城市外围的河湖、森林、耕地等形成完整的生态网络。启动农村山垄田整治试点,形成景观梯田9390亩。其二,强化责任。把节约集约用地情况纳入党政领导目标管理,倒逼责任落实。制定建设项目土地利用效益评估验收制度,纳入乡镇、街道、园区综合考评体系。其三,提升服务。全面推行网上服务,做到"全程网办,一网通办",让"数据多跑路,群众少跑腿"。全面推行批后监管服务,推行国土资源监测评价和辅助决策系统。全面推行快办服务,对急需落地的项目开辟用地审查报批"绿色通道",在市不动产登记中心设立"即办"窗口,实行并联审批,当场办结率从2016年的65%提升至2017年的85%。

二、武夷山创新国家公园试点体制[①]

国家公园的概念最早是1832年美国画家、作家和旅行者乔治·卡特琳提出来的,针对当时美国西部大开发影响和破坏当地印第安文明、野生自然生态和物种多样性,他提议政府建立国家公园来保障生态环境和印第安土著文明的健康与发展。[②] 我国《建立国家公园体制总体方案》中对国家公园的定义是:由国家批准设立并主导管理,边界清晰,以保护具有国家代表性的大面积自然生态系统为主要目的,实现自然资源科学保护和合理利用的特定陆地或海洋区域。[③]

---

① 熊慎端,原旭东. 保护绿水青山 实现天人合一:武夷山国家公园全力推进生态保护纪实[J]. 福建林业,2020(2):11—14.

② 李丽娟,毕莹竹. 新西兰国家公园管理的成功经验对我国的借鉴作用[J]. 中国城市林业,2018(2):69—73.

③ 中共中央办公厅 国务院办公厅. 建立国家公园体制总体方案[EB/OL]. (2017-09-26) [2019-02-17]. http://www.gov.cn/zhengce/2017-09/26/content_5227713.htm

建立国家公园体制是党的十八届三中全会提出的一项重点改革任务，十九大报告中明确提出"构建国土空间开发保护制度，完善主体功能区配套政策，建立以国家公园为主体的自然保护地体系"。2016年6月17日，国家发展和改革委批复了《武夷山国家公园体制试点区试点实施方案》，选取武夷山开展国家公园体制试点工作。

武夷山国家公园体制试点区位于福建省北部，分别与武夷山市西北部、建阳区和邵武市北部、光泽县东南部、江西省铅山县南部接壤，包括武夷山国家级自然保护区、武夷山国家级风景名胜区和九曲溪上游保护地带。[①] 根据《武夷山国家公园体制试点区试点实施方案》，试点区总面积982.59平方千米。试点区是世界文化与自然遗产地，拥有210.7平方千米未受人为破坏的原生性森林植被，是世界同纬度最完整、最典型、面积最大的中亚热带森林生态系统，被誉为"鸟的天堂""蛇的王国""昆虫世界""世界生物模式标本产地""研究亚洲两栖爬行动物的钥匙"。拥有"碧水丹山"特色的典型丹霞地貌景观和新石器时期古越族人留下的历史文化遗迹，具有被誉为"闽邦邹鲁"的数千年历史文化景观，是闻名国内外的"朱子文化"发源地，是世界红茶和乌龙茶的发源地，也是中国唯一的"茶文化艺术之乡"。

国家公园体制建设的主要目标是强化自然资源保护、保障国家生态安全，对此，武夷山国家公园体制试点把自然生态系统和自然文化遗产保护放在第一位，全面强化自然资源保护工作。

（一）探索建立独立运行的垂直管理体制

组建省政府垂直管理的武夷山国家公园管理局（正处级行政机构），既整合了武夷山国家公园管理力量，也妥善安置了原有工作人员。其一，按照统一原则，解决碎片化问题。通过整合有关自然资源管理、生态保护等方面

---

① 蔡华杰. 国家公园建设的政治生态学分析：以武夷山国家公园体制试点为例[J]. 兰州学刊，2020（6）：23—33.

职责,武夷山国家公园管理局受委托对公园内全民所有的自然资源进行统一保护、管理,行使自然资源管理和国土空间用途管制职责,有效解决前期管理碎片化问题,有效增强了保护地联通性、协调性、完整性,更好地保护了试点区生态系统的完整性和原真性。其二,坚持效能原则,理顺职责关系。严格按照《武夷山国家公园体制试点区试点实施方案》要求,明确武夷山国家公园管理局承担自然资源管理、生态保护、特许经营等9个方面职责,试点期间省直各有关部门继续依法行使自然资源监管权,属地政府仍行使经济社会发展综合协调、公共服务、社会管理和市场监管等职责。在理顺职责关系的基础上,专门建立武夷山国家公园管理局与所在地政府的工作协调机制,共同研究解决相关问题。其三,按照精简原则,用好人力资源。按照"人随事走,编随人走"的原则,将自然保护区管理局原有人员、景区管委会部分人员划转,组建武夷山国家公园管理局及所属执法队伍和科研监测中心。将武夷山风景名胜区管委会主要旅游管理人员,组建武夷山风景名胜区旅游管理服务中心,作为武夷山市的事业单位,承担风景名胜区旅游服务有关职责。既解决了多头交叉管理问题,又保证了景区旅游管理服务工作的延续性。

（二）探索建立以财政投入为主的多元化资金保障机制

将武夷山国家公园管理局作为省本级的一级预算单位管理,预决算并入省本级编报,在增加财政资金投入的同时,通过制定社会捐赠机制、明确资金筹措渠道,初步建立了多元化资金投入机制,解决资金保障问题。其一,坚持财政体制与管理体制相匹配。按照管理权与经营权相分离的原则,试点区内企业包括武夷山市属国有企业管理权与税收等按属地原则归属武夷山市本级财政,各项税收、国有企业资本经营收益仍作为武夷山市财政收入。试点区内的风景名胜区门票收入、竹筏和观光车等特许专营权收入、资源保护费收入等作为省本级收入,纳入预算管理,直接上缴省级财政。其二,坚持财权与事权相匹配。试点区内涉及的乡镇、村现有财政体制不变,仍按行政关系归属相关县(市、区)管理,各项民生支出等由所属县(市、区)负责承担。原景区管委会承担的景区维护、绿化、宣传等经费及其对有关乡镇、村的补助支出等相应的支出责任统一由武夷山市负责。其三,坚持地方政府财政收支和考核指标相匹配。从2017年起,调减武夷山市财政收入、支出基数,调增其体制补助基数,同口径计算相关考核指标。省财政在计算武夷山财政收入增长考核奖励时,对武夷山财政收入进行同口径调整计算,这有效调动了武夷山市及试点区内镇村参与、支持体制试点的积极性。

（三）探索建立"三级联动"的共建共管机制

通过省地市三级联动,建立了以武夷山国家公园管理机构为主体,所在地设区的市、县(市、区)、乡(镇)人民政府协同管理,村(居)民委员会协助参与,主体明确、责任清晰、相互配合的联合管理机制。[①] 其一,加强省级统筹。福建省政府办公厅印发《关于建立武夷山国家公园体制试点工作联席会议制度的通知》(闽政办〔2016〕158号),按照统一领导、分工负责、密切协作、精干高效的原则,建立武夷山国家公园保护、建设和管理工作协调机制,由13个联席会议成员协调解决试点工作中的重大问题。福建省林业局联合江西省林业局印发《关于建立武夷山国家公园和江西武夷山国家级自然保护区闽赣两省联合保护委员会的通知》(闽林综〔2019〕6号),成立闽赣两省联合保护委员会,按照"一个目标,三个共同"的协作管理新模式,探索建立跨行政区管理新途径,形成统一协调、相互协作、快速高效的联合保护新机制。其二,促进市级协调。省林业局与南平市政府联合印发《关于建立武夷山国家公园体制试点工作推进机制和抓落实

---

① 熊慎端,原旭东. 保护绿水青山 实现天人合一:武夷山国家公园全力推进生态保护纪实[J]. 福建林业,2020(2):11—14.

机制的通知》,实行省林业局与南平市政府主要领导工作推进机制、国家公园管理局与所在地政府每月工作协调抓落实机制。同时,国家公园管理局联合南平市检察院启动国家公园区域生态环境和资源保护检察监督专项行动,排查公益诉讼案件线索,形成互促互动解决问题机制。其三,强化县级落实。管理局与武夷山市建立联席会议制度,联合出台过渡期保护和管理的实施办法,建立乡镇村联保联动工作机制和资源保护执法快速反应机制。分别与建阳区、光泽县联合印发《关于建立武夷山国家公园协调联络机制的通知》,建立联席会议制度和联保联动工作机制。此外,国家公园管理局还加强与江西省及周边县(市、区)的交流与合作,设立"联合保护委员会",将武夷山市、建阳区、光泽县、邵武市四县(市、区)各级政府、武警武夷山森林大队和江西武夷山国家级自然保护区管理局纳入联合保护体系,制定《联合保护公约》和《章程》,定期召开联保和森林防火会议,协调解决资源保护工作中存在的问题。

(四)探索建立和谐共赢的社区协调发展机制

其一,完善生态补偿。实施生态公益林补偿政策和天然林保护补助制度,统一试点区生态公益林补偿标准。结合武夷山市开展重点生态区位商品林赎买改革试点,在林农自愿的前提下,通过赎买、租赁、生态补助等方式对禁伐林木进行收储,并参照生态公益林进行保护管理。2016年6月—2020年10月,共收储九曲溪上游保护地带人工商品林2250亩。实行山林权补偿,对主景区内7.76万亩集体山林实行有偿使用,并随着风景区门票收入增长而提高。2017年、2018年分别由国家公园管理局和武夷山市政府支付山林权有偿使用费318.83万元,有效化解了试点区内集体林地划入生态公益林保护与村民发展经济的矛盾,实现了生态成果与旅游收益共享。其二,引导绿色发展。积极探索社区共管和"用10%面积的生态产业发展,换取90%面积的生物多样性保护"的管理模式,发展生态旅游、茶叶等资源非消耗型生态产业。主动对接武夷山市全域旅游布局,制定就业引导与培训机制,引导参与特许经营,从事旅游服务行业。据不完全统计,在区内直接从事导游、竹筏工、环卫工、绿地管护员等服务工作的村民达 1200 多人。全面推行生态茶园农药化肥零增长减量化行动,鼓励支持茶企、茶农建设高标准生态茶园,通过园企联建,无偿提供珍稀苗木,建立生态茶园示范基地。实行"协会推动、企业联动、茶农参与"的茶业发展模式,促进分散的农户与市场紧密连接,完成了从产品到商品的升级,大幅提升茶产业经济效益,促进经济发展与生态保护共赢。其三,强化乡村建设。协调所在地政府启动试点区内镇、村重要居民点详细规划设计,并选定在朝阳村和桐木村进行试点改造,2017—2018 年开展光泽县大洲村 11 户 49 人生态搬迁前期工作。争取 2017、2018 年度中央财政项目资金,实施环境综合整治项目。严格村民建房和项目建设前置审核,加强日常巡查监管,设立违法行为举报中心和电话,强化社会监督。每年下达社区垃圾处理补助资金(2018年度 125 万元),与南源岭、星村、黄村、桐木、坳头等 5 个行政村建立联合保护共建村,与黄村村合作建立社区污水处理示范点和河道生态修复示范点,有效促进人与自然和谐共生。

（五）加大宣传力度,推动形成社会共识

在《福建日报》等纸质媒体刊登《武夷山国家公园条例(试行)》(以下简称《条例》)全文,在南平、武夷山电视台进行滚动走底宣传,并通过景区南入口 LED 显示屏、"掌上武夷"APP、《条例》单行本、致村民朋友一封信、告知书、宣传车等方式加强政策法规宣传。建立国家公园门户网站,建设国家公园宣教室,完成微信公众号、宣传片和画册制作,开展形象 Logo 及宣传语征集评选。在主要路口、景点、村庄等重点区域增设一批以"绿水青山就是金山银山"为主题的大型公益宣传标识标牌。实行局领导联系村制度,定期到挂点联系镇村、企业宣传、走访,正确引导群众思想认识,推动形成社会共识。

(六)突出依法治园,整治力度不断加大

《条例》颁布后,省政府公布了国家公园管理机构执法资格,增设了"国家公园监管"执法类别,强化执法岗位培训,依法颁发行政执法证。建立武夷山国家公园法律顾问制度,启动国家公园区域生态环境和资源保护检察监督专项行动,加快推进自然资源和生态环境公益诉讼,开展破坏资源环境刑事案件现场公开审判,强化自然资源司法保障。联合开展茶山专项整治行动,2017—2018 年累计整治茶山 6600 亩、生态修复 5404 亩,树立监督牌70 面、悬挂宣传牌 300 面。开展"绿盾 2017、2018"专项行动,会同建阳区政府清理拆除雷公口水库养殖设施。深入开展"春雷行动""绿剑 2018 专项行动"等,严厉打击各类违法行为,共立刑事案件 34 起、刑事拘留 26 人,逮捕18 人,取保候审 5 人,起诉 22 人;查处治安案件 8 起、治安拘留 6 人;立林业行政案件 18 起,查处 18 起,罚款约 10.15 万元。

(七)强化资源监管,全力保障生态安全

按照 1∶1000 的比例,完成航空拍摄,组织开展森林资源二类调查。与各个村级管护单位签订《生态公益林管护责任书》,明确景区、森林公园和九曲溪上游保护地带生态公益林管护责任主体。编制《武夷山国家公园重大林业有害生物灾害应急预案》,与福建农林大学合作开展《武夷山国家公园松材线虫监测与防控》项目,与省、地、市森防部门在国家公园范围内联合开展检疫执法行动,未发现违规调运松疫木及制品现象。申请设立森林防火办,制定森林火灾扑救预案,配齐配强森林防火器材,严格实行 24 小时值班制度,及时颁布禁火令,强化"清明节"等重要时间节点的野外用火管理,严厉打击野外违章用火行为。管理局成立以来,国家公园范围内未发生火灾,自然保护区范围实现连续 32 年无森林火灾。

（八）强化合作共建，提升科研监测水平

加强与省内外高校和科研院所合作，与福建农林大学、南京林业大学、福建师范大学、福建省气象局签订了战略合作协议。联合省气象局设立武夷山国家公园气象台，联合福建农林大学设立国家公园风景园林学博士后科研流动站，省林科院生态所加挂武夷山国家公园研究所牌子，林科院派驻专职人员到国家公园开展工作。组织召开科研监测工作暨生态定位站学术研讨会、2018年生态学学术交流会，承办"中国典型自然保护区保护成效评估"项目研讨会，开展主题为"关注森林·探秘武夷"的科考活动，联合泉州师范学院开展土壤、水体微生物监测、环境质量监测，联合武夷山市环保局、气象局开展水质、大气监测，共享研究成果和监测数据。与加拿大哥伦比亚大学开展学术交流活动，不断提升国家公园科研监测水平。各项监测结果显示，武夷山国家公园生态环境质量稳中向好，地表水总体水质质量达到《地表水环境质量标准》（GB3838—2002）的Ⅰ类标准；大气中二氧化硫（SO_2）、二氧化氮（NO_2）、PM_{10}、$PM_{2.5}$等污染物浓度均达到《环境空气质量标准》（GB3095—2012）的一级标准。2019年还发现了两个新的物种（广义角蟾属新种——雨神角蟾、新种植物——福建天麻）。

三、编制自然资源资产负债表摸清资产"家底"

长期以来，受限于生态系统的复杂性、差异性，加之人类对自然资源价值认识的局限性、零散性，"绿水青山就是金山银山"难以量化和具体化。自然资源资产产权制度是加强生态保护、促进生态文明建设的重要基础性制度。改革开放以来，我国自然资源资产产权制度逐步建立，在促进自然资源节约集约利用和有效保护方面发挥了积极作用，但也存在自然资源资产底

数不清、所有者不到位、权责不明晰、权益不落实、监管保护制度不健全等问题,导致产权纠纷多发、资源保护乏力、开发利用粗放、生态退化严重。[①] 通过编制自然资源资产负债表,核查采集各类自然资源的数量与质量的自然资源资产数据,可以准确摸清自然资源资产"家底",[②] 准确掌握自然资源资产现状。建立自然资源资产负债表管理长效机制,翔实记录各类自然资源的增减和自然资源资产保护工作。

2013 年 11 月,党的十八届三中全会审议通过了《中共中央关于全面深化改革若干重大问题的决定》,提出探索编制自然资源资产负债表,对领导干部实行自然资源资产离任审计,建立生态环境损害责任终身追究制。自此,国内学者就自然资源资产负债表编制的理论基础、实践意义、核算方法与推广应用等问题进行了深入研究。2015 年 11 月,国务院办公厅印发了《编制自然资源资产负债表试点方案》,该方案确定了在呼伦贝尔市、湖州市、娄底市、赤水市、延安市、承德市、天津市以及北京市怀柔区开展编制自然资源资产负债表试点工作。[③] 2016 年 8 月 22 日,中共中央办公厅、国务院办公厅印发的《关于设立统一规范的国家生态文明试验区的意见》及《国家生态文明试验区(福建)实施方案》均明确指出要建立健全自然资源资产产权制度。

---

① 穆虹. 坚持和完善生态文明制度体系[J]. 宏观经济管理,2019(12):8—11.

② 王建恒. 寻山水林田湖草监测之道:新时代自然资源统一调查监测制度体系建设探究[J]. 资源导刊,2020(2):54—55.

③ 陈龙,叶有华,孙芳芳,等. 深圳市宝安区自然资源资产负债表框架构建[J]. 生态经济,2017(12):203—207.

案例6-1　建立健全自然资源资产产权制度——福建方案①

建立统一的确权登记系统。加快推进自然资源调查成果收集整理等基础性工作,摸清全省各类自然资源生态空间的权属、位置、面积等信息,建立全省自然资源与地理空间基础数据库。探索研究水流、森林、山岭、荒地、滩涂等各类自然资源产权主体界定的办法,2016年年底前先行在晋江市开展自然资源资产统一确权登记试点。2017年出台福建省自然资源统一确权登记办法,探索以不动产统一登记为基础,建立统一的自然资源资产登记平台,明确组织模式、技术方法和制度规范,到2020年完成全省自然生态空间统一确权登记工作。适时推进福建省自然资源统一确权登记地方立法。

建立自然资源产权体系。2018年出台福建省自然资源产权制度改革实施方案,实行权利清单管理,明确各类自然资源产权主体权利,创新自然资源全民所有权和集体所有权的实现形式,除生态功能重要的自然资源外,可推动所有权和使用权相分离,明确占有、使用、收益、处分等权利归属关系和权责,适度扩大使用权的出让、转让、出租、担保、入股等权能,让权属人获得实实在在的产权收益。全面建立覆盖各类全民所有自然资源资产的有偿出让制度,严禁无偿或低价出让,统筹规划建设自然资源资产交易平台。

开展健全自然资源资产管理体制试点。按照所有者和监管者分开、一件事情由一个部门负责的原则,整合分散的全民所有自然资源资产所有者职责,明确由一个部门并授权其代表国家对在同一国土空间的全民所有的矿藏、水流、森林、山岭、荒地、海域、滩涂等各类自然资源资产统一行使所有权。

---

① 中共中央办公厅 国务院办公厅.关于设立统一规范的国家生态文明试验区的意见及国家生态文明试验区(福建)实施方案[EB/OL]. (2016-08-22)[2020-05-06]. http://www.gov.cn/gongbao/content/2016/content_5109307.htm

　　为落实推进全国首个国家生态文明改革试验区建设,福州市作为福建省的省会,率先在重点门户区域连江县开展自然资源资产负债表编制,探索生态系统价值核算和试点改革生态产品市场化,建立了一套科学统一的自然资源资产统计评估和信息化管理方法,实现了自然资源向生态资产、产业资本、发展资金有效转变。通过自然资源资产负债表,连江县推动资源管理水平升级、自然资源价格升值和"政府—第三方—市场"三方共赢。

　　一方面,资源管理水平升级。通过"标准化"运作,连江县实现了自然资源资产"信息化""数字化""可视化""智能化",实现了自然资源资产一张图管理,既满足了党政领导干部自然资源离任(任中)审计、生态损害责任及赔偿追究、生态补偿的技术和数据资料需求,还可以满足生态产品市场化发展的需要;严守了自然资源利用上线、生态保护红线、环境质量底线,又减少了污染破坏,确保区域自然资源资产的保值和增值,实现了永续发展的模式。

　　另一方面,自然资源价格升值。2016 年自然资源实物资产比 2010 年增加了 141.16 亿元,2016 年自然资源生态系统服务资产比 2010 年增加了 2.64 亿元。在自然资源资产负债表编制、价值实现机制研究项目及生态保护设施建设启动基础上,中国农业发展银行(农发行)连江县支行科学开展示范区海域使用权评估工作,在评估基准日(2018 年 11 月 30 日)的抵押净值是 2940.52 万元,即海域估价约 7000 元/亩。农发行决定先期提供 6 年期授信贷款 1100 万元,用于项目一期基础设施建设,以后视项目进展情况再给予资金支持。贷款利率较优惠,按基准利率 4.9%上浮 10%,低于目前20%～50%的上浮幅度,自然资源资产价值得以"真金白银"体现。

　　再者,"政府—第三方—市场"三方共赢。大型钢构网箱的全面推广,代替了以往小型旧式网箱,解决了大量泡沫使用带来的白色污染的问题,机械化、智能化养殖模式,推动了渔业转型,实现经济效益与生态效益的双赢。通过开展自然资源管理与开发方式的变革,环保科研机构可以进行自然资源资产的评估,银行可以将自然资源资产评估结果作为企业投融资抵押贷款的依据,保险公司可以将评估结果与灾害风险频率相结合,为自然资源的开发利用设计出合理的保险产品。通过对海洋资源的深度开发,引进企业社会资本打造深远海养殖平台,并引导企业与海域周边的渔民合作经营,构建以企业、渔民为市场主体的利益共享发展格局。

连江县自然资源资产负债表编制及生态产品价值实现路径为全省的生态文明建设、深化生态文明体制改革提供了借鉴作用,为全国生态文明建设提供了创新经验。

(一) 依托项目、注重实效、实践先行

自然资源资产负债表编制工作,是党中央、国务院加快推进生态文明建设的一项重大决策部署,[①] 在福建的探索是一个全新的实践。为实现理论突破创新,福州市政府委托第三方开展了《福州市连江县自然资源资产负债表及其价值实现机制研究》项目,并以所构建的自然资产评估技术体系为依据,推动自然资源资产管理体系与资本化产品设计。

为破解区域发展瓶颈,将生态产品市场化改革与连江县县域经济社会可持续发展、海洋资源高效管理相结合,重点深挖海洋生态价值、打造海洋生态产品,并引进深圳中大环保公司作为连江的资源环境管理智库,引进上海振华重工集团共同参与连江生态产品商业模式的开发,形成了省、市、县分工合作,产、学、研优势互补,高效、普适、可推广的生态产品市场化工作机制。

(二) 突破理论、制定标准、融合数字

连江县自然资源丰富,尤其是海洋资源,是"海上福州"建设的重要区域,有其特殊的资源特征。连江县的自然资源资产负债表编制借鉴深圳和国内自然资源资产负债表研究经验,突破既有的模式和做法,探索建立了"账户+价值"的负债表"东南模式"。

---

① 董安国,陈年松. 自然资源资产离任审计中差异图斑提取技术研究[J]. 盐城工学院学报(自然科学版),2019(2):47—51.

根据连江县自然资源特征,连江县确立了"5＋9＋2"的自然资源资产评估技术体系:"5"为连江县自然资源资产存量表、质量表、价值表、负债表、流向表等五大类87张负债表框架体系;"9"为9个自然资源资产核算技术指南,即1个自然资源资产核算总则和8个单项自然资源资产核算指南;"2"为2个自然资源资产数据采集和管理文件,形成了从数据获取到模型评估的全过程方法指引。该体系全面展示自然资源的存量及其变化信息,为评估自然资源资产、开展自然资源审计和生态产品市场化提供了技术支持。

在此基础上,连江县从重点推动海洋经济发展的实际出发,先行推动制定《福建省自然资源资产评估技术规范通则》《福建省自然资源资产负债表编制技术规范通则》《福建省海洋水域资源资产价值评估标准》《福建省海洋水域资源资产负债表编制标准》4个标准,确保海洋资源价值评估的规范性,为海洋资源生态产品市场化提供科学方法和规范依据。

建立连江县自然资源资产信息管理平台,衔接全县各类规划、区划,依托遥感技术、空间高分数据和测绘信息,整合各部门自然资源管理的数据信息,通过权限分配解决各部门自然资源在空间上的冲突矛盾,实现自然资源管理各部门在同一平台上的统一信息录入、信息展示、信息对比和信息整合。

将全部自然资源信息空间化、数字化,建立自然资源资产要素空间斑块与具体自然资源类型、数据变化等信息的对应关系,满足自然资源价值的在线评估与查询,实现连江县自然资源资产"一张图"展示,推动自然资源信息的数据传输、数据交换、数据共享、数据挖掘、数据管理、数据运算、数字监控等多种数字化场景实现。

从统计需求、管理需求、展示需求、查询需求等多个应用需求出发,① 实现随机空间自然资源资产类别、面积、价值信息提取技术,能够客观反映出连江县自然资源资产的存量、质量、价值、负债及其流向变化情况,解决自然

---

① 蒋雅琛,欧阳进权,黄戎杰. 一张表格摸清"家底"一套系统显示"身价"[N]. 福州日报,2018-12-07.

资源资产审计"价值难以实现"的技术瓶颈。

连江县自然资源资产信息管理平台显示,连江全县海域 3112 平方千米,海洋水域资源的实物量价值为 473 亿元,生态系统价值为 1.9 万亿元。在新的定价机制下,全县海域资源的市场价值实现了从百亿到万亿量级的增长。[①]

(三) 深化管理、评估资产、对接市场

建立依托自然资源资产负债表的自然资源管理模式,实现对全域自然资源的动态化统一监管,全面体现当期(期末—期初)自然资源管理主体对自然资源资产的占有、使用、消耗、恢复和增值活动,同步开展领导干部自然资源资产离任(任中)审计,引导自然资源实现高效、高质量的开发模式,确保区域自然资源的保值、增值。

在自然资源资产核算模型的基础上,筛选对资源价格有关键性影响、数据较易采集的质量评价指标,建立自然资源资产质量评价等级,确定各级别对应的参考区间值与对应价格,形成自然资源资产质量评价体系,简化自然资源资产评估流程(图 6-4),确保评估价格反映市场定价规律,推动带着价格标签的生态产品在农发行等金融机构中成为可抵押、可融资的生态资产。

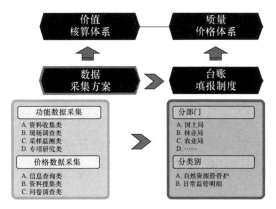

图 6-4 连江县自然资源资产负债表编制流程

① 张辉,林冰. 连江:生态产品闯市场[N]. 福州日报,2018-12-07.

在前期自然资源资产负债表及价值研究的基础上,推动优势海域资源产业化经营、市场化运作,以海上智慧渔场项目和黄岐半岛人工海藻场项目为试点,推动自然资源资产评估结果落地实践。

四、重点流域生态保护补偿机制

建立生态补偿机制是贯彻党的十九大精神和习近平生态文明思想的重要举措,是牢固树立和践行绿色发展理念的必然要求,是实现生态保护者和受益者良性互动的机制创新。[1] 2000 年,时任福建省省长的习近平提出了生态省的建设,2003 年福建率先启动了九龙江流域上下游生态补偿试点,2008 年 5 月,环保部将闽江、九龙江流域列为全国首批开展生态环境补偿的 6 个试点地区之一。2015 年 1 月,福建省政府印发《福建省重点流域生态补偿办法》,明确闽江、九龙江、敖江等 12 条主要流域的 43 个市(含市辖区)、县全面实施全流域生态补偿长效机制。2016 年 12 月,省政府印发的《关于健全生态保护补偿机制的实施意见》中指出,要完善福建省生态保护补偿制度体系,进一步加大生态保护补偿力度,与广东省共同推进汀江—韩江跨省流域生态保护补偿试点,探索构建上下游成本共担、效益共享、合作共治的跨省流域保护长效机制。到 2020 年,实现流域、森林、海洋、湿地、耕地等重点领域和禁止开发区域、重点生态功能区等重要区域生态保护补偿全覆盖,补偿水平与福建经济社会发展状况相适应,基本形成公平合理、运作规范、相互衔接、积极有效的生态保护补偿制度体系,促进形成绿色生产方式和生活方式。2018 年 3 月,福建省人民政府办公厅印发的《福建省综合性生态保护补偿试行方案》中进一步明确,以县为单位开展综合性生态保护补偿,以生态指标考核为导向,统筹整合不同类型、不同领域的生态保护资金,探索建立综合性生态保护补偿办法,激发地方政府加强生态环境保护的积极性。

---

① 宗禾,吴林红,聂扬飞. 李斌率全国政协"建立生态补偿机制中存在的问题和建议"专题调研组来皖调研[N]. 安徽日报,2019-05-18.

通过综合性生态保护补偿等政策的实施,促进重点生态功能区、重点流域上游地区和欠发达地区生态环境质量持续改善和提升。2020 年,主要流域水质达到或优于Ⅲ类比例在 94％以上,集中式饮用水水源水质达到或优于Ⅲ类比例达 95％以上,重要江河湖泊水功能区水质达标率提高到 86％以上,县城区空气质量优良天数比例达到 97.9％以上,森林覆盖率保持 2016 年水平以上。[①]

福建不断加大生态补偿的力度,用于支持三个流域范围内开展饮用水源地保护、城乡污水垃圾处理设施建设、畜禽养殖业污染整治等流域生态保护和污染治理工作。[②] 2018 年,福建省 12 条主要河流优良水质比例达95.8％。近岸海域一类、二类海水水质面积占比 88.9％。9 个设区城市空气质量优良天数比例达 96.2％,高于全国平均水平 18.2 个百分点。森林覆盖率 65.95％,保持全国首位。完成水土流失治理面积 1296.6 万亩。5 个县(区)成为第一批国家生态文明建设示范县(区),6 个设区市成为国家森林城市,创森工作走在全国前列。[③] 4 条入粤河流跨省界断面水质全年稳定保持Ⅲ类及以上,其中汀江、九峰溪、中山河跨省界断面水质均值达Ⅱ类,Ⅱ类水质比例分别达到 83.3％、75％、66.7％,有力保障下游广东的用水需要和饮水安全。

早在 2003 年福建就在全国率先开始探索九龙江流域生态补偿试点,之后扩大到敖江、晋江和洛阳江等流域。通过十几年不断摸索,福建省制定了全省统一规范的重点流域生态补偿办法,建立了流域补偿资金筹措的长效机制,实现了补偿资金分配的规范化、透明化,流域上下游关系进一步协调,

---

① 福建省人民政府办公厅.关于印发福建省综合性生态保护补偿试行方案的通知[EB/OL].（2018-03-27）[2020-05-06]. http://www.fujian.gov.cn/zc/zxwj/szfbgtwj/201803/t20180327_2254392.htm

② 程晖,张自芳.福建:先行先试综合性生态补偿[N].中国经济导报,2018-04-19.

③ 唐登杰.政府工作报告——2018 年 1 月 26 日在福建省第十三届人民代表大会第一次会议上.福建省人民政府公报,2018(6):2—17.

流域内各市县加强流域水环境保护的积极性和主动性明显增强,水质环境质量进一步提升。

案例 6-2　福鼎迈开了流域生态补偿的实践步伐①

2010 年,福鼎市颁布《重点流域生态补偿资金暂行管理办法》,建立并实施了全省第一个县级生态补偿基金,筹集补偿资金 200 万元,之后逐年增长 10%,用于支持重点流域乡镇生态环境保护项目建设;在总结经验的基础上,2012 年,福鼎又出台《关于进一步落实市重点流域生态补偿资金暂行管理办法的意见》,增设福鼎市重点流域生态环境保护补助资金 200 万元,同样逐年增长 10%,以财政转移支付的形式,对重点流域乡镇为保护生态环境付出的生态保护成本和发展机会成本予以补助,完善了生态补偿机制。据统计,截至 2015 年年底,该市生态补偿资金补助项目共涉及 11 个乡(镇、街道),核定支持建设项目 141 个,安排项目补偿资金 1503.4 万元。

福鼎市流域补偿的具体做法是:首先,通过分段监测、相互监督、明确责任,优化乡镇财政体制,设立生态补偿专项资金,完善财政投入机制,并由该市环保局和财政局负责组织实施重点流域生态环境保护补助资金,真正实现了让"污染者付费,受益者补偿"。其次,解决了上游环境保护与经济发展的矛盾。生态补偿资金主要对福鼎全市重点流域上游的叠石乡、贯岭镇、管阳镇、磻溪镇和桐山街道办事处实施生态环境保护专项补助,用于支持南溪水库、水北溪等重点流域和饮用水水源保护区的生态建设和恢复,补偿项目主要涉及水源地保护、农村生活垃圾整治、畜禽养殖污染整治、生态公厕建设、排污管网建设、河道整治、工业污染整治等。

① 吴旭涛,雷顺号. 流域生态补偿经验如何推广?福鼎经验做法可推广[EB/OL]. (2016-09-26)[2020-05-06]. http://news.fznews.com.cn/dsxw/20160926/57e86d25c3e4d.shtml

以贯岭镇分水关村为例,该村位于桐山溪上游,由于人、车流密集,村中有一片5亩的垃圾山。2015年,该村借助生态补偿资金,斥资近40万元,启动该垃圾填埋场整治项目,制止新垃圾倾倒,对历史形成的垃圾转运一部分、深埋处理一部分,并建设垃圾渗滤液收集池,进行收集处置。原来的垃圾山已被平整成一片土地,用于种植经济作物。建立重点领域乡镇生态资产评估体系,对受偿乡镇的人口、土地面积、森林面积、水源保护区面积、重点流域面积等5项指标进行系统评估,然后按照计算公式,分配上游乡镇的补助额度。补偿资金还实行项目挂钩制度,做到专户存储、专账管理,做到项目跟着计划走、资金跟着项目走,同时加强对补助资金的监督和管理,并对重点流域乡镇生态环境保护工作进行年度考核,考核结果与补助资金分配挂钩,促使重点流域上游乡镇用好生态补偿资金,抓好生态环境建设。

(一) 生态补偿资金制度化创新

1. 整合生态保护资金[①]

福建省将省级与生态保护相关的专项资金纳入整合范围,主要整合省发展和改革委省级预算内基建与生态保护相关专项资金,省国土厅"青山挂白"治理、地质灾害"百千万"工程、土地整理复垦开发(高标准农田建设)等专项资金,省环保厅重点流域生态补偿、汀江流域补偿、小流域"以奖促治"、监管能力建设等专项资金,省移民开发局库区移民扶持基金(环境综合整治),省住建厅城乡环境综合整治、供水管道改造工程、美丽乡村建设、乡镇污水处理厂配套管网补助、"家园清洁行动"等专项资金,省水利厅万里安全生态水系建设、水土流失治理等专项资金,省农业厅生态农业建设专项资金,省经信委节能淘汰落后产能专项资金,省林业厅造林绿化和生物多样性保护补助等共计 20 个省级与生态保护相关专项资金。

2. 建立责任共担、长效运行的补偿资金筹集机制

根据各市县应承担的生态补偿责任,按地方财政收入的一定比例和用水量的一定标准每年上缴补偿资金,对上下游不同市县设置不同的筹资标准。重点流域生态补偿金,主要从流域范围内市、县政府及平潭综合实验区管委会集中,省级政府增加投入,积极争取中央财政转移支付,逐步加大流域生态补偿力度。^① 其一,省财政安排预算。省财政每年安排重点流域水环境综合整治专项预算 2.2 亿元用作流域生态补偿金。从 2019 年起,省级财政从生态保护财政转移支付资金每年安排 6000 万元;同时,从 2019—2021年,以 2017 年纳入整合范围的省级相关专项资金额度为基数,每年分别统筹 5%、8%、10%,专项用于上一年度实施县环境质量提升奖励。以后年度统筹比例另定。^② 其二,按地方财政收入的一定比例筹集。重点流域范围内的市、县政府及平潭综合实验区管委会每年按照上一年度地方公共财政收入一定比例向省财政上解流域生态补偿金,设区市按照市本级与属于重点流域范围的市辖区地方公共财政收入之和计算流域生态补偿金。^③ 其中,流域下游的福州市及闽侯县、长乐市、福清市、连江县和厦门市、平潭综合实验区按 4‰比例筹集,流域范围的省级扶贫开发工作重点县按 2‰比例筹集,其他市、县均按 3‰比例筹集。其三,按用水量的一定标准筹集。重点流域范围内的市、县政府及平潭综合实验区管委会每年按照上一年度工业用水、居民生活用水、城镇公共用水总量计算筹集流域生态补偿金,由市、县政府和平潭综合实验区管委会通过年终结算上解省财政。其中,流域下游的福

218

州市及闽侯县、长乐市、福清市、连江县和厦门市、平潭综合实验区按 0.03 元/立方米计算,其他市、县均按 0.015 元/立方米计算。同时,对九龙江北溪引水工程向厦门市供水部分,按 0.1 元/立方米向厦门市征收水资源费,作为流域生态补偿金单列分配给漳州市用于北溪水源地保护。

3. 资金的使用和监管机制

分配到各市、县的流域生态补偿资金,由各市、县政府统筹安排,主要用于饮用水源地保护、城乡污水垃圾处理设施建设、畜禽养殖业污染整治、企业环保搬迁改造、水生态修复、水土保持、造林防护等流域生态保护和污染治理工作,其中分配到的大中型水库库区基金由各市、县专项用于水库移民安置区环境整治项目。各市县政府在收到补偿资金预算 60 日内,提出资金安排计划,并在同级政府网站、报纸上公示,在每年年底将补偿资金使用情况报送省财政厅、发展和改革委。

省财政厅、发展和改革委要会同省环保厅、林业厅、水利厅等部门和流域下游设区市政府对各市、县生态补偿资金的使用情况进行定期监督检查。省审计厅要定期对各市、县流域生态补偿金使用情况进行审计。对挪用补偿资金、未将资金用于生态保护和水环境治理的市、县,视情节扣减该市、县在该年度获得的部分乃至全部生态补偿资金,对发生重大水环境污染事故的市、县每次扣减 20% 的补偿资金,扣回资金结转与下一年度补偿资金一并分配。

省财政厅负责生态补偿资金的结算和转移支付下达工作,会同省发展和改革委核定分配各市、县生态补偿资金。省环保厅负责核定各市、县上一年度水环境综合评分数据,省林业厅负责核定各市、县上一年度森林覆盖率、森林蓄积量等森林生态指标数据,省水利厅负责核定各市、县上一年度用水量、用水总量控制指标及按用水量筹集资金数据。各部门应当于每年第一季度将相关核定数据及依据报送省财政厅、发展和改革委复核。

（二）强化考核和资金分配方式

福建省将省级综合性生态保护补偿资金安排与生态环境质量改善指标考核结果挂钩,以综合性生态保护补偿指标评分为依据,以绩效考核的方式分配生态补偿资金,采用先预拨后清算的办法,并加大对完成综合性生态保护目标的正向激励力度,实现政策联动,推动生态环境保护体制机制创新。[①]

1. 建立生态保护补偿绩效考核机制

福建省建立综合性生态保护补偿绩效考核机制,并采用综合评分法进行考核,综合评价实施县生态保护成效。其一,考核指标的构成。考核指标主要由资源环境约束性指标、主要监测评价指标和绿色发展重要监测评价指标构成,指标体系以目标为导向,坚持"环境质量只能更好,不能变坏"的原则,重在生态环境质量的保持和提升,体现正向激励作用,共设有 11 个考核指标。其二,考核采用综合评分法。综合性生态保护补偿考核采用综合评分法,实施县基础分值为 100 分,再按照不同指标的评价标准对各评价指标进行评分,最后汇总计算综合性生态保护补偿考核总分数。其三,设置正逆向指标。指标按评价作用分为正向和逆向指标,具体处理方法是将逆向指标转化成正向指标,每个指标分别计算增减得分。指标数据增减不足 1 个百分点,按四舍五入计算。具体指标口径解释、数据提供及考核由省直相关主管部门负责。其四,重大生态环境事故扣分制。指标考核之外,实施县考核期间发生重特大突发环境事件、造成恶劣社会影响的其他环境污染责任事件、严重生态破坏责任事件的,每发生一起,由主管部门按严重程度扣1～3 分,最多扣 10 分为止。其五,考核结果认定。考核分数超过 100 分的实施县,视为环境质量得到提升;考核结果为 100 分的实施县,视为完成生态保护指标;考核分数少于 100 分的实施县,视为未完成生态保护目标。[②]

---

① 福建省人民政府办公厅. 福建省人民政府办公厅关于印发福建省综合性生态保护补偿试行方案的通知. 福建省人民政府公报,2018(11)：7—13.

② 黄建龙. 福建推进综合性生态保护补偿试点[N]. 中国财经报,2019-06-06.

2. 强化考核结果与资金分配挂钩

福建根据实施县上一年度指标考核的结果获得综合性生态保护补偿。综合性生态保护补偿分为保持性补偿和提升性补偿两部分。资金分配公式为：

$$S_{总}＝S_{保持}＋S_{提升}$$

式中：$S_{总}$ 为综合性生态保护补偿总额；$S_{保持}$ 为保持性补偿；$S_{提升}$ 为提升性补偿。

(1) 保持性补偿

以实施县年度获得的省级纳入整合范围的各项专项资金的补助总额为基数，考核结果分数 100 分，实施县可获得保持性补偿，保持性补偿即该县获得的各项专项资金补助总额；考核结果分数少于 100 分，则按一定比例扣减实施县补助总额；其中：95(含)～100(不含)分，扣减 5％；90(含)～95(不含)分，扣减 10％；90 分(不含)以下扣减 15％。扣减资金由省财政厅于次年通过清算扣回，并统筹用于环境质量提升奖励，实行奖优罚劣。

(2) 提升性补偿

考核结果分数超过 100 分(不含)，按照分数排名，排名前 10 名的实施县每年给予 2000 万～3000 万元奖励，其他实施县给予 1000 万～1500 万元奖励，奖励金额将根据资金规模的加大而增加。[1] 提升性补偿资金由省级财政从统筹的专项资金中安排，并由实施县自主用于补齐生态环境保护短板的重点项目。[2]

(三) 生态补偿范围全面化推进

1. 重点流域生态补偿全面推进

2015 年 1 月，《福建省重点流域生态补偿办法》出台，福建实现流域、森

①　潘园园. 福建全省 23 个县(市)试行综合性生态保护补偿[EB/OL]. (2018-04-01)[2020-05-06]. http://fj.people.com.cn/n2/2018/0401/c181466-31409224.html

②　福建省人民政府办公厅. 福建省人民政府办公厅关于印发福建省综合性生态保护补偿试行方案的通知. 福建省人民政府公报. 2018(11)：7—13.

林、海洋、湿地、耕地等重点领域和禁止开发区域、重点生态功能区等重要区域生态保护补偿全覆盖,补偿水平与全省经济社会发展状况相适应,促进形成绿色生产生活方式。

(1)实行森林生态效益补偿机制

福建省对省级公益林和国家级公益林采取补偿联动、分类补偿和分档补助相结合的森林生态效益补偿措施,并根据国家政策调整及省级财力情况逐步提高补偿标准,同时推广"乡聘、站管、村监督""村推、乡审、村聘用"等专职护林员管护和政府购买服务管护模式。

(2)组织开展湿地生态效益价值评价

选取重要湿地开展补偿试点,对其进行生态效益价值评价研究,探索确定湿地生态保护补偿对象的条件和标准,并在试点的基础上,制定湿地生态保护补偿管理办法,形成覆盖全省湿地的生态保护补偿机制。

(3)对重点生态区位商品林赎买改革试点

将重点生态区位内禁止采伐的商品林通过赎买、置换等方式调整为生态公益林,将重点生态区位外零星分散的生态公益林调整为商品林。建立财政出资、受益者合理负担、社会资金参与的多元化资金筹集制度。探索赎买、置换、收储、改造提升、租赁和入股等多种形式的改革措施。

(4)完善区域生态补偿政策

划定并严守生态保护红线,制定完善相关领域、区域生态保护补偿政策,加大对红线管控区域的生态保护补偿投入。完善生态保护成效与资金分配挂钩的激励约束机制,加强对受补偿地区生态质量和生态服务水平的考核评价,强化对生态保护补偿资金使用的监督管理。建立市场化的生态保护政策体系,积极开展林业碳汇交易规则和操作办法研究,探索林业碳汇交易模式。

案例 6-3　福建厦门建立海洋生态补偿制度

2018 年 4 月,福建省厦门市政府办公厅印发《厦门市海洋生态补偿管理办法》(简称《办法》),强调海洋生态损害补偿实行"谁使用、谁补偿"原则,海洋生态保护补偿实行"政府主导、社会参与"原则,并明确了有关监督与管理规定。

在海洋生态损害补偿管理方面,厦门市明确,凡依法取得海域使用权,从事海洋开发利用活动导致海洋生态损害的单位和个人,应采用实施生态修复工程或者缴交海洋生态补偿金的方式对其造成的海洋生态损害进行补偿。

采取生态修复工程方式进行海洋生态损害补偿的,用海单位和个人应按照批准的海洋环境影响报告书(表)中确定的生态补偿方案,实施相应的生态修复工程。采用缴交海洋生态损害补偿金方式进行海洋生态损害补偿的,填海造地用海、构筑物用海和临时用海的用海单位和个人应在工程竣工验收前,一次性缴交海洋生态损害补偿金。其他用海方式的用海单位和个人可以选择一次性缴交或逐年缴交海洋生态损害补偿金。海洋生态损害补偿金纳入市财政一般公共预算管理,由市海洋行政主管部门征收;海洋生态损害补偿金优先用于海洋生态环境保护、修复、整治和管理,以及因责任人破产无法承担补偿责任时生态修复计划的实施。

在海洋生态保护补偿支出管理方面,厦门市要求,市、区政府应对海洋自然保护区、海洋特别保护区、重点海洋生态功能区、海洋生态保护红线控制区及其他重要生态敏感区域进行保护和修复,相应支出纳入年度预算。海洋生态保护活动包括:清理海洋(海岸)垃圾;清理海域污染物、改善海域水质;海底清淤与底质改造;海岸带生境(沙滩、红树林、盐沼)修复;改善海岛地形地貌、恢复岛陆植被;渔业资源增殖放流;海洋生态保护区、海洋特别保护区保护;其他海洋生态保护、修复和治理活动等。鼓励单位或个人实施其应尽环境责任之内的海洋生态保护活动,市、区政府或海洋生态保护的其他受益者可按照《办法》的规定,对其进行合理的保护补偿支持。

2. 积极探索创新跨省生态环境保护横向补偿模式

建立健全流域横向生态补偿是党中央、国务院做出的重要决策部署,是加快生态文明建设的重要机制创新。作为全国第二个开展跨省流域生态补偿试点的省份,福建省深入贯彻习近平生态文明思想,认真落实中共中央、国务院《生态文明体制改革总体方案》的决策部署,将汀江—韩江跨省流域生态补偿试点工作列为贯彻新发展理念、加快国家生态文明试验区建设的重点工作,[①] 不断健全与广东省的沟通协调机制,积极探索创新跨省流域生态补偿模式,有力改善了汀江—韩江流域生态环境,走出了一条合作共治、生态共享、经济共赢的跨省流域生态补偿新路子,为跨省流域生态补偿提供了可复制、可推广的实践经验。

汀江—韩江跨省流域生态补偿试点工作启动以来,福建省着力保护和改善汀江流域生态环境,以科学规划为引领,以项目建设为抓手,以考核评估为手段,以资金使用为保障,以机制创新为核心,全力推进汀江流域生态环境综合治理。

(1)围绕权责分工"怎么定""谁来管",建立上下联动机制

针对跨省流域生态补偿分工难以明确,流域上下游主导权归属难以达成一致等问题,福建省注重强化顶层设计,科学规划实施路径,形成规划合理、组织有力、责任明晰、保障充分的工作格局。① 强化组织领导。督促汀江流域沿线的龙岩市、漳州市认真落实属地管理责任,组建工作领导小组,制定工作方案,将目标任务落实到各县(区)政府和市直有关部门,明确具体责任单位和责任人。如涉及 3 条河流的龙岩市工作领导小组由市委书记任第一组长、市长任组长,副市长任常务副组长,定期研究流域生态环境保护工作。② 强化规划引领。将科学规划贯穿于汀江流域生态环境治理工作全过程,指导龙岩市编制《汀江(韩江)流域水污染防治规划(2016—2020

---

① 程雪莺,陈伟明. 福建:汀江—韩江流域跨省生态补偿成效显著[J]. 中国财政,2018 (13):52—53.

年)》、漳州市编制《平和县九峰溪流域水污染防治行动计划实施方案》,并细化出台 2016—2017 年环境保护和治理实施方案。

(2)围绕流域治理"怎么做""做得好",建立项目化运作机制

为解决跨省流域生态环境保护工作怎么抓、流域生态环境怎么治理等问题,福建省积极探索以项目运作为支撑、以重点整治为抓手的运作模式,全力推进流域整治工作。① 全力整治重点环节。按照突出区域流域重点、突出行业整治重点及治理优先的总体思路,从汀江流域水环境薄弱环节入手,积极推动汀江流域水污染综合整治、畜禽养殖污染治理和清拆补偿、环境基础设施和能力建设。如 2016 年,武平县抽调县直 13 个部门 260 名业务骨干,全天候进驻象洞镇进行重点攻坚,两年来共拆除猪舍 51.3 万平方米,推动象洞溪流域沿线 7 个村全部成为"无猪村"。② 全力抓好项目建设。结合水质保护现状和保护目标要求,按照轻重缓急,实施对河流水质改善、生态保护具有实质性贡献或有长期正影响的重点项目。2016 年计划投资 9.73 亿元,启动 64 个重点项目,实际完成投资 9.93 亿元,占年度计划的102%;2017 年计划投资 13.69 亿元,启动 89 个重点项目,实际完成投资15.61 亿元,占年度计划的 114%;2018 年计划投资 9.42 亿元,启动 87 个重点项目,实际完成投资 12.74 亿元,占年度计划的 135%。③ 全力修复生态环境。坚持稳固水土、涵养水源,持续推进水土流失治理,加强林业生态保护,构筑生态屏障。龙岩市持续打造和提升水土流失治理"长汀经验",2012—2018 年累计治理水土流失面积 360 万亩,水土流失率由 2011 年的8.33% 下降到 2017 年的 6.98%。

(3)围绕补偿标准"怎么定""怎么补",建立监测评估问责机制

针对跨省生态补偿标准难统一、确定水质目标存在争议等难题,福建省积极探索以省界断面监测水质为依据、定期开展绩效评估、强化监督问责的监测评估问责机制,推动汀江流域流经的各地党委、政府扛起主体责任。① 联合监测规范化。加强汀江流域各级环境监测站的水环境监测能力建

设,定期开展质量控制工作,保证监测数据质量,同时与广东省开展联合监测,实现监测数据共享,及时掌握流域水质变化情况。② 绩效评估常态化。严格落实各项任务,与广东省共同开展绩效评估工作,每年第一季度评估上年工作进展情况,包括补偿机制运行情况、水质改善情况、项目建设情况、补偿资金使用情况等。③ 监督问责制度化。坚持监督问责,对整治工作推进不力的,实施预警通报、约谈及限批,相应追究县(市、区)党委、政府主要领导和分管领导责任。龙岩市对全市 35 个重点乡镇 41 个出境断面开展逢单月监测考核,对水质不达标或主要污染物指标同比恶化的党政领导进行严格问责。

(4) 围绕补偿资金"从哪来""怎么管",建立资金筹集监管机制

为解决跨省流域生态补偿资金来源缺乏、资金监管不到位等问题,福建省在多元化筹措资金的同时,建立生态补偿资金使用绩效考核评价制度,推动资金投入转化为实实在在的生态效益。① 充分发挥资金的引导作用。与广东省共同出资设立汀江—韩江流域水环境补偿资金,两省每年各出资 1 亿元。2016—2018 年,累计争取中央补助资金 5.99 亿元、福建省 2.1 亿资金以及广东省 1.98 亿元资金已按照入粤水量比例,下达至流域流经的龙岩市、漳州市,统筹用于汀江流域水污染防治工作。② 充分发挥资金的使用效益。督促龙岩市、漳州市制定补偿资金管理办法,明确资金筹集渠道,严控资金使用范围,加强资金绩效评估管理,并及时将资金细化分解落实到具体项目,确保补偿资金有效合规使用。③ 充分发挥审计的监督职能。建立项目定期监督检查和专项审计制度,确保资金使用成为实实在在的有效投资。龙岩市实施流域补偿资金专项审计制度,定期对市直有关单位、各县(区)当年的流域补偿资金安排使用情况、流域补偿资金支持项目的建设与运行情况等进行审计。

(5) 围绕补偿主体"怎么共治""怎么共享",建立生态补偿协商机制

针对跨省流域上下游利益诉求有所不同、省际协商难度大等问题,福建

省注重加强省际交流合作,实行联防联控和流域共治,构建跨省流域生态环境共建共享格局。① 创新双向补偿机制。以双方确定的水质监测数据作为考核依据,当上游来水水质稳定达标或改善时,由下游拨付资金补偿上游;反之,若上游水质恶化,则由上游赔偿下游,上下游两省共同推进跨省界水体综合整治。[①] ② 建立互访协商机制。加强汀江—韩江流域上下游的沟通交流,实行交叉互访,统筹推进全流域联防联控,合力治污。龙岩市和梅州市建立联席会议制度,每半年召开一次,共同研究解决跨界区域生态环境与水环境保护工作中遇到的重大问题。③ 建立联合执法机制。两省环保部门定期相互通报流域生态环境存在突出问题,组织开展跨省联合执法,对闽粤交界处企业开展不定期联合检查。

五、密织生态司法"防护网"

生态环境事关民生福祉,青山绿水离不开法治保障。2018 年 5 月 18 日,习近平总书记在全国生态环境保护大会上发表了重要讲话,明确指出只有用最严格制度最严密法治保护生态环境,加快制度创新,强化制度执行,让制度成为刚性的约束和不可触碰的高压线,[②]才能为生态文明建设提供可靠保障。福建法院紧紧围绕中央、省委和最高人民法院的重大决策部署,坚持司法为民,公正司法,依法履行司法职责。

早在 1982 年,福建就率先建立了覆盖全省三级法院的林业审判庭,并在长期实践中不断发展完善。[③] 在三十多年探索实践的基础上,福建高院注重加强总结、调研论证,大力推进理念创新、制度创新、实践创新,打好污染防治攻坚战,健全生态司法组织、制度、保护及共治体系,完善生态环境资源

① 陈达兴. 汀江(韩江)流域生态补偿机制试点的实践与创新[J]. 环境保护,2017(7):31—33.

② 张晓云. 习近平生态法治思想研究[J]. 齐齐哈尔大学学报(哲学社会科学版),2018(10):1—4.

③ 马新岚. 构建生态司法保护"福建样本"[N]. 人民法院报,2015-11-04(005).

司法保护机制,全力打造更有水平、更加亮丽的生态司法保护"福建样本"升级版,为福建的绿水青山筑起了司法"防护林"。①

近几年,多项司法成果得到国家发展和改革委等多部委及福建省委的肯定和推广。2018年3月,福建高院在中国与葡萄牙语国家最高法院院长会议上就"司法在资源和环境保护中的作用"作专题发言;同年6月,福建高院作为三家单位之一在福建生态环境保护大会暨国家生态文明试验区建设推进会上作典型发言;8月,在国家发展和改革委举办的国家生态文明试验区建设现场经验交流会上,漳州法院代表福建法院作环境审判机制创新经验展示;10月,最高法院在福建召开全国环境资源司法理论研究基地与实践基地第三届联席会暨环境诉讼程序专门化研讨会;11月,福建高院在第二次全国法院环境资源审判工作会议上作典型发言。

福建法院生态司法保护工作得到人民日报肯定。2017年6月至2018年5月,福建法院共审结涉生态类案件4024件。福建法院生态环境资源审判机构数、生态法官人数、办结生态环境资源案件数,均居全国法院首位;福建生态司法26个体制创新与实践成功案例入选最高人民法院《中国环境资源审判》白皮书,数量居全国首位;加强生态环境保护与司法衔接,实现设区市生态环境审判庭全覆盖和创新完善生态环境资源审判16项机制,得到国家发展和改革委肯定;福建法院生态司法被写入2017年最高人民法院工作报告……②

福建法院突出绿色导向,突出机制创新,实行集刑事、民事、行政及非诉行政执行案件于一体的"四合一"归口审理模式,③ 提出完善行政执法与司

---

① 福州市国家生态文明试验区建设领导小组办公室,福州市发展和改革委员会,福州日报.绿水青山就是金山银山——全力推动生态文明试验区建设的福州实践.福州日报社影像中心,2018,92—96.

② 何祖谋,詹旋江.绿水青山背后,有生态司法"撑腰"[N].福建日报,2017-08-12(01).

③ 詹旋江.法护山水踏歌行:福建法院助推国家生态文明试验区建设[J].海峡通讯,2019(6):52—53.

法无缝对接、生态修复、巡回审判、公益诉讼等 16 项工作机制,推动生态司法"福建样本"优化升级。

（一）突出因地制宜设置生态环境审判机构,实现"全覆盖"

1. 优化机构设置

2013 年以来,福建高院制订《福建法院生态环境审判机构设置方案》,指导尚未设立生态环境审判庭的法院采取"撤一建一"等方式设置环境审判机构。目前,全省 95 个法院已设立环境审判庭 80 个、专门合议庭 15 个,环境法官和辅助人员 300 余人,[①] 环境资源审判机构实现"全覆盖",聘任各类环境咨询专家、陪审员及特邀调解员参与审判,先后建成 10 个国家级、省级环境资源审判实务研究与实践基地,生态环境审判机构数、生态法官人数均居全国法院首位。[②]

2. 优化职能配置

全省法院实行环境刑事、民事、行政和非诉行政执行案件"三加一"归口审理模式,从有利于推进生态环境保护、提升审判工作质效出发,依法科学合理界定案件管辖范围,共界定 49 类刑事、民事和环境公益诉讼案件范围。其中,涉及破坏森林资源、矿产资源、环境污染等危害生态环境的刑事案件有 18 类;涉及海域使用权、采矿权纠纷以及大气、水、噪声等民事案件和环境公益诉讼案件有 31 类。[③]

针对打击破坏环境资源违法犯罪难度大、涉及面广、利益因素交织等问题,加强与环保、林业、海洋渔业、国土资源等单位的沟通协调,通过定期召开联席会议、联合出台规范性文件、联动参与综合治理等方式,强化了生态保护工作的整体合力。巩固和提升涉林纠纷大调解工作机制,将调解模式从单一向聚合转换,将调解阶段从诉前向诉中、判后各环节延伸,将调解类

---

① 国家发展和改革委环资司. 福建省国家生态文明试验区建设取得积极成效[J]. 中国经贸导刊,2018(16)：63—66.

② 马新岚. 构建生态司法保护"福建样本"[N]. 人民法院报,2015-11-04(005).

③ 同①.

型从涉林向涉生态环境资源各领域拓展,健全了人民法院与林业、国土、海洋渔业等部门联动的生态环境纠纷大调解体系,建成了村、乡、县、市四级生态环境纠纷化解网络,完善了诉讼调解与司法调解、行政调解、人民调解相衔接的多元化纠纷解决机制,实现定分止争息诉、案结事了人和。

3. 优化管辖方式

以省市县三级法院管辖事权为基础,根据生态环境案件的案情特点、影响范围,对跨地域、跨流域、群体性等重大生态环境案件,推进环境资源案件跨行政区划集中管辖,对福州、厦门、泉州、莆田等部分设区市城区生态环境资源案件集中划归一个区级法院管辖,解决跨行政区污染和地方保护问题。

(二) 坚持"打防并举、惩防并治",全面发挥司法审判职能

1. 坚持事前预防原则

针对案件性质、复杂程度、涉及范围、可能导致的后果等情况,进行事前风险评估研判,依法及时采取证据保全、行为保全、先予执行等措施,预防环境损害发生及损害扩大,确保每一个环境污染案件得到依法稳妥处理。

2. 依法维护环境公共权益

加强环境资源案件审判工作,完善刑事制裁、民事赔偿与生态补偿结合机制,抓好重大典型环境资源案件的审理与指导,充分发挥审理好环境公益诉讼和生态环境损害赔偿案件促进依法行政、公正执法、维护国家利益和社会公共利益的重要作用。

3. 提升司法建议实效

在案件审理中注重总结研判影响生态环境的突出问题,及时向相关职能部门提出司法建议,对环境保护行政执法薄弱环节提出可行性解决方案,持续跟踪建议的反馈情况,确保建议落到实处,切实防范和堵塞生态治理漏洞。

4. 广泛开展普法宣传

广泛开展宣传教育活动,通过公开审理重大典型环境资源案件,定期发布审判绿皮书和典型案例,漳州法院设立碳汇教育基地及生态司法体验馆,

南平法院设立集生态理念传播、生态成果展示、生态法治教育、生态文化推广"四大功能"为一体的生态司法教育实践基地等,充分发挥生态环境审判的预防、惩戒和引导作用,有效提升公众的环境保护意识。[①]

(三) 突出创新生态环境审判机制,保障生态环境可持续

1. 创新修复性司法机制

坚持打击犯罪与修复生态并重,积极探索补种复绿、增殖放流等多种修复形式,将修复范围从森林延伸到水流、海域、滩涂、矿产资源等领域,体现了"惩罚违法犯罪是手段,保护生态才是目的"的审判思路,让在押犯和缓刑犯参与修复,做到惩治违法犯罪、修复生态环境、赔偿经济损失"一判三赢",实现政治效果、法律效果、社会效果和经济效果的有机统一。

福建法院针对部分破坏林木、矿产、水等生态环境资源刑事案件,以"补植令""监管令""保护令"等方式,责令被告人在案发地或指定区域恢复植被、增殖放流、恢复生态,取得惩治违法犯罪、修复生态环境、赔偿受害人经济损失"一判三赢"的良好效果。2014 年 11 月,龙岩市永定区卢大娘到农田干活,将铲好的稻草堆成堆并点火燃烧,不慎引发森林火灾,导致 155 亩林地受损。永定法院积极促使卢大娘与被毁山场林权所有人签订了补种协议,最终对卢大娘从宽处理,以失火罪依法判处其缓刑。

案例 6-4　永定法院复绿补种,让生态司法"一判三赢"[②]

生态兴则文明兴。近年来,坐落在革命老区、客家山城的永定法院注重践行修复性司法理念,坚持惩治、预防、修复并重,积极探索创新形成"234"复绿补种的"永定模式",真正实现"毁林一片绿一片、绿一片诲人一片"三赢局面。

① 何祖谋. 山水向美 法治护航[N]. 福建日报,2020-01-08.
② 徐隽,何晓慧. 补种复绿,一判三赢[N]. 福建法院网,2016-10-12.

　　2017 年 10 月 13 日,龙岩市永定区人民法院生态庭庭长林灿岗在陈某的带领下来到永定区湖雷镇高石村某山场回访,只见山场上大火烧过的痕迹和枯黑的死木依稀还在,但初春时种下的丛丛嫩苗已长高了寸余,初绽的新叶也已舒展身姿,复绿补种成效初现。

　　2017 年 3 月 1 日,陈某祭祖时不慎引火烧山,造成 144 亩未成林地和 45 亩有林地遭受火灾。永定法院生态庭法官受理此案后,并未急于宣判,而是积极促使陈某与山场林权所有人达成复绿补种协议,陈某及其家人在原失火林场积极补种,取得林权所有人的谅解。鉴于此,法官将陈某复绿补种情况纳入从轻处罚的一个情节,最终判处陈某有期徒刑九个月,缓刑一年三个月。这成为永定法院践行复绿补种机制的又一生动实践。

　　自实施复绿补种机制以来,到 2017 年 10 月,永定法院庭前调解促成双方达成复绿补种赔偿协议涉林刑事案件共 135 件 178 人,收缴生态修复保证金 20.52 万元,判令复绿补种面积 2138.95 亩,各项生态整治和修复工作取得明显成效。

2. 设立"三位一体"生态环境巡回审判点

　　为确保生态保护全程不留空白,提升便民服务水平及生态审判工作实效,福建法院针对重点林区、矿区、自然保护区、海域等特殊区域,设立巡回生态法庭、办案点和服务站,采取就地立案、就地开庭、就地调解、就地宣判等灵活多样的便民诉讼办案方式。为提升便民服务水平,福州市法院积极开展巡回法庭等工作机制建设,连江县法院挂牌成立了生态审判海上巡回法庭、罗源县法院设立旅游巡回法庭、永泰县法院设立景区生态环境巡回审判点和全省首个水资源保护巡回审判点等,充分发挥生态巡回审判集办案、宣传、服务"三位一体"的作用。[①]

---

① 燕宇. 福州法院打造生态司法品牌 司法"防护林"守护青山绿水[N]. 福州新闻,2017-06-06.

案例 6-5　巡回审判点"三位一体"护生态①

2017 年年初,张某到永泰某景区旅游,在乘坐缆车过程中不慎摔倒在地,造成脸部严重挫裂伤、脚骨骨折。因与景区就赔偿金额没有协商一致,永泰县旅游局邀请永泰法院"生态环境巡回审判点"法官开展诉前调解工作。经过法官多方调解,最终张某与景区达成赔偿协议。

这是永泰县法院 2017 年 3 月在青云山管委会设立"生态环境巡回审判点"后调解的首个案件。据介绍,巡回审判点通过开展生态普法宣传、诉前化解生态环境和旅游纠纷等工作,提升了生态司法保护工作水平。

3. 环境公益诉讼推进生态司法保护

自新民事诉讼法实施以来,福建法院注重完善受案范围和诉讼程序,采取措施鼓励、推动环境公益诉讼有序开展。2014 年 7 月,最高人民法院决定在福建等 5 个省重点推进环境民事公益诉讼审判工作,福建高院及时制订实施方案,确定 6 个法院作为试点法院,以点带面推进生态环境公益诉讼审判工作。② 2015 年 10 月 29 日上午 9 时,全国首例由社会组织提起的环境公益诉讼在福建省南平市中级人民法院一审公开宣判。本案系由民间环保组织"自然之友"和福建省绿家园环境友好中心作为共同原告提起的环境公益诉讼,是新修订的《环境保护法》实施后的全国首例由社会组织提起的环境民事公益诉讼,也是新修订的《环境保护法》实施后人民法院立案受理的全国首例环境民事公益诉讼。该案的审理不仅对公益诉讼主体的条件进行了规范,更引入专家辅助人出庭制度,让判决结果更加专业公正,并对那些肆意破坏环境的人提出警醒,让社会看到司法在生态环境保护中的重要作用。③

---

① 燕宇. 福州法院打造生态司法品牌 司法"防护林"守护青山绿水[N]. 福州新闻,2017-06-06.

② 马新岚. 构建生态司法保护"福建样本"[N]. 人民法院报,2015-11-04(005).

③ 梁云娇. 环境有价 损害担责(改革开放 40 年·40 个"第一")[EB/OL]. (2018-12-03)[2020-05-06]. https://news.china.com/focus/ggkf40/news/13001763/20181203/34572591.html

4. 创新部门联动多元化解机制

按照"生态＋"司法理念,探索"生态司法＋"融合机制,通过定期联席会议、搭建信息联络平台、重大案件督办等方式,使环境司法融入更多的社会力量、相关部门资源,汇聚生态环境保护的强大合力。全省法院建立覆盖省、市、县、乡(镇)、村(居)的诉前调解联系点 67 个,实现纠纷化解网格化管理。福建高院与 10 家政府职能部门联合建立行政执法与刑事司法无缝对接工作机制,形成打击污染环境违法犯罪的强大震慑力。

5. 生态云：织密织牢"天网",捍卫绿水青山

作为首批国家生态文明试验区与"数字中国"建设的思想源头和实践起点,福建省牢记嘱托,始终注重生态文明与"数字福建"的融合发展,站在打造推动高质量发展和实现赶超战略"生态引擎"的高度,全面推进生态云平台建设,2018 年 5 月,在全国建成首个省级生态环境大数据云平台并投入使用。

(1) 管理入"云","智变"引领质变

充分利用大数据技术打通各种污染源监管数据,建立完善环境执法、应急处置等核心业务模型,形成智能化场景应用,切实提高污染监管精准化水平。生态云平台建立了两万多家企业的"一企一档",对 736 家企业、984 个点位实施在线监控,每天对 20 多万条数据进行智能分析,实现自动预警、全天候监管。设定高违法风险企业预警规则,圈定高风险违法对象,结合全省两万多名网格员力量,打通执法监管"最后一公里"。

(2) 智慧政务数据"跑腿办事",为企业"贴心服务"

平台共设置了服务企业、公众参与和第三方服务三大版块,整合生态环境部门 12 项行政审批、公共服务等职能,实现"一个门户、一号通行、一网通办、多表合一",让数据多跑腿,企业少跑腿,最大限度减轻企业负担。

福建省充分运用生态云建设成果,着力推动精准治污,引领环境管理转型,为打好污染防治攻坚战、实现生态环境治理体系和治理能力的现代

化提供科学助力。

（1）打通执法监管"最后一公里"

2018 年，全省城乡社区网格员上报有效完整的环保网格监管事件达65 827 件，全省执法人员执行任务 40 270 件，查处环境违法案件 7309 起，处罚案件 4465 起，处罚金额 2.86 亿元。

（2）让监管"跑"在风险前面

生态云建立了两个重点化工园区和 86 家高环境风险企业的 3D 立体模型，以及 216 家企业全景数字化、53 家企业排污管网数字化、3450 家环境风险源信息库，实现环境风险源、应急物资储备、避灾点以及饮用水水源地、自然保护区、居民区等环境敏感区域 GIS 一张图，结合应急处置现场视频，实现一个页面操作、一张图调度指挥，为突发环境事件应急处置和人员疏散等提供强有力支撑。

第三节 生态安全体系实现的福建实践评析与启示①

生态安全体系是生态文明社会建设的底线、上限和红线。要从生态环境安全是国家安全重要组成部分、是经济社会持续健康发展重要保障的战略高度,② 设定并严守资源消耗上限、环境质量底线、生态保护红线,坚决打好污染防治攻坚战。

通过创新"多规合一"的国土空间开发保护格局、武夷山国家公园试点体制、自然资源资产负债表、重点流域生态保护补偿机制和生态司法"防护网"等实践,福建生态安全体系的建设取得了一定成效。① 在水环境质量、大气环境质量和生态环境质量方面持续领先。② 环境风险防控能力持续增强。主要表现在环境监测水平不断提升、环境监管能力逐步加强、环境执法能力位居全国前列、环境应急能力逐步提高。③ 环境治理水平持续提高。最后,环境治理和生态保护市场运行良好。近年来,尽管福建省生态安

---

① 吴明其. 开发与保护并重[J]. 海峡通讯,2020(1):56—59.
② 郑兴国. 辐射环境监测网络建设现状及发展策略[J]. 环境与发展,2019(12):176—178.

全体系建设工作取得了一定成绩,但仍存在一些问题亟待解决。

(1)环境质量仍存在短板。比如,受不利气象条件和本地源、外来传输共同影响,臭氧污染问题逐步显现;部分地方小流域水质问题仍较突出,主要流域个别断面水质未能稳定达标;城市灰霾频率增加;土壤污染和固废处理不当,部分工矿企业偷排、漏排;工业产业结构优化不足、污染排放量大等。

(2)空间管制尚未形成统一合力。由于目前不同部门之间的事权划分不清晰等问题,各类生态空间的管理权责分散在多个部门,具体区域开发和保护的定位和管制常常不统一。

(3)绿水青山就是金山银山的发展理念尚未牢固树立。现阶段经济发展与生态保护的矛盾还会存在,以无节制的资源消耗、环境破坏为代价来换取经济发展的现象还有发生。

(4)大环保格局尚未全面形成。环境保护和生态建设职能分散在环保、发改、林业、农业、水利、国土、交通等多个部门,部门间的条块管理缺乏高效的协调机制。

(5)基层环保部门执法力量薄弱。环保部门监管执法力量越向下越薄弱,呈倒“金字塔”状,使得基层环保部门很难承担起繁重的执法任务。

因此,应从以下各方面着手强化生态安全体系建设。

一、强化国土空间和资源开发管制

强化生态空间管控,才能构建结构完整、功能稳定的生态安全格局,从而维护生态安全。要以“生态保护红线、环境质量底线、资源利用上线和环境准入负面清单”为手段,强化空间、总量、准入环境管理。坚定不移实施主体功能区制度,划定并严守生态保护红线,尽快研究制定并实施与生态保护红线监管相匹配的配套政策。探索建立自然资源资产统一确权登记制度,出台全国首个省级自然资源统一确权登记办法,划清资源分类,将用途管制等要求在自然资源登记簿上记载明晰,形成一套符合实际的确权登记制度。

加快推进"多规合一",把资源开发规划、城镇体系布局和生态环境保护规划落到一张图中,统筹陆海空间开发布局。推进武夷山国家公园体制试点,构建科学合理的生产、生活、生态空间格局。探索既守住底线又促进发展的"一张蓝图",构建人与自然和谐相处的国土空间格局。

二、坚决打好污染防治攻坚战

推进主要流域治理、推进小流域治理、切实加强饮用水源安全保障、持续深化近岸海域污染防治、加强工业源治理、深入推进农村环境综合整治等,全面落实"水十条"重点任务,进一步完善河长制、落实湖长制,保障水环境质量。全面启动打赢蓝天保卫战计划、强化 VOCs(Volatile Organic Compounds,挥发性有机物)治理、持续削减颗粒物浓度、加强移动源污染防治、强化区域联防联控等,进一步打响"清新福建"金字招牌。全面推进土壤污染状况详查、强化土壤污染治理与管控、强化固体废物污染防治、进一步提升危废监管能力与水平等,深入落实"土十条"重点任务,深入实施固体废物进口管理制度改革,强化目标考核和成效评估,逐步提高受污染耕地和污染地块安全利用率,保障土壤环境安全。

三、转变管理目标,提升生态系统服务功能

牢固树立"绿水青山就是金山银山"理念,强化保护生态环境就是保护生产力、改善生态环境就是发展生产力的思想认知,决不以牺牲环境为代价去换取一时的经济增长。同时,生态系统管理目标应尽快实现从"以增加面积为主"到"以提高单位面积生态系统服务能力为主"的战略转变。重点突出提升生态系统服务功能、增加生态产品供给、修复退化生态系统、维护生物多样性等方面,进一步细化生态安全指标;推进山水林田湖系统修复,在关注治理率、覆被率等数量指标提高的同时,集中力量开展生态恢复与整治,大力推进生态系统集约经营、生态系统服务功能修复;全面掌握生态系

统构成、分布与动态变化,对生态系统服务功能进行定期评估,对于监测数据、评价结果反映出的生态问题及时做出反馈,以及时调整恢复计划。

四、健全完善生态安全保障机制建设

针对生态环境破坏污染成本低、治理成本高、惩处力度小等问题,推进生态司法专业化建设,在全国率先建立覆盖省市县三级的专职化生态检察、生态审判机构,建立行政执法与刑事司法无缝衔接工作机制,有效化解各类生态环境资源矛盾纠纷,及时高效惩处破坏生态环境资源的违法行为;创新性推出修复性生态司法,推行"补植令""监管令""保护令",责令被告人进行恢复植被、增殖放流,实现惩治违法犯罪、修复生态环境、赔偿受害人经济损失"一判三赢"的良好效果。推进修复性生态司法完善强化组织保障体系,建立"党政同责""一岗双责"和领导干部自然资源资产离任审计制度,落实生态文明建设政治责任。建立健全制度保障体系:建立健全国土空间开发保护制度;完善最严格的耕地保护制度;推行排污权交易制度,促进产业结构优化升级;探索生态环境损害赔偿制度,破解"企业污染、群众受害、政府买单"困局;推行环境污染责任保险,撬动环境风险共管共控。在现有各类法律法规基础上,立足生态安全需求,结合福建省实际情况,健全具有区域特色的生态安全法律支撑体系。

五、努力提升环境执法部门的监管执法能力

探索网格化生态环境监管新模式,按照"属地管理、分级负责、全面覆盖、责任到人",建立市县镇村四级网格体系,环境执法成效显著;进一步树立环境执法人员的法制意识,加强环境执法人员专业知识技能的学习,使其精通环保法律法规和熟悉相关法律法规;强化网格化环保监管,充实执法队伍,择优培养选拔德才兼备的干部,吸引掌握高新科技的专业技术人才,打造环保网格员队伍、环保监管执法队伍、热心环保公益队伍、环保专家服务

队伍、企业环保监督员队伍等。同时,要改善环境执法设施,更新和完善环境执法和宣教设备,确保其拥有先进的设备和仪器,保证执法的准确性、时效性和科学性。

六、健全生态安全评估预警和管理救援机制

1. 建立健全生态安全评估预警机制

要深入发掘和运用大数据、大网络、大平台的功能作用,综合采用数据模型、空间分析、集合分析、信息集成等技术,加快构建生态安全综合数据库,增强分析评估,预测研判能力,建立生态安全评估预警体系,充分保障福建省生态安全。

2. 不断健全生态风险管理和应急救援的体制机制

要以环境损害的补偿修复为制度支撑,抓紧建立包括生态环境风险界定、风险识别、风险评估、风险监督、环境应急响应、环境应急救援、环境应急处置和损害评估、责任追究等内容的风险管理和应急救援体制机制。

七、加强自然生态系统保护与修复

强化自然保护区的建设、监督和管理,建设自然保护区群网和种质资源库,禁止各种破坏自然资源和产生环境污染的开发建设活动,维护生物多样性。实施重要生态系统保护和修复重大工程,加强林草植被保护与建设,强化天然湿地保护和恢复,健全完善全流域生态保护补偿机制。探索建立以自然生态资源保护为核心的公园体系,加强极小种群、重要野生动植物及栖息地保护和恢复,加强外来物种监测预警及风险管理。

八、加快推进绿色发展

要把实现总量赶超与提高发展质量有机结合起来,牢固树立和践行绿水青山就是金山银山的理念,着力探索经济发展与环境保护协同共进的发展路径,实现经济发展"高素质"和生态环境"高颜值"。

第七章　生态文明建设的国内外经验比较

第一节　国家生态文明试验区的战略定位和重点任务比较

　　为深入推进生态文明领域的治理现代化进程,2016 年 6 月,党中央、国务院批准福建建设全国首个国家生态文明试验区,以率先推进生态文明领域治理体系和治理能力现代化为目标,以进一步改善生态环境质量、增强人民群众获得感为导向,集中开展生态文明体制改革综合试验,着力构建产权清晰、多元参与、激励约束并重、系统完整的生态文明制度体系,努力建设机制活、产业优、百姓富、生态美的新福建,为其他地区探索改革路径、为美丽中国建设做出应有贡献。

　　随后,贵州和江西相继也成为首批国家生态文明试验区。贵州省以建设"多彩贵州公园省"为总体目标,以完善绿色制度、筑牢绿色屏障、发展绿色经济、建造绿色家园、培育绿色文化为基本路径,以促进大生态与大扶贫、大数据、大旅游、大开放融合发展为重要支撑,大力构建产权清晰、多元参与、激励约束并重、系统完整的生态文明制度体系,加快形成绿色生态廊道和绿色产业体系,实现百姓富与生态美有机统一,为其他地区生态文明建设提供可借鉴可推广的经验,为建设美丽中国、迈向生态文明新时代做出应有贡献。

江西省围绕建设富裕美丽幸福江西,以进一步提升生态环境质量、增强人民群众获得感为导向,以机制创新、制度供给、模式探索为重点,积极探索大湖流域生态文明建设新模式,培育绿色发展新动能,开辟绿色富省、绿色惠民新路径,构建生态文明领域治理体系和治理能力现代化新格局,努力打造美丽中国"江西样板"。

2019 年 5 月,海南省入选第二批国家生态文明试验区,着力在构建生态文明制度体系、优化国土空间布局、统筹陆海保护发展、提升生态环境质量和资源利用效率、实现生态产品价值、推行生态优先的投资消费模式、推动形成绿色生产生活方式等方面进行探索,坚定不移走生产发展、生活富裕、生态良好的文明发展道路,推动形成人与自然和谐共生的现代化建设新格局,谱写美丽中国海南篇章。根据各个国家生态文明试验区建设实施方案,它们在战略定位和重点任务上存在较大差异(表 7-1)。

表 7-1　国家生态文明试验区的战略定位和重点任务

国家生态文明试验区	战略定位	重点任务
福建	国土空间科学开发的先导区, 生态产品价值实现的先行区, 环境治理体系改革的示范区, 绿色发展评价导向的实践区	(一)建立健全国土空间规划和用途管制制度 (二)健全环境治理和生态保护市场体系 (三)建立多元化的生态保护补偿机制 (四)健全环境治理体系 (五)建立健全自然资源资产产权制度 (六)开展绿色发展绩效评价考核
贵州	长江珠江上游绿色屏障建设试验区, 西部地区绿色发展试验区, 生态脱贫攻坚试验区, 生态文明法治建设试验区, 生态文明国际交流合作试验区	(一)开展绿色屏障建设制度创新试验 (二)开展促进绿色发展制度创新试验 (三)开展生态脱贫制度创新试验 (四)开展生态文明大数据建设制度创新试验 (五)开展生态旅游发展制度创新试验 (六)开展生态文明法治建设创新试验 (七)开展生态文明对外交流合作示范试验 (八)开展绿色绩效考核创新试验

国家生态 文明试验区	战略定位	重点任务
江西	山水林田湖草综合治理样板区， 中部地区绿色崛起先行区， 生态环境保护管理制度创新区， 生态扶贫共享发展试验区	（一）构建山水林田湖草系统保护与综合治理制度体系 （二）构建严格的生态环境保护与监管体系 （三）构建促进绿色产业发展的制度体系 （四）构建环境治理和生态保护市场体系 （五）构建绿色共治共享制度体系 （六）构建全过程的生态文明绩效考核和责任追究制度体系
海南	生态文明体制改革样板区， 陆海统筹保护发展实践区， 生态价值实现机制试验区， 清洁能源优先发展示范区	（一）构建国土空间开发保护制度 （二）推动形成陆海统筹保护发展新格局 （三）建立完善生态环境质量巩固提升机制 （四）建立健全生态环境和资源保护现代监管体系 （五）创新探索生态产品价值实现机制 （六）推动形成绿色生产生活方式

　　相较于其他几个国家生态文明试验区，福建以"生态高颜值、发展高质量"推进全国首个国家生态文明试验区建设。截至 2020 年年底，福建省委省政府坚持以习近平新时代中国特色社会主义思想为指导，按照习近平总书记当年亲手擘画的生态省蓝图，围绕"国土空间科学开发的先导区，生态产品价值实现的先行区，环境治理体系改革的示范区，绿色发展评价导向的实践区"战略定位，统筹推进试验区建设，着力在机制创新、制度供给、模式探索上大胆改、深入试，38 项重点改革任务均已制订了专项改革方案并组织实施，领导干部自然资源资产离任审计等 22 项改革任务形成制度成果。2016 年，生态环境保护"党政同责，一岗双责"等经验做法向全国推广；2017年，习近平总书记对福建林改做出重要批示，对福建试验区建设作出重要指示，重点生态区位商品林赎买、长汀水土流失治理、大田河长制等一批改革经验向全国推广；2018 年，按照习近平总书记"根治木兰溪水患"要求，一以

贯之开展木兰溪水系生态治理,治理经验推向全国,领导干部自然资源资产离任审计、全流域生态补偿等 18 项改革经验向全国推广。2020 年福建创新推出"三明林票""南平生态银行"等改革试点,武夷山国家公园体制改革试点任务全面完成,生态环境损害赔偿制度体系基本健全,39 项改革经验向全国推广,数量居全国首位。

第二节　福建与国内外的生态文化路径比较

中华民族向来尊重自然、热爱自然,孕育了诸如道法自然、天人合一、和而不同等思想的生态文化。习近平总书记曾强调,"生态文化的核心应该是一种行为准则、一种价值理念。"生态文化的培育,首先应加强宣传教育,让生态文化观念深入人心;其次要在理论和观念的基础上,让生态文化践于行动;再次要大力培育各级各类环保组织,让生态文化理念实现社会全覆盖,实现民间组织与政府机构互动,营造出全民参与的氛围;最后要完善顶层设计,以求构筑生态文化培育的长效机制。我国各省市深谙生态文明教育的思想蕴意,努力加强生态文明教育,以引导全民树立生态文明意识,培育生态文化、生态道德,使生态文明成为社会主流价值观,并取得了初步成效。同时,国外相关国家在环境教育法等顶层设计方面也为我国各地区完善生态文化构建提供了先进经验。

一、生态文化体系的国内实践

关于生态文化体系,国内诸多省份从不同层面、不同角度进行了实践探索。通过对各省生态文化体系的实践进行梳理,笔者发现,各省份主要从生态环境教育立法、绿色创建活动、绿色教育宣传、培育文化产业等方面展开生态文化体系的建设。

1. 用法制手段推进生态环境教育

我国台湾省的所谓"环境教育法"是国际环境治理的新手段、新趋势与台湾地区环境运动实践相结合的产物。其"法典"由总则、环境教育政策、环境教育办理机关之权责、环境教育推动与奖励、罚则和附则等 6 章共 26 条组成。重点内容可归纳为"一个政策,三个制度",其中,"一个政策"是指环境教育政策,"三个制度"分别是指环境教育基金管理制度、环境教育认证制度和环境教育奖惩制度。① 自从 2011 年,我国第一部环境教育地方法规《宁夏回族自治区环境教育条例》在宁夏回族自治区人民代表大会常委会通过后,《洛阳市环境保护教育条例》《天津市环境教育条例》《哈尔滨市环境教育办法》《福建省环境宣传教育工作实施方案》等陆续通过。《宁夏回族自治区环境教育条例》主要架构包括总则、组织管理、学校环境教育、社会环境教育、保障与监督、附则等部分,其中对政府在环境教育中的主导地位予以了强调,设立了环境教育培训制度,明确对机关负责人、企业负责人以及企业环境保护设施运行管理人员进行专门培训是其创新点。江苏省出台《江苏省环境保护公众参与办法》,引导公众依法、有序、理性参与环境保护工作。

2. 用绿色创建活动引导公众参与生态环境保护

江西省将生态价值观贯穿国民教育全过程,在学校开展生态文化宣传教育主题活动,在学前教育机构开展儿童生态文明养成教育。分类开展"生态家庭""生态行业""生态群体"评选等创建活动,使尊重自然、顺应自然、保护自然的理念融入经济社会发展各方面。② 贵州省编制生态文明读本供学生和干部学习,倡导绿色生活方式,开展绿色创建活动,举办生态文明国际

---

① 潘书宏. 台湾地区环境教育"立法"及其借鉴[J]. 福建江夏学院学报,2016,6(2):71—79.

② 黎群芳,叶青. 走绿意特色之路,创生态文明校园:江西省南昌市第十七中学生态文明教育纪实[J]. 环境教育,2018,210(6):116.

论坛和"保护母亲河·河长大巡河""巡山、巡城"等系列活动。全面开展生态县、生态村等生态文明创建活动。河南省各地结合自身实际,因地制宜地开展了创建国家森林城市活动,创建生态文明教育基地活动,创建生态文化村、生态文化示范企业活动,通过这些创建工作,极大地拓宽了生态文化建设的外延,丰富了生态文化建设的内涵,提升了生态文化建设的层次,扩大了生态文化影响。[①]

3. 用宣传教育帮助公众树立崇尚绿色环保的生产生活理念

云南省广泛开展灵活多样的生态环境保护的宣传教育。自从 2012 年新课程改革以来,大理州教育局就以洱海保护治理为重点,每年开展"听一堂环保讲座、发一份倡议书信、写一篇主题征文、开一次主题班会、组织一次知识竞赛"的"五进工程"洱海保护知识宣传教育。2018 年 5 月,云南省环保厅在大理古生村打造的云南省首条生态环境文化长廊建成开放,长廊以习近平总书记关于生态文明建设新思想新理念新战略为引领,以丰富多彩的形式,弘扬环境文化、传播生态文明。在生态环境文化长廊,群众不仅可以休闲赏景,更能上一堂生动的绿色传播课。[②]浙江省始终围绕"两山论"培育以生态价值观念为准则的生态文化宣传体系,采用多种平台宣传生态文明理念。如浙江余村以文化礼堂、生态文明展示馆、数字电影院为主要载体,通过历年来的照片、录像、文件等展现从"矿山经济"转向"生态经济"、迈向美丽乡村的余村发展之路,成为余村对外宣传的主要名片。江苏省开展环保公益小额资助环保组织扩大宣传。将全省环保社会组织联盟扩大到 24 家,连续 4 年开展"绿益江苏"环保公益小额资助,成功资助 80 多个环保监督、宣传教育、实践调研等项目。与兴业银行南京分行共同打造省内首家绿色银行,绿色银行内使用节能环保设备和环保材质产品,开展环保主题宣

① 陈述贤. 构建繁荣的生态文化体系 推动生态文化建设发展:关于河南、陕西两省生态文化建设的调研报告[J]. 林业经济,2012(11):3—6.
② 易水. 弘扬生态文化建设生态文明[J]. 创造,2019(2):27—30.

传,还设立了二手图书循环角,鼓励以书换书、免费自由借阅,让闲置图书流动起来,实现绿色生活和绿色办公相融合。[①]

4. 用生态文化产业促进生态文化体系建设

黑龙江省努力培育绿色生态农业产品品牌文化,积极开展公益性生态文化建设。其一,培育绿色生态农业产品品牌文化,依托22万平方千米森林资源和5万平方千米湿地的资源优势,积极发展绿色有机生态农业,推动地方积极创建省级、国家级品牌示范区和有机产品示范区。其二,引导公众树立崇尚绿色环保的生产生活理念,积极倡导一种勤俭节约的低碳生活方式,在吃、穿、用、行等方面大力推行节约、低碳、环保、绿色行为,使绿色生产生活方式成为一种行为自觉。其三,积极开展公益性生态文化建设,提供均等化的生态文化产品和服务,满足人们对生态文化的需求,加快构建生态文化公共服务体系。[②]

陕西省坚持把社会效益放在首位,社会效益和经济效益相统一,大力培育生态文化产业,使之成为经济社会发展新的增长点,努力为推动科学发展提供重要支撑。其一,积极培育新兴文化产业。不断加快生态文化产业调整,培育了一批独具特色的现代演艺、娱乐等新兴文化产业,比如西安的"大唐芙蓉园",充分发挥资源优势,把历史、人文、生态等文化结合起来,不仅发展成为远近闻名的一大生态旅游景点,也成为推动区域经济发展的重要支柱。其二,巩固提升传统文化产业。加快挖掘传统历史文化、民俗文化、森林文化、旅游文化等,运用现代工艺技术整理、制作,打造了一批拥有自主知识产权、具有市场竞争优势、弘扬生态文化的知名品牌,如陕西汉中兰花已

---

① 赵继平. 江苏:做实公众参与平台 撬动绿色生活支点[J]. 环境教育,2017(12):22—25.

② 林爽,孙磊,张彭松. 黑龙江省生态文明建设的保障机制研究[J]. 边疆经济与文化,2019,182(2):16—18.

成为地方知名品牌和支柱产业。①

四川兴文僰苗生态文化实验区在建立实验区生态文化体系的基础上，融合生态文化旅游产业，以生态为特色，文化为内涵，旅游为载体，建设兴文僰苗生态文化实验区，构建保护与开发融合、空间融合、项目融合和产品融合四个机制，深入挖掘僰苗文化、遗产资源和生态景观资源，统筹生态、文化、旅游、交通、农业等要素，促进当地旅游经济可持续发展。②

二、生态文化体系的国外经验

国外生态文化体系建设的践行较我国早，在法律法规建设和公众参与环保的意识引导方面相对完善，有我国值得学习和借鉴的地方。

1. 生态环境教育法制的建立

美国在 1970 年就已经通过了《环境教育法 1970》，其经过长期地修改和完善，成为现在的《国家环境教育法 1990》。该法规定在环境教育推行过程中国家的具体任务和主体责任，明确教育的主要内容和重点应放在对公民环境保护知识和技能的培养以及自觉保护环境的责任上，详细规定了环境教育的管理机构及其职责；并且明确环境教育资金的重要来源是财政拨款，规定了资金的运用范围。

日本是亚洲国家中推行环境教育立法较早的国家。2003 年，日本制定《增进环保热情及推进环境教育法》，增进国民的环保热情，提高民众的环保意识，保证每一个国民都能积极参与环境教育，以促进社会环保事业的顺利进行。2012 年 10 月 1 日，日本正式颁布了《环境教育等促进法》(以下简称《促进法》)，此法由 2003 年颁布的《增进环保热情及推进环境教育法》(以下

---

① 林爽，孙磊，张彭松. 黑龙江省生态文明建设的保障机制研究[J]. 边疆经济与文化，2019，182(2)：16—18.

② 黄锐，李园园，于萌. 生态文化旅游融合视域下可持续发展实验区建设研究：以兴文僰苗生态文化实验区为例[J]. 度假旅游，2019(4)：165—166.

简称《旧法》)修改而来,是一部将环境教育和开发可持续性教育活动作为工具,充分有效利用环境教育开展环境保护工作的法律。①

1999 年 4 月 27 日,《巴西国家环境教育法》经巴西总统签署正式生效,体现了巴西在环境保护及环境教育领域中的重要成就,同时也凸显了其作为发展中国家对于环境保护尤其是对环境教育的重视和关注。该法案共分三章,分别为环境教育、全国环境教育政策以及全国环境教育政策的实施。逻辑上从"什么是环境教育"到"在哪里推进怎样的环境教育"再到"怎么执行以及怎么保障环境教育的实施",理清了环境教育的具体做法。②

《菲律宾国家环境意识与环境教育法》由菲律宾总统正式签署于 2008 年 12 月 12 日。该法案共有十条,有关环境教育法的内容涉及立法目的(政策声明)、开展范围及应包含的内容、各有关部门职责及部门间合作、教材开发和师资培训、纳入国家服务培训计划以及设立环境意识月。③

2. 公众环境意识培养

澳大利亚有良好的生态环境的客观原因是其地广人稀,环境自净能力很强,环境容量很大,但其环境的可持续性更得益于澳大利亚把环境与可持续发展教育渗透在中小学、高校、公园、自然保护区、企业和社区教育中,形成了完善的、全方位的、全社会的环境与可持续发展教育体系。④

韩国在公众环境意识培养方面做得细致入微,政府、学校、企业、民众齐心协力,密切配合,多渠道、多途径共同培养公众环境意识,许多做法值得借鉴和学习。⑤

---

① 孙霭萌,赵晶晶.关于日本《环境教育等促进法》修改的研究[J].中国环境管理干部学院学报,2013(5):12—15.
② 王民.《巴西国家环境教育法》解读[J].环境教育,2009(6):15—21.
③ 王民,王元楣,蔚东英,等.菲律宾环境教育及《菲律宾国家环境意识与环境教育法》分析[J].环境教育,2009(8):7—9.
④ 李金玉.澳大利亚全方位的环境教育体系对我国的启示[J].教育教学论坛,2014(50):91—92.
⑤ 张雷生.韩国:环境教育的本质是环境价值观教育[J].人民教育,2014(20):63—65.

三、生态文化体系的福建特色

与全国各地相比,福建汲取了国内外相关先进经验,较早地以专门法规确立了生态文明教育的大方向。2011年,福建省环保厅、省委宣传部、教育厅、团省委、妇联等单位联合出台《福建省环境宣传教育工作实施方案》,成立工作领导小组,指导和推进全省的环境宣传教育工作;同时,探索将环境教育成效纳入单位绩效考评体系。如2016年厦门市率先将环境教育落实情况纳入厦门市各级部门政府绩效考评指标中,同时出台了《厦门市环境教育规定》,针对环境教育从国家机关、学校、企业、社会等各个层面进行阐释和说明,划分责任和义务,吸收了国内外环境立法的经验,涉及的层面更深更广。

江西省、贵州省和浙江省虽都设有环境宣传教育中心,但生态文明教育尚未见立法,显而易见,福建的环境教育已走在全国前列。《福建省环境保护条例》中规定了相应的制度渠道,确保公众知情权、参与权和监督权的享有。还规定县级以上地方人民政府应当加强对水土保持工作的统一领导,依据水土流失调查结果划定水土流失重点预防区和治理区;规定地方各级人民政府应当全面推行河长制和湖长制等。

福建将环境教育纳入国民素质教育,其举措全国领先。福建省教育厅出台《关于进一步加强中小学环境教育工作的通知》,要求将环境教育列为对学校办学的考核内容,明确小学和初级中学学生每学年接受环境教育不得少于12学时,高级中学学生每学年接受环境教育不得少于8学时。其中,环境实践教育环节不得少于4学时。全省落实中小学环境教育课程学校达到99.5%。江西省、贵州省和浙江省均还未见有此方面的专门性(法规)文件。福建环境教育重视从娃娃抓起,其国民环境素质教育全国领先。

第三节 福建与国内外的生态经济路径比较

在我国经济由高速增长阶段转向高质量发展阶段的背景下,面对经济增长和环境污染双重压力,如何突破资源环境瓶颈,实现产业发展与生态资源保护相互协调,建立健全生态经济体系,是我国亟待解决的矛盾。

一、生态经济体系的国内实践

我国各省市积极探索以生态产业化和产业生态化为主体的生态经济体系,一方面,着力探索如何提供更多优质生态产品来满足人民日益增长的优美生态环境需求;另一方面,通过探索如何用创新驱动提高资源利用效率和全要素生产率,从根本上使我国经济摆脱对各类资源,尤其是不可再生资源的过度依赖。

1. 产业生态化方面

我国部分省份在产业生态化方面进行了大量探索。江苏把加快转变生产方式作为推进生态文明建设的核心,从发展的源头抓起,深入实施经济绿色转型行动。其一,调整优化产业结构。坚持"调高调轻调优调强调绿"思路,产业结构实现历史性突破,初步形成"三二一"现代产业结构,第三产业比重超过 48%,战略性新兴产业销售收入年均增长 16.5%,高新技术产业产值占规模以上工业比重达到 40.5%。其二,大力淘汰落后产能。全面完成化解过剩产能年度任务,提前完成国家下达的淘汰落后产能"十二五"目标。其三,积极发展循环经济。支持鼓励技术先进、环保达标、资源回收率高的资源利用企业发展,加强园区生态化、循环化改造。① 贵州省加大绿色改造提升。深入实施"千企改造"工程和"万企融合"大行动,运用大数据手段加快传统产业改造升级。贵阳经济技术开发区等 3 个开发区成为长江经济带国家级转型升级示范开发区。

2. 生态产业化方面

我国江西、贵州、浙江等省在生态产业化方面进行了探索,并取得了显著成效。江西着力打造全国生态文明建设"江西样本",从三个方面对生态产业化进行探索。其一,建立生态文明领域的国家技术标准创新基地。国家技术标准创新基地(江西绿色生态)是全国第 10 个国家技术标准创新基地,也是全国首个生态文明领域的国家技术标准创新基地,结合江西区位优势和绿色生态产业特色,创新标准化运行机制和服务模式,努力建成全国绿色生态领域先进标准引领的辐射区和国家绿色生态领域标准化工作创新实验区。其二,制定绿色金融发展制度。赣江新区作为全国首批五家、中部地区唯一的绿色金融改革创新试验区,出台了《关于加快绿色金融发展的实施意见》《江西省建设绿色金融体系规划》《赣江新区建设绿色金融改革创新试验区实施细则》等制度,为全国绿色金融建设提供中部示范样本。其三,创建"绿水青山就是金山银山"实践创新基地。靖安运用"互联网＋大数据",建成全省第一朵"生态云",全县上下牢固树立"以河为贵""以树为荣""呵护绿心"等低碳环保的生态理念,不断推进"绿水青山就是金山银山"的实践创新。其四,生态循环农业"新余样板"享誉全国。新余市以生态循环园为核心,统筹推进农业物联网、农业废弃物收储运、有机肥推广体系建设,有效探

---

① 谷树忠,沈和. 生态文明建设的江苏实践[M].北京：中国言实出版,2018.

索了"光伏＋农业""秸秆-基料-食用菌""猪-沼-稻"等新模式,形成"新余样板"。

贵州省围绕长江珠江上游绿色屏障建设、西部地区绿色发展,开展绿色屏障建设、促进绿色发展和生态旅游发展等制度创新试验。其一,培育激发绿色新动能制度。掀起振兴农村经济的深刻产业革命,促进农村发展和生态保护协同共进,建立培育发展环境治理和生态保护市场主体、加快节能环保产业发展等政策机制。其二,推动绿色产业布局。坚持把发展生态利用型、循环高效型、低碳清洁型、环境治理型绿色经济"四型"产业,作为守住发展和生态两条底线的最佳结合点。发布绿色经济"四型"产业发展指引目录,将"四型"15 大类产业细化为 400 个具体条目。其三,推动绿色金融支撑。贵安新区获批国家绿色金融改革创新试验区,贵州银行、贵阳银行等成立绿色金融事业部。设立绿色债券项目库,推动设立大健康绿色产业基金和赤水河流域生态环境保护投资基金。在遵义市、黔南州、贵安新区开展环境污染强制责任保险试点。

浙江省积极探索把绿水青山转化为金山银山的现实路径,着力推动生态环境优势转化为经济发展优势,努力创造条件把"美丽现象"转化为"美丽经济";努力把"生态资本"变成"富民资本",把生态产业和低碳产业作为新的技术制高点和新的经济增长点,逐步形成以产业集聚、企业集中、资源集约和低耗、减排、高效为特征的内涵式增长模式,夯实"绿水青山就是金山银山"的经济基础。其一,注重培育以低碳排放为特征的新的经济增长点,更加注重传统产业调整,改造和发展新能源、节能环保等新兴产业,更加注重推动生产、流通、分配、消费以及建筑等环节的节能增效,更加注重保护和建设生态环境。其二,引导企业大力开发生态技术,生产生态产品,发展生态经济,最大限度地实现资源的持续利用和生态环境的持续改善,尽可能减少产业发展对自然环境的破坏和对人类健康的损害,促使生态复苏和可持续发展。环保工程、电子商务、互联网金融、智慧物流、智能制造、健康养老、社交网络等新经济新业态破茧而出,已经成为新的重要的经济增长点。其三,设立生态经济产业基金。按照"政府引导、市场运作、分类管理、防范风险"的原则,重点投向信息经济、环保、健康、旅游、时尚、金融、高端装备制造等七大产业,引导金融资本和社会资本支持丽水实体经济发展,推动"四换三名""两化"融合和优质财源培育,促进大众创业、万众创新。

二、生态经济体系的国外经验

1. 产业生态化方面

发达国家最早进入工业文明时代,也最早遇到了生态环境危机的挑战,这些国家在产业生态化方面的长期实践中积累了较多可供借鉴的经验。

2009 年 1 月,奥巴马宣布"美国复苏和再投资计划",将发展新能源作为投资重点。2009 年 2 月,美国正式介绍了《美国复苏与再投资法案》,主要是为了促进新能源的开发和利用。这一系列法律法规的制定为低碳经济发展提供了一个相对完善的法律保护环境。2009 年 3 月,由美国众议院能源委员会向国会提出了《2009 年美国绿色能源与安全保障法案》,其中关税、绿色能源、能源效率、减少温室气体排放成为低碳经济转型的四个部分。2009 年 6 月,美国众议院通过了《美国清洁能源和安全法案》,[1] 这是美国第一个应对气候变化的具体法案。该法案采取一系列经济激励政策,包括税收、补贴、价格和贷款政策,加速低碳经济的成功实现。[2] 在节能建筑的发展方面,美国鼓励消费者使用节能设备和购买节能建筑,为新的节能建筑减税。美国各州也根据当地实际情况,分别对节能产品实施税收优惠。能源部支持美国绿色建筑委员会来实现节能主题"绿色建筑评估系统",目前该评价标

---

① 高翔,牛晨. 美国气候变化立法进展及启示[J]. 美国研究,2010(3):39—51.
② 付允,马永欢,刘怡君,等. 低碳经济的发展模式研究[J]. 中国人口·资源与环境,2008(3):14—19.

准在各国环境保护中是最完美,最具影响力的。[①] 在发展节能环保汽车方面,美国对购买柴油轿车和混合动力汽车的消费者给予税收返还。在气候政策上,其重点是清洁能源,他们认为在气候变化问题上采取果断行动的关键是未来促进美国就业和经济增长的重要措施,所以提议大力推广清洁能源,提高能源效率。

欧盟是全球生态化实践的倡导者和领跑者,这离不开欧盟各国政府的有力指引和积极推行。如曾是其成员国的英国是世界首个提倡"低碳经济"的国家,能源与气候变化部(DECC)、气候变化委员会(CCC)等生态职能部门和贸易产业部、财政部等传统政府职能机构的密切配合、相互协作,创新性地提出了"碳中和""碳基金""碳标签"等有利于产业生态化的举措。传统大陆法系国家法国则较为重视以产业政策和法律条文形式管理产业生态化转型事务,如在政策制定方面专门成立可持续发展部际委员会(CIDD),负责起草和协调政府的可持续发展产业政策;在政策执行方面则成立生态、能源、可持续发展和城乡规划部负责管理、施行产业转型及可持续发展相关事务。德国在太阳能、风能、可再生技术等技术领域处在欧盟和世界最先进水平,很大程度上是得益于德国政府出台的一系列旨在促进产业生态化转型的中长期规划方案的有效施行,如《德国高技术战略》《综合能源和气候计划》《德国可再生能源行动计划》等,采用以节能减排为核心目标的财税措施,重点对建筑节能、太阳能光伏、智能电网、电动汽车等重点产业领域提供政策优惠和资金补贴。归结而言,欧盟各国政府始终坚持产业发展的环境可持续性,根源于他们坚信在环保上付出的短期成本将为其带去长期的产业竞争优势。[②]

---

① 李昳,张向前.美国低碳经济对福建生态文明建设的启示[J].科技管理研究,2015,35(7):228—234.

② 韩永辉,钟伟声.产业生态化转型的国别经验和战略启示[J].城市观察,2015(2):19—28.

　　日本产业生态化制度体系不但内容全面而且分类详细,囊括工业制造、交通、建筑、居民生活等各个领域。完善的政策和法律体系成为日本产业生态化转型的最重要保障。例如,国家层面的纲领性规划方案有《日本战略性能源计划》《新经济成长战略》《低碳社会行动计划》等,财税政策有《税收激励计划》《节能和循环利用支持法》等,推动工业、商业和居民部门节能增效的有《能源节约法》等。日本的政策法规不但制定最早而且能及时修订更新。同时,日本政府在经济发展进程中十分注重生态环境的保护,推崇把保护环境和产业发展目标结合起来以调整产业结构的政策思路。生态工业园(Eco-industrial Park,EIP)在日本的普及就是该理念在园区层级上的成功实践。全球最早的生态工业园出现在丹麦卡伦堡(Kalunborg),但生态工业园建设作为产业发展的新模式而普及发展则始于日本的有效探索,其中日本北九州生态工业园更成为各国学习的典范。日本生态工业园建设的有效模式可概括为以地方自治为主、政府和企业协作形成"产学官民"的运作体系。在该模式下,生态工业园区通过发展循环经济,最终达到"零污染"目标。[①]

　　新加坡奉行外向型经济发展模式,国际资本流动对其经济社会发展起了重要作用,在产业转型方面也不例外。20世纪80年代,新加坡通过对外投资"走出去",向周边如马来西亚、印尼等国家转移本地的劳动密集型和资源密集型企业;与此同时,新加坡确立了"信息化、自动化、机械化"的发展方针,重视美、欧、日在技术密集型和环境友好型产业外商投资的"引进来",依靠外资承载技术和科技的优势,提高了产品的绿色技术含量,使本地产业更节能高效和低碳环保。新加坡经过这"一来一回"的资本国际流动,实现了"腾笼换鸟",有力推动了产业结构升级和产业生态化转型。[②]

---

① 韩永辉,钟伟声. 产业生态化转型的国别经验和战略启示[J]. 城市观察,2015(2):19—28.

② 同①.

韩国是产业转型升级的成功典范,不到半个世纪,便从全球最贫穷的农业国,发展成为最为现代化的工业经济体之一。与新加坡不同,韩国并没有通过引进外商直接投资以建立自身的现代工业体系(在韩国产业经济发展最快的全斗焕和卢泰愚时期,甚至对大部分工业领域的外商直接投资实施了严格限制和禁止措施),而是通过一系列倾斜性的产业政策,鼓励企业开发自己的先进技术,促进本土产业的发展成长。在产业生态化转型的进程中,韩国政府主导的倾斜性产业政策同样发挥了关键作用。[①]

2. 生态产业化方面

国外围绕生态银行就如何实现生态产品价值转换进行了积极的探索和实践。然而,国外的生态银行(eco-bank)主要还是基于解决工业革命后期出现的环境污染问题,以促进环境改善和污染治理为目的,而经营信贷业务的银行,主要是为了实现筹集到的资金的保值增值,是一个非常传统的银行的模式,其本质就是绿色信贷。

联邦德国创办于1988年的"生态银行"是世界上第一家以环境保护为目的的生态银行,其资金来源于市民的筹集,其宗旨是为了促进生物和生态事业发展而经营相关优惠信贷业务,把储户的存款和利息贷放给重视环境保护和福利项目的企、事业工程,而不贷放给大企业的化工、原子能、军工、遗传工程等项目,也不投资于公共住宅的建设。随着环境时代的来临,国外绿色信贷理论日渐成熟,"赤道原则"(该原则倡导金融机构对于项目融资中的环境和社会问题应尽到审慎性核查义务,只有在融资申请方能够证明项目执行对社会和环境负责的前提下,金融机构才提供融资)已成为国际银行业开展绿色信贷实践的操作指南。

伴随着绿色经济的兴起,世界各国在绿色金融改革浪潮中都纷纷效仿德国经验,将"生态银行"作为绿色金融改革的突破口和支持绿色产业发展的有

---

① 韩永辉,钟伟声. 产业生态化转型的国别经验和战略启示[J]. 城市观察,2015(2):19—28.

效平台。荷兰 Triodos 银行,作为促进绿色项目、社会伦理工程和文化工程的财政计划政策性银行机构,自 1980 年成立以来一直致力于可持续发展的银行业务,在荷兰建立了第一支绿色基金和文化基金,其贷款资产组合集中在发展重要技能和经验的可持续发展领域。日本政策投资银行于 2004 年 4 月开始实施促进环境友好经营融资业务,以支持减轻环境压力、促进企业环保投资为最终目标,通过促进环境友好经营融资业务的实施,加强了与商业银行的合作,更好地发挥政策银行的协调作用,为绿色信贷的发展搭建平台。

三、生态经济体系的福建特色

福建在产业生态化的实践中积累了较多经验,包括清洁生产、循环经济和低碳转型。福建循环经济发展善始善终,试点示范企业(园区、城市)制度执行得比较好。福建目前已经评估验收了两批循环经济试点示范企业(园区),涉及企业 72 家。福建积极动员企业(园区)申报省级循环经济示范试点企业(园区),从示范试点企业(园区)中评选出省级循环经济示范企业(园区),再择机对其进行评估验收。2017 年,泉州经济开发区被联合国授予"绿色开发区"的称号,这在全国是走在前列的。江西省发展和改革委 2006 年认定了南昌高新技术产业开发区等 6 个开发区(工业园区)为省级循环经济试点园区。2015年,贵州省拥有国家循环经济示范试点单位 15 家,认定了一批省级循环经济示范城市、园区、企业,循环经济示范试点覆盖面不断拓宽。江西省和贵州省在省级循环经济试点园区评估方面,还未见评估验收的相关报道。浙江省循环经济做得也比较好,目前已经发布了四批省级循环化改造示范试点园区名单,且有后续相关评估验收跟进。但与浙江相比,福建不仅有园区的后续验收,还有相关试点示范企业的评估验收。因此,福建循环经济试点示范企业(园区、城市)制度执行得比较好,有头有尾,善始善终。

福建在林业碳汇交易模式和碳市场信用信息管理方面,比江西、贵州和浙江先行一步。2017 年 5 月,福建省政府印发了《福建省林业碳汇交易试点方案》,提出"'十三五'期间,全省力争实施林业碳汇林面积200万亩,年新增碳汇量100万吨以上"的试点目标。经过一年多的试点,福建省林业碳汇交易试点取得积极进展。截至2018年8月,福建林业碳汇(FFCER)成交141.19万吨,成交金额2074.44万元。同时,福建省林业碳汇交易"走出去"步伐加快。2018年1月1日,永安市与浙江华衍投资管理有限公司在华东林业产权交易所成功交易50万元的国际核证碳汇减排标准(VCS)量,实现了省内碳汇省外交易"零的突破"。2016年12月,福建省发展和改革委发布了《福建省碳排放权交易市场信用信息管理实施细则(试行)》,主要包括信用信息采集、评价、监督和管理,信用等级网站公开发布,评价有效期3年,动态化管理,对失信人进行失信惩戒,对守信人实行守信激励。福建省碳排放权交易市场信用信息管理使碳汇交易走上法制化的道路。在法规制定方面,浙江省2016年发布了《浙江省碳排放权交易市场建设实施方案》,江西省、贵州省还未见有专门的省级林业碳汇交易试点方案出台。在碳市场信用信息管理方面,江西省、贵州省和浙江省均未有见专门的管理制度。

正如习近平总书记指出的,"生态资源是福建最宝贵的资源,生态优势是福建最具竞争力的优势,生态文明建设应当是福建最花力气的建设。"福建依靠其生态资源创新林业金融、"林票制""重点区域商品林赎买制""生态银行"等产业生态化实践,具有浓厚的福建特色。

福建生态银行实践特色鲜明,为我国生态经济体系的发展提供了先进经验和有益探索。

(1) 抓住本质,深刻认识"生态银行"。现有的国内外"生态银行"实践仍然是把其视为传统金融机构,传统金融机构可以解决资金问题,但不能从本质上解决资源管理问题和资源变现问题,在新的时代背景下,需要一个统一的资源管理平台,而南平"生态银行",其本质是资源运营中心,是通过对碎片化生态资源的集中收储和规模化整治,转换成连片优质高效的资源包,并委托运营商进行经营,实现生态保护前提下的资源、资产、资本三级转换。

(2)摸清家底,心中有本明白账。过去,在日常管理中,不同自然资源主管部门之间缺乏信息交换共享机制,国土资源和林业资源的管理信息存在数据重叠导致了"家底"不清、权属不明等问题。因此,应通过建立数据共享机制,打破部门壁垒,归集区域国土、林业、水利、农业四类自然资源数据信息,创新统计和评估机制,形成各类自然资源数据目录清单,制定出国有自然资源"一套表"和"一张图",建立自然资源价值账本,是实现资源运营有效管理的关键。

(3)点绿成金,打通"两山"转化通道。绿色生态是最大的特色和优势,生态资源优越,自然资源"家底"殷实,绿色发展的核心课题是如何打通"资源变资产变资本"的通道。碎片化的资源存储在生态银行,经银行的"一传",对碎片化资源进行改造提升,推向市场时变身高品质资产包。经前端对碎片化、分散化的生态资源系统收储、整合、优化,后端才能吸引有实力、有眼光的战略投资者,导入产业、资本和人才,落地好项目、大项目,将生态优势转化为生态产业。

第四节　福建与国内的生态目标责任路径比较

随着生态文明体制改革的不断深化,我国生态环境的行政管理制度不断完善。生态环境管理体制的创新逐渐成为政府有效行使环境管理职能的必要途径。切实落实生态目标责任体系,明确生态环境保护过程中各利益主体的责任,狠抓对造成环境污染的企业和个人的监督,才能高效完成生态文明建设的重点任务。我国在生态文明目标责任体系上的创新在全世界领先,为世界生态文明建设提供了先进做法。

一、生态目标责任体系的国内实践

各省在切实落实生态目标责任体系的同时,结合各省特色进行了深入探索。江苏省围绕解决突出环境问题,坚定不移向污染宣战,全力抓好大气、水、土壤污染治理。先后制定了江苏省"气十条""水十条""土十条"实施方案。创新性地将党政领导"河长制"延伸拓展为"断面长"制,建立土壤环境监测网络,建立经济社会发展绿色评估制度,并将生态文明建设工程和"大气十条"等落实情况列入督查计划,由省委省政府督查室牵头,加大环保督查力度。①

贵州、江西和浙江探索推行领导干部生态目标考核责任制度。贵州省加强绿色绩效评价考核,健全党政领导干部自然资源资产离任审计和责任追究制度,健全环境保护督察制度。贵州省通过开展自然资源资产负债表编制、领导干部自然资源资产离任审计、生态环境损害赔偿制度改革等国家试点,全面加强生态文明法治建设,取消地处重点生态功能区的 10 个县GDP 考核,强化环境保护"党政同责""一岗双责",实行党政领导干部生态环境损害问责。在全国率先开展领导干部自然资源资产离任审计、生态文明建设目标评价考核等工作,建成省市县三级"三条红线"指标体系,实现所有河流、湖泊、水库河长制全覆盖。江西省陆续出台的《生态文明建设目标评价考核办法(试行)》《绿色发展指标体系》《生态文明建设考核目标体系》《自然资源资产负债表编制制度(试行)》《江西省 2018 年度领导干部自然资源资产离任审计工作方案》《生态环境损害赔偿制度改革实施方案》《党政领导干部生态环境损害责任追究实施细则(试行)》等制度成果领先全国。浙江省为全面加强党对生态环境保护的领导,加快构建以改善生态环境质量为核心的目标责任体系,严格实行"党政同责""一岗双责"和"失职追责",落实各方责任。落实党政主体责任,强化各部门生态环境保护责任,建立健全生态环境保护综合协调机制;强化督察执法机制,完善环境监管执法机制,全面推进省级环境保护督察,强化考核问责,严格责任追究,构建多方合力攻坚的生态环境保护大格局。

二、生态目标责任体系的福建特色

福建率先实现省市县三级生态司法机构全覆盖。2014 年贵州省在全国率先成立省级生态环境保护执法司法专门机构"贵州省高级人民法院生

① 谷树忠,沈和. 生态文明建设的江苏实践[M]. 北京:中国言实出版社,2018.

态环境保护审判庭""贵州省人民检察院生态环境保护检察处"和"贵州省生态环境安全保卫总队"。江西 2018 年 8 月由省司法厅牵头成立了"江西省生态文明律师服务团",审核批准了第一批三家环境损害司法鉴定机构,在服务和保障江西省生态文明建设中迈出了重要一步。浙江省还未见相关生态司法机构成立的报道。福建围绕解决污染防治能力弱、监管合力不足等问题,加快构建监管统一、多方参与的环境治理体系,在全国率先实现省市县三级生态司法机构全覆盖,建立生态环境资源保护行政执法与刑事司法"两法"衔接工作机制,创新推进修复性生态司法,高效惩处破坏生态环境资源的违法行为。

福建通过创新机制,督企更督政,给地方和部门套上环保"紧箍圈",抓住污染治理的"牛鼻子",率先在全国实行"党政同责、一岗双责"。贵州省在 2016 年出台《贵州省各级党委、政府及相关职能部门生态环境保护责任划分规定(试行)》,浙江也是在 2016 年出台《党政领导生态环境保护目标责任制》,江西省在 2017 年出台《江西省党政领导干部生态环境损害责任追究实施细则(试行)》。2010 年,福建在国内率先推行环保"一岗双责",对各级政府和 40 多个省直部门环保监督职责做出明确规定,并纳入领导干部年度政绩考核,同年,出台《福建省环境保护监督管理"一岗双责"暂行规定》。2012 年又出台《福建省生态环境保护工作职责规定》。2014 年 11 月 2 日,福建省委省政府关于印发《福建省安全生产"党政同责、一岗双责"规定》的通知(闽委发〔2014〕25 号)正式下发执行,明确了各级党委、政府及有关部门主要负责人和班子成员的安全生产责任;明确了各级党委、政府的安全生产工作职责,以及有关部门的安全生产工作基本职责等。2015 年,福建先行先试建立环保综合督查制度。每年对各设区市污染整治、减排等存在的问题进行督查,明确整改要求和时限,并上报省政府。同时,提高环保在地方官员绩效考核的比重,由原来的 2% 提升到 10%。

福建省河长制开始时间较早,而且在全省迅速铺开。早在 2009 年,福建省大田县就率先开始了实行河长制治水的探索,然后在全省铺开。中央《关于全面推行河长制的意见》发布之后,福建省委省政府以"赶前不赶后,早抓早发力"的要求,迅速行动、全力推进河长制。"小地方出大经验",福建大田县设立生态综合执法局,集中水利、国土、环保、安监、林业等多部门行政处罚权,开展全县水环境领域综合执法工作,实现了依法治河全覆盖……这些举措对全国各地深化河长制有很好的借鉴意义。2017 年,浙江省以河长制为核心建立起的治水体系和长效机制,对照中央《关于全面推行河长制的意见》中提出的加强水资源保护、水污染防治、水生态修复等六大任务,梳理总结前期治水经验,浙江河长制迈向"升级版"。

第五节　福建与国内外的生态文明制度路径比较

　　扎实推进生态文明建设,首先要在完善生态文明制度体系设计上下功夫,用制度保障生态文明建设得以扎实推进。习近平总书记指出:"从制度上来说,我们要建立健全资源生态环境管理制度,加快建立国土空间开发保护制度,强化水体、大气、土壤等污染防治制度,建立反映市场供求和资源稀缺程度、体现生态价值、代际补偿的资源有偿使用制度和生态补偿制度,健全生态环境保护责任追究制度和环境损害赔偿制度,强化制度约束作用。"以治理体系和治理能力现代化为保障的生态文明制度体系要求全国各省市积极创新和推广生态文明制度经验。

一、生态文明制度体系的国内实践

　　江西省生态文明制度体系总体建成,取得了较大的改革成果和经验。其一,用能权有偿使用和交易试点、排污权交易等市场化改革稳步推进。其二,全面实施山水林田湖草生命共同体行动计划、生态鄱阳湖流域建设行动计划,在赣州、南昌、吉安、抚州等地探索不同类型的生态系统保护修复模式,打响江西山水林田湖草综合治理样板区"名片"。

通过积极探索实践,贵州基本建立了多元参与、激励约束并重、较为系统完整的生态文明制度体系。其一,建立培育发展环境治理和生态保护市场主体、加快节能环保产业发展等政策机制,改革矿业权出让收益由收缴制变为征收制,2018年,实现排污权有偿交易1.53亿元。其二,探索建立易地扶贫搬迁"贵州模式",对迁出地进行土地复垦或生态修复。率先在全国出台生态扶贫专项政策,实施生态扶贫十大工程,推动"大生态"与"大扶贫"相互融合、相互促进。

浙江生态文明制度建设始终走在全国前列,浙江在生态文明制度方面的实践探索和机制体制创新,为中国生态文明制度建设的理论和实践提供了先进经验。其一,制定环境污染条例。1981年就颁布了《浙江省防治环境污染暂行条例》,形成了比较系统完整的浙江省环境保护体系。其二,全国最早开展区域之间的水权交易。2000年11月24日,东阳市与义乌市经过多轮谈判后最终签署了水权转让协议:义乌市出资2亿元购买东阳横锦水库每年5000万立方米水的永久性使用权。后经水利部、省政府的多方协调,解决了水权交易存在的瑕疵,保护了水权交易的实施,引发全国多地效仿,推动了各地水资源优化配置,提高了水资源利用率。其三,在全国最早实施排污权有偿使用制度。排污权制度改革集中体现在以下四方面:① 环境保护从"浓度控制"转向"总量控制";② 环境产权从"开放产权"转向"封闭产权";③ 环境容量从"无偿使用"转向"有偿使用";④ 环境产权从"不可交易"转向"可以交易"。其四,完善生态破坏限期恢复制度及环境污染限期治理制度。对生态破坏和环境污染行为做出行政裁决,限定破坏者在一定期限内完成对已破坏生态系统的恢复,污染者在一定期限内完成对污染环境的治理。考虑生态资源的保护、恢复、更新,坚持"谁开发谁保护,谁破坏谁恢复,谁使用谁付费"的原则制定资源价值补偿制度,保证生态资源环境的永续利用。[①]

江苏省坚持将制度创新作为生态文明建设的重要保障,以全国生态环境保护制度综合改革试点为契机,着力深化制度改革,出台《江苏省生态文明体制改革实施方案》。其一,持续开展水土保持、矿山治理等生态修复工作,截至 2018 年,累计综合治理水土流失面积 8930 平方千米,治理复矿山500 余个,总面积约 3400 公顷。制订生物多样性保护战略与行动计划,盐城湿地珍禽、大丰麋鹿和泗洪洪泽湖湿地三大国家级自然保护区建设取得显著成效,全省自然保护区增加到 31 个。其二,制定《江苏省水环境区域补偿办法》,出台实施细则,在太湖流域试行水生态功能分区管理。截至 2018年,将补偿范围扩大到 66 个断面,覆盖全省,按照"谁达标、谁受益,谁超标、谁补偿"的原则,优化区域水环境资源试行上下游"双向补偿"政策。其三,推进排污收费制度,将企业排污费征收标准提高 3 倍,实行差别化收费政策,全面实施扬尘排污收费,推进大气排污权交易,运用经济杠杆倒逼企业自觉守法、主动治污。出台排污许可证发放管理办法,深化排污权有偿使用和交易制度,在太湖流域率先试行"刷卡"排污,将大气排污权交易由电力向钢铁、水泥等重点行业拓展。

二、生态文明制度体系的国外经验

泰晤士河治理运用系统工程学的理论与方法,制定科学的水质标准,并对各种治理方案做出评价,筛选出最优方案。1850—1949 年英国政府开始第一次泰晤士河治理。泰晤士河治理采取的主要措施包括:成立治理专门委员会和泰晤士河水务局(公司),对泰晤士河流域进行统一规划与管理,提

---

① 沈满洪,谢慧明. 生态文明建设:浙江的探索与实践[M]. 北京:中国社会科学出版社,2018.

出水污染控制政策法令、标准,有充分的治理资金保障。泰晤士河 100 多年的治理费用高达 300 多亿英镑。在近 10 年就投资 65 亿美元用于供水和污水处理。泰晤士河的治理高度重视科学技术的作用。尤其是泰晤士河的第二次治理,是在有关科学研究的指导下进行的。科学研究帮助水务局制定合理的、符合生态原理的治理目标,根据水环境容量分配排放指标,及时跟踪监测水质变化。

日本政府从 1972—1997 年实施了琵琶湖综合开发计划和水质保护规划。共投资 1.52 万亿日元(约 1000 亿人民币),用于水质保护、洪水控制和水利用工程等。主要措施有:① 加强城市污水处理厂建设,处理有机污染物,脱氮和脱磷;② 加强农村生活污水处理厂的建设,要求 1000 人以上的农村都要建设污水处理厂;③ 没有污水处理厂的地区,每个家庭都要安装污水处理设备;④ 工商企业要限期实现达标排放;⑤ 开展用肥皂代替合成洗涤剂的公民运动;⑥ 削减入湖污染负荷。

1988 年以来,加拿大政府开展了圣劳伦斯河流域综合治理工程,主要措施有:为协调管理流域治理项目,加拿大环境部专门成立了圣劳伦斯河管理中心,主要从事技术咨询、生态环境监测和信息交流等工作;建立了由环境部牵头负责,多部门齐抓共管的管理体系;积极鼓励社区群众参与治理流域水污染的积极性。

1950 年 7 月 11 日,瑞士、法国、卢森堡、联邦德国和荷兰在巴塞尔成立了"莱茵河防治污染国际委员会"(ICPR)。ICPR 的主要任务有 4 项:① 根据预定的目标准备国际间的对策计划和组织莱茵河生态系统研究,对每个对策或计划提出建议,协调各签约方的预警计划,评估各签约方的行动效果等;② 根据规定做出决策;③ 每年向各签约方提出年度报告;④ 向公众通报莱茵河的水质状况和治理成果。[1]

澳大利亚环境污染治理由政府一元主导,早期建立环境保护部门时,就

[1] 郭焕庭. 国外流域水污染治理经验及对我们的启示[J]. 环境保护,2001(8):39—40.

在其"三级政府机构"均配置了专业化程度极高的环保职能部门。各级政府将环保基本职能进行合理明确分工,将管理体系从中央层层覆盖到基层,保障政策的顺利实施和信息的流畅传达。澳大利亚政府根据该国的社会模式以及公共管理体系,建立起了以政府为主导,营利性组织、非营利性组织或非政府组织、社会公众等多元主体参与的环境保护与治理模式,积极发挥了包括政府机构在内的各类组织和社会成员在生态保护和建设中各自有限责任主体的作用,并在机构设置、人力资源和资本投入上为这种以政府为主导的生态环境保护与治理模式提供了物质保障和坚实基础。

国外控制环境污染的政策手段不外四种,即规章管理、财政补贴、排污收费和可销售许可证制度:其一,规章管理的具体做法是详细规定每个企业产量削减的百分比,削减的比例要足够实现环境质量标准,或是规定企业必须采用的技术,以达到环保法规的要求。西方学者称这个使用强制性法规的方法是"命令和控制"。其二,财政补贴是从企业的基准点产量算起,对减少的产量给予补贴,一次付清总额。反对补贴者认为,从短期看,补贴固然可使企业愿意削减产量以减少污染,但从长期看,削减产量会使成本上升、资源使用的效率下降,产量减少又引起价格上升,当价格上升到企业增产和接受补贴同样有利时,企业便可能宁愿增产而放弃补贴,甚至造成产量过多和污染增加。补贴对污染缺少惩罚,不是好的办法。其三,排污收费(或收税)是对污染者排放的每一单位污染物按固定价格收费,该措施刺激企业减少污染排放数量。其四,可销售许可证制度的施行包含几个步骤:① 规定环境的质量指标;② 确定污染物排放总量,然后发放许可证给各个企业,每一个许可证允许企业排放一定量的污染物;③ 企业之间允许买卖这些许可证。如果买卖许可证的市场是完全竞争性的,各企业在竞争中努力使生产成本最小化,那么实现社会环境标准的总成本也会实现最小化。[①]

---

① 刘泽曾. 国外整治环境手段的经验与教训[J]. 经济学动态,1989(10):49—54.

三、生态文明制度体系的福建特色

福建是率先在流域实施山水林田湖草生命共同体生态保护系统修复的省份。1997年4月10日,时任福建省委副书记的习近平同志,在福建三明将乐县常口村调研时提出,"青山绿水是无价之宝,山区要画好山水画,做好山水田文章",确立了常口作为"山水林田湖草生命共同体"的发源地。2018年,为规范和加强闽江流域山水林田湖草生态保护修复试点工程项目管理,根据《福建省闽江流域山水林田湖草生态保护修复试点实施方案》以及省政府相关会议精神,制定《闽江流域山水林田湖草生态保护修复试点项目管理暂行办法》,主要从水环境治理与生态修复、生物多样性保护、水土流失治理及农地生态功能提升、废弃矿山生态修复和地质灾害防治、机制创新与能力建设"五大重点工程"等方面进行了系统探索,在山水林田湖草生态保护系统修复方面走在全国的前面。

福建是我国水土流失治理的典型样板,从领导组织、资金筹措、群众参与、科学治理、市场化运作等多方面都具有借鉴意义。福建、江西、浙江都属于南方山地丘陵,该地区温暖多雨,有利于植被生长,但降雨量大,多暴雨,地表径流量大,加之高温炎热,风化作用强烈,植被遭到破坏的地方土壤侵蚀严重。如福建长汀,曾是我国南方红壤地区水土流失最严重的区域之一。习近平在福建工作期间,曾五次到长汀调研、两次作出批示,推动长汀水土流失治理工作向纵深发展,使长汀县从昔日的"火焰山"蜕变为今天的"花果山"。福建长汀水土流失治理成为全国知名样板,这是其他省份所难以比拟的。其他省份在治理水土流失方面,也都表现出发动群众、重视科技支撑、运用市场机制等特征,但他们的治理尚未形成品牌效应。因此,福建水土流失治理的路径与众不同的地方更多的是体现在"中央关注""品牌效应""不断升级"和"长久示范"上。

　　福建省在环境生态第三方治理的市场化立法方面走得最早。江西省2018年4月出台了《江西省推进环境污染第三方治理工作实施细则》;贵州省2016年7月颁布施行《贵州省环境污染第三方治理实施办法(暂行)》;浙江还没有专门的环境污染第三方治理法规,但浙江在2016年8月编撰《浙江省环境污染第三方治理实例选编》,供有关单位和企业参考;福建省在2015年12月发布了《关于推进环境污染第三方治理的实施意见》。

　　福建省是全国最早开展生活垃圾处理产业化的省份之一。厦门是我国最早进行垃圾分类的城市之一,在垃圾分类处理的各个环节上,尤其是在垃圾分类管理办法及系列配套制度制定、信息化管理平台建设、引导公众参与垃圾分类和监督治理等方面走在全国前列。厦门市在2017年9月颁布了《厦门经济特区生活垃圾分类管理办法》,该办法也是全国第一部全端的垃圾分类人大立法,同时还出台20项生活垃圾分类配套制度。引入社会团体监督,将生活垃圾分类列入文明督导范围,充分发挥广大文明督导员作用,全市居民可通过举报方式监督违法行为,鼓励市民积极参与。厦门建立了福建首个餐厨垃圾信息化管理平台(苏州福泰),实现餐厨垃圾产、收、运、处全流程信息化监管。

第六节　福建与国内外的生态安全路径比较

以生态系统良性循环和环境风险有效防控为重点的生态安全体系是国家安全体系的重要基石。习近平总书记指出,要加快建立健全"以生态系统良性循环和环境风险有效防控为重点的生态安全体系。"首先就是要维护生态系统的原真性、完整性、稳定性和功能性,确保生态系统的良性循环;其次要处理好涉及生态环境的重大问题,包括妥善处理好国内发展面临的资源环境瓶颈、生态承载力不足的问题,以及突发环境事件问题,这是维护生态安全的重要着力点,是最具有现实性和紧迫性的问题。

一、生态安全体系的国内实践

江西省通过组建自然资源与生态环境部门,理顺国土空间管控、城乡污染治理等职责,全面推开赣江流域环境监管体制改革,省以下环保机构垂直管理改革基本到位。其一,健全生态安全保障制度,2018年,江西已完成自然生态空间用途管制试点,初步划定生态保护红线4.6万平方千米,占国土面积为28.06%,省级以上重点生态功能区全部实行产业准入负面清单。其二,实施生态环境司法制度。随着环境资源审判、生态检察、生态综合执法模式在全省推开,2018 年两起恢复性司法案件入选全国环资审判十大典型案例,检察机关立案环境公益诉讼案件 1012 件,健全了生态环境监管制度。三是加大流域环境治理。围绕群众关心关切、反映强烈的环境问题,江西全面实施了长江经济带"共抓大保护"攻坚行动,开展"五河两岸一湖一江"全流域治理。

贵州省在生态安全体系建设中做了大量探索。其一,率先开展生态保护红线划定,完善主体功能区布局,开展生态保护红线勘界定标和环境功能区划工作,加强自然生态空间用途管制。其二,加大环境综合治理。实施六盘水市水城河环境污染源等十大污染源治理和磷化工、火电等十大行业治污减排全面达标排放专项行动,启动实施磷化工企业"以渣定产",实施草海综合治理五大工程。其三,整村整寨推进农村人居环境综合治理。其四,建立生态文明大数据,实现环境大数据监控全覆盖,并搭建与生态文明建设相适应的地方生态环境法规体系和环境资源司法保护制度。

江苏省按照人口资源环境相均衡、经济社会生态效益相统一的原则,在全国第一个划定生态红线,控制开发强度,调整空间结构,促进生产空间集约高效、生活空间宜居适度、生态空间山清水秀。其一,出台《江苏省主体功能区规划》,以国家主体功能区为依据,按开发方式,分为优化开发、重点开发、限制开发和禁止开发四类区域;按开发内容,分为城镇化地区、农产品主产区和重点生态功能区。其二,江苏认真贯彻"构建科学合理的城市化格局、农业发展格高、生态安全格局、自然岸线格局"的部署要求,2013 年印发《江苏省生态红线区域保护规划》,在全国率先划定 15 大类 779 块生态红线区域,其面积占全省总面积的 22.3%。2015 年,率先提出了调整、划定"三道红线"即生态红线、永久基本农田保护红线和城市开发边界红线。其三,强化生态红线区域保护。按照"红线面积不减少、生态功能不降低"的原则,配套制定了生态补偿转移支付暂行办法和监督管理考核细则。其四,建立党政同责的网格化环境监管体系,省委省政府出台《关于建立网格化环境监管体系的指导意见》,全省划分了超过1500个网格,初步建立了8000多人的巡查队伍。其五,建立环保行政执法与刑事司法衔接机制,针对影响区域环境质量和群众健康的突出环境问题,持续加大整治力度。其六,健全环境应急预案管理体系,实施重大风险企业环境安全达标工程,已建成3个省级环境应急物资储备基地,制定实施化工园区环境保护规范,对沿海化工园区开展环保专项整治。①

浙江省优化国土空间开发,全面促进资源节约,加大生态环境保护力度,不断美化优化城乡人居环境,让人们望得见青山、看得见绿水、记得住乡愁。其一,加强水环境治理。自2014年起,浙江开始在全省推行治污水、防洪水、排涝水、保供水、抓节水"五水共治"。其二,加大美丽乡村建设。在实施"千村示范、万村整治"工程和美丽乡村建设中,浙江坚持从实际出发,处理好发展与保护的关系,因地制宜编制规划,科学把握各类规划的定位和深度,努力做到总体规划明方向、专项规划相协调、重点规划有深度、建设规划能落地,初步形成了以美丽乡村建设总体规划为龙头,系列专项规划相互衔接的规划体系。其三,探索建立空间准入、总量准入、项目准入"三位一体",专家评价、公众评议"两评结合"的新型环境准入制度,从源头上控制环境污染和生态破坏。其四,率先实施生态保护补偿机制,开展跨行政区域河流交接断面水质保护管理考核,实行生态环保财力转移支付制度,建立与污染物排放总量挂钩的财政收费制度、与出境水质和森林覆盖率挂钩的财政奖惩制度。其五,浙江各级司法行政机关深化环保、土管、水务、公安联动执法机制,切实加大涉嫌水环境和土地资源违法犯罪的打击力度。其六,探索生态环境价值核算。湖州市借鉴国际SEEA核算体系相关经验,结合中国国民经济核算体系,利用环境成本核算对自然资源资产不合理利用的环境负债进行核算,在全国率先实现自然资源资产负债表成果运用。湖州全市及各县区2011—2015年的自然资源资产实物量表已初步完成。作为浙江唯一

① 谷树忠,沈和. 生态文明建设的江苏实践[M]. 北京:中国言实出版社,2018.

入选全国5个编制自然资源资产负债表的试点地区,湖州每条河的水质水量变化、每块地的等级类型变更、每片林的面积密度变动,都会清晰记录在一张表上。

二、生态安全体系的国外经验

世界各国关于国土空间规划的定义及研究存在较大的差异,具体的不同之处主要表现在规划体系、规划的主要内容及侧重点、规划实施配套政策等方面。日本实行的是多规并行的空间规划体系,德国实行的是单一体系的空间规划体系。通过对国外空间规划经验的借鉴,我国空间规划体系建构要求坚持市场经济的改革导向,从政府主导支配走向社会多主体协作,在生态文明建设成为根本大计的背景下,单一制国家更应保持必要的管理能力和行政效率,发挥中央对国土空间开发保护的统一管控。

国外的专家和学者对编制自然资源资产负债表的研究始于20世纪70年代。环境和经济核算体系(SEEA)首次出现于《综合环境与经济核算手册》,该手册是由世界银行和联合国统计司、联合国环境署联合出版的,重点讨论了怎样在国民经济核算体系里考虑环境要素的影响,并将其反映在体系里。欧洲绿色国民经济核算系统(SERIEE)是1994年欧盟统计局出版并发行的,该系统主要是通过依托经济统计及环境统计理论组建五组账户:环境保护支出账户、自然资源使用和管理账户、环境产业链录入账户、特征性内容投入收益核算账户和物质流动账户。主要计算环境保护的相关支出,不涉及各种污染对生态和经济活动造成的损失成本。荷兰统计局提出了自然资源的相关概念和方法,并于1991年在全球范围内最早以包含环境账户的国民核算矩阵(NAMEA理论)为基础编制了大气排放物账户,为全世界进行大气排放物账户的编制奠定了坚实的理论和实践基础。美国经济分析局(BEA)试图在SEEA的架构基础上,结合本国具体的自然资源种类和存在情况,编制出经济和环境卫星账户(IEESA)。1992 年,经济和环境卫星账户开始进行总体设计,经过两年的探索研究发展,终于在 1994 年产生了框架设想和初步阶段的核算结果,并在 1999 年首次获得总体肯定。IEESA 主要包含生产账户和资产账户,并且在实践中以能源资源和矿产资源来进行核算计量,以作初步探索。[1]

目前世界上通过生态补偿,并在环境保护方面取得较为成功效果的国家主要是发达国家。在农业方面,美国制定的农业环境政策,包括《保护调整法案》和《农业保护计划》,都明确规定了由国家财政对采取了休耕或实施有助于环境保护耕作的农民给予补偿,注重农业环境保护相关内容,实行长期休耕的土地政策。在欧盟国家,主要是通过他们达成共识的共同农业政策来实现,在对农业环境的生态补偿方面,更加重视对农村的自然景观、文化遗产等进行补偿,并且对有助于环境保护的、低强度农业生产的农民补偿。在水环境方面,德国各地区政府之间进行的流域生态补偿模式开展较早,主要采用横向转移支付的补偿方式。[2]

国外生态司法的实践开展较早。美国是普通法系国家,环境法律体系的特点是比较重视程序立法,特别强调公民的参与程序法用来保障民众参与环境决策的权利。日本很早就制定了全世界来看都较为成熟的《民法典》,日本的环境基本法借鉴和吸收了《民法典》的许多制度。法国的《环境法典》,其主要内容源自民法的相关规定,如物权法中的所有权、相邻权、地役权、物上请求权等,这些都可以用来保护自然环境和动植物,其中自然环境包括水体和水域、空气与大气层等。[3]

① 赵宁宁. 自然资源资产负债表编制理论和方法研究[D]. 长江大学,2018.
② 张岩. 我国生态补偿的法律规制[D]. 中国社会科学院研究生院,2015.
③ 贺向泽. 生态文明建设中的法律体系研究[D]. 山西财经大学,2014.

三、生态安全体系的福建特色

武夷山国家公园构建了"管理局—管理站"两级管理体系,并成立武夷山国家公园森林公安分局,统一履行园区内资源环境综合执法职责。通过打造"纵向贯通、横向融合"的管理体制和运行机制,从根本上解决了政出多门、职能交叉、职责分割的弊端。为有效化解自然资源保护与村民发展经济的矛盾,实现村民共享旅游发展成果,推动试点区生态保护和旅游和谐发展,武夷山国家公园率先颁布施行《武夷山国家公园条例(试行)》,设立武夷山国家公园执法支队、福建省森林公安局国家公园分局两个执法机构,增设"国家公园监管"执法类别,明确国家公园管理局及执法人员统一履行国家公园内各类保护地的保护、管理和国家公园范围内资源环境综合执法职责的主体资格,明确武夷山国家公园权责事项123项。出台《武夷山国家公园资源环境管理相对集中处罚权工作方案》,将县级以上地方政府有关部门行使的世界文化和自然遗产、森林资源、野生动植物、森林公园等四方面14部法律法规涉及的81项资源环境保护管理的行政处罚权,集中交由国家公园管理局行使。对乡村规划区内"两违"、茶山整治实行公园管理局和地方有关部门联动执法。同时,建立省级公检法司办案协作机制,设立南平市驻国家公园检察官办公室,推进资源环境公益诉讼及刑事案件快立、快侦、快诉、快审,有效遏制各类破坏生态环境现象发生。

福建连江建立自然资源资产管理平台,根据连江县自然资源特征,确立了"5+9+2"的自然资源资产评估技术体系,形成了从数据获取到模型评估的全过程方法指引。全面展示自然资源的存量及其变化信息,为评估自然资源资产、开展自然资源审计和生态产品市场化提供了技术支持。

福建省生态司法制度密切关注生态环境审判中出现的新情况新问题,在延伸审判职能的实践探索上下功夫,构建适应生态文明建设和改革需要的生态环境审判新机制,如创新修复性司法机制、创新灵活多样的巡回审判模式、创新多元共建共治共享环境治理格局。福建省将"补植复绿"生态修复范围拓展到盗伐滥伐林木、非法采矿、环境污染等案件范围,坚持打击;保护、修复补偿、源头治理并重,并将生态检察拓展到刑事检察、民事检察、行政检察、公益诉讼检察等各个检察环节,形成了"专业化法律监督+恢复性司法实践+社会化综合治理"的"三位一体"福建生态检察模式。这一模式如今成为守护福建生态的最有力武器,目前已在全国推广。

福建省综合性生态补偿实践在全国处于领先水平。福建是我国率先探索流域生态补偿的省份,最早推行全流域生态补偿和重点区域生态补偿,并先行先试综合性生态补偿办法。2018 年 3 月 27 日,福建省人民政府办公厅印发了《福建省综合性生态保护补偿试行方案》,从 2018 年起,以县为单位开展综合性生态保护补偿,统筹整合不同类型、不同领域的生态保护资金,探索建立综合性生态保护补偿办法。这是福建省生态补偿机制多元化、生态补偿资金制度化、生态补偿范围全面化的一项重大举措。江西省、贵州省和浙江省均还没有综合性生态补偿的相关报道。

第八章 深入创建美丽中国福建示范区

福建作为习近平生态文明思想的孕育地和重要实践地,承载着推动全国生态文明建设、美丽中国建设的使命担当。党的十九大报告鲜明地提出了加快生态文明体制改革、建设美丽中国的重大战略部署。因此创建美丽中国福建示范区是福建省贯彻落实习近平生态文明思想、践行绿色发展理念的政治要求,是提升生态省整体水平的重要举措。习近平总书记在福建工作十七年半时间里,始终高度重视生态文明建设的探索与实践,提出了"青山绿水是无价之宝"等一系列关于生态文明建设的重要论述,特别是在2000年极具前瞻性地提出了建设生态省的战略部署。二十年来,福建坚定不移地践行习近平总书记当年擘画的生态福建蓝图,久久为功、接续奋斗,交出了一份发展高素质、生活高品质、生态高颜值的良好答卷。站在新时期建设美丽中国的新起点,福建已进入实施国家生态文明试验区建设新的发展阶段,为此,福建必须继续走好"机制活、产业优、百姓富、生态美"的绿色发展之路,深入创建美丽中国福建示范区,并以此作为福建贯彻落实习近平生态文明思想的新抓手、推进建设美丽中国的新任务、全方位推进高质量发展超越的新举措,整体提升治理体系与治理能力现代化水平,为全国提供美丽中国样板示范,努力在走好生产发展、生活富裕、生态良好的文明发展道路上发挥引领作用。

第一节 创建美丽中国福建示范区的重要性 与紧迫性

习近平生态文明思想是生态价值观、认识论、实践论和方法论的总集成,闪耀着马克思主义真理光芒,是推动国家生态文明试验区建设的根本遵循,而美丽中国建设是习近平生态文明思想的集中体现。福建是习近平生态文明思想的重要孕育地和创新实践地,从 2000 年提出生态省战略开始,福建就在习近平总书记的指引下开始了全省范围内、涵盖经济、社会、生态综合性的生态文明建设,从生态省战略到建设"机制活、产业优、百姓富、生态美"的新福建目标,是习近平生态文明思想在福建的生动实践,也是在习总书记带领下福建进行生态文明建设的艰辛探索过程。这个过程既是习近平生态文明思想丰富与完善的过程,也是美丽中国福建路径探索与实践的过程。因此,创建美丽中国研究示范区,对建设美丽中国的福建路径加以研究总结显得极其重要和迫切。

一、有利于传承和弘扬习近平生态文明思想

习近平总书记在福建工作期间,从厦门到宁德、福州再到全省,始终高度重视推进生态文明建设。2000 年担任福建省省长时,亲自领导编制了

《福建生态省建设总体规划纲要》,为福建擘画 20 年生态文明建设蓝图。到党中央工作后,亲自推动福建设立全国首个国家生态文明试验区,殷切期望福建能够在生态文明建设方面走在前列、起到示范引领作用。2018 年,习近平总书记在全国生态环境保护大会上,提出了"2035 年基本实现美丽中国、本世纪中叶建成美丽中国"的战略目标。站在新时代建设美丽中国的新起点,福建作为习近平生态文明思想的孕育地和主要实践地,肩负着研究、总结、提炼、传承和弘扬习近平生态文明思想的重大历史使命,更应紧紧围绕创建美丽中国的战略目标任务,加快探索、努力实践、勇于创新,把福建打造成为美丽中国的示范区。

二、有利于展示福建生态优势和生态文明建设的重大成果

习近平总书记曾指出,生态资源是福建最宝贵的资源,生态优势是福建最具竞争力的优势。随着生态文明建设的推进,福建初步形成了经济社会发展和生态文明建设相互促进的良好局面,生态高颜值日益展示出独特的比较优势。2016 年,党中央批准《国家生态文明实验区(福建)实施方案》以来,福建还先后组织实施了 38 项重点改革实验任务,创造了南方红壤区水土流失治理、集体林权制度改革、生态司法等诸多生态管理经验,其中 22 项改革经验向全国推广,成为习近平生态文明思想省域实践的先行典范。目前,福建森林覆盖率保持全国首位,节能降耗水平位居全国前列,水体、大气、生态质量保持全优,生态展现更高颜值,"清新福建"形象深入人心。当前,福建进入了实施国家生态文明试验区建设新发展阶段,创建美丽中国福建示范区,既有利于发挥福建的生态比较优势,展示福建多年来生态省建设的显著成果,也有利于凸显福建在"美丽中国"建设战略中的地位作用。

三、更好地为"美丽中国"建设做出福建贡献

党的十八大首次提出"美丽中国"建设目标以来,很多省(市、区)都紧盯

这一重大目标任务,加快推进生态文明建设和绿色发展。2016 年 4 月,浙江省人民政府与环境保护部达成协议,合力开展省部共建美丽中国示范区。2020 年浙江省提出到 2025 年基本建成"美丽中国先行示范区"。江苏省也大力推进"美丽江苏"建设,并提出到 2025 年成为"美丽中国建设的示范省份",到 2035 年全面建成"美丽中国江苏典范"。2016 年江西省提出打造美丽中国"江西样板"。福建作为首个提出建设生态省的省份和首个国家生态文明试验区,生态资源和生态文明建设具有独特的优势,更要紧紧围绕"美丽中国"建设目标任务,加快行动、主动作为,确保各项举措落到实处落到位,体现实实在在的成效,成为"美丽中国"建设的重要参与者、贡献者和引领者,在建设"美丽中国"进程中起到示范引领,不辜负习近平总书记对福建生态文明建设工作的嘱托与厚望。

四、符合共谋全球生态文明的长远战略

生态文明建设是中国共产党治国理政的战略追求。习近平总书记在党的十九大报告中指出,中国"引导应对气候变化国际合作,成为全球生态文明建设的重要参与者、贡献者、引领者"。① 并且多次强调"人类只有一个地球",② "地球是全人类赖以生存的唯一家园",③ "地球是人类的共同家园,也是人类到目前为止唯一的家园。"④ 福建生态省建设把国家战略目标与省域发展相结合,正确理解生态文明、"美丽中国"建设的内涵,全面强化生态优势和绿色发展优势,实现经济效益、社会效益、生态效益相统一,是共产党治国理政的范式,演绎了共产党执政规律、社会主义建设规律和人类社会发

① 习近平.决胜全面建成小康社会,夺取新时代中国特色社会主义伟大胜利——在中国共产党第十九次全国代表大会上的报告[R],北京：人民出版社.2017：6.
② 习近平向第七届库布其国际沙漠论坛致贺信[EB/OL].(2019-07-27)[2021-03-08].http：//www.xinhuanet.com/politics/2019/07/27/c_1124805597.htm
③ 习近平在 2019 年中国北京世界园艺博览会开幕式上的讲话[EB/OL].(2019-04-28)[2021-03-08]. http:// www.xinhuanet.com/politics/leaders/2019-04/28/c_1124429816.htm
④ 习近平.携手建设更加美好的世界[M].北京：人民出版社,2017：6.

展规律。"共谋全球、经略世界"是习近平总书记作为伟大思想家、政治家、战略家的远见卓识和伟大抱负。生态文明势必成为人类发展的共同战略，"美丽中国"将为全球生态文明建设提供范式，为全球生态安全做出贡献。尊重自然、顺应自然、保护自然，人与自然和谐共生，将是中国推动构建人类命运共同体、形成人类文明共同体的重要理念和实现路径。"美丽中国"福建示范区的建设因集中体现习近平生态文明思想，也是全国乃至世界生态文明建设的经验概括，为"美丽中国"建设提供范式，而具有全球人类生态文明建设的引领作用和战略意义。

第二节 创建美丽中国福建示范区的主要目标

创建美丽中国福建示范区,应立足当前、着眼长远,处理好近期、中期和远期的关系,确立科学合理的阶段性奋斗目标,稳稳地做、实实地干,进一步增优势、补短板、强弱项,奋力争取更大的成绩。

一、近期目标:初步形成人与自然和谐发展的新格局

立足"人与自然是生命共同体"的理念,坚持"人与自然和谐共生"新时代中国特色社会主义思想基本方略。至 2025 年,积极全面推广二十多年生态省建设和国家生态文明试验区建设成果与经验,紧紧围绕建设"机制活、产业优、百姓富、生态美"的新福建,全面落实美丽中国建设的各项任务。按照创新、协调、绿色、开放、共享五大发展理念,夯实数据基础、改革生态环境质量类指标的统计核算监测制度,建立信息共享平台,完善生态文明统筹协调机制,构建具有示范推广意义的美丽中国评估指标体系,引导美丽中国建设转化为福建人民自觉行动,形成节约资源和保护环境的空间格局、绿色发展方式和生活方式,福建示范区建设上升为国家战略,为全国提供美丽中国建设示范样板。优化生态环境和产业结构,宜居宜业新福建全面高质量发

展,人与自然和谐发展现代化建设新格局初步形成。

二、中期目标：基本形成人与自然和谐发展的新局面

至 2035 年,生态环境保护与经济发展关系优良,美丽治理体系成熟,生态环境整体保护、系统修复、综合治理全面到位,山水林田湖草生命共同体成效显著。生态产业化成为人民幸福生活的增长点,产业生态化成为经济社会持续健康发展的支撑点。生态文明建设制度供给与配套完善健全,人与自然和谐发展现代化新格局基本形成,基本实现社会主义现代化,广泛形成绿色生产生活方式,碳排放达峰后稳中有降,生态环境根本好转,美丽中国建设目标基本实现。

三、远期目标：全面形成人与自然和谐发展的新景象

至 21 世纪中叶,筑牢生态文明基础,绿色发展道路成熟,生态文明建设全方位、全地域、全过程推进,绿水青山就是金山银山蓝图全面实现,绿色生产生活方式和美丽家园面貌充分展示,生产发展、生活富裕、生态良好局面以及人与自然和谐发展现代化格局全面形成,建成富强民主文明和谐美丽的社会主义现代化强国。

第三节　创建美丽中国福建示范区的措施

美丽中国福建示范区应坚持以习近平生态文明思想为指导，着力诠释新福建"机制活、产业优、百姓富、生态美"的内涵，为美丽中国建设提供福建样板与示范。

一、全力打造美丽中国研究新高地

全力打造习近平生态文明思想和美丽中国战略研究的新高地，形成新福建生态文明建设理论制高点。开展习近平生态文明思想在福建孕育、探索和实践等系列思想研究，建立环境伦理、绿色发展、生态经济、生态产品价值、城乡生态建设等福建实践优势的生态文明理论体系，形成"生态福建—美丽中国—生态文明"的理论研究脉络，增强福建的理论贡献。着力开展生态福建与美丽中国的比较研究，结合新时代新实践新方位，建立美丽中国福建示范区建设的可获得、可考核、可落地差异化的指标评估体系，构建美丽中国路径实践体系，提供美丽中国建设的实践范式，为落实美丽中国战略发挥引领示范作用。充分发挥福建省生态文明智库联盟的作用，全方面推进美丽中国理论和实践的研究，尤其要发挥各大高校科学研究的优势，鼓励支持成立美丽中国相关的研究中心开展美丽中国研究,成为我国美丽中国研究的制高点。

二、全力落实全链条生态保护新机制

习近平总书记强调:"用最严格制度最严密法治保护生态环境,加快制度创新,强化制度执行,让制度成为刚性的约束和不可触碰的高压线。"所以创新全链条生态保护体制机制,才能保障生态治理效能提升。以推进生态领域治理体系和治理能力现代化为目标,完善风险预警、审批、监管、执法等全链条环境管控体系,健全生态环境损害赔偿、责任终身追究、区域协同联动的目标责任体系,以及网格差异化、精准防控监管环境风险的生态安全体系。加强环境评价与管理改革系统集成,全面加强环境监管执法、完善生态环境保护督察制度,健全生态司法制度,完善生态产品价格形成机制,进一步深化生态保护补偿机制,优化生态环境管理机制,完善陆海统筹的海洋生态环境保护修复机制。引进国内外资金开发省内气候项目,建立符合生态文明要求的经济社会发展目标、考核办法,强化各级领导干部树牢生态文明政绩观,完善领导干部考核评价机制、责任追究机制,细化容错纠错机制、奖惩机制,完善生态环境保护法律制度。

三、突出自然保护地体系建设

构建科学合理的自然保护地体系,明确自然保护地的功能定位,将生态功能重要、生态环境敏感脆弱以及其他有必要严格保护的各类自然保护地纳入生态保护红线管控范围。强化城乡生态环境并举联治。以统筹山水林田湖草系统治理为重点,加大政策、资金等支撑保障力度,实行城市生态和乡村生态环境并举联治,统筹乡村振兴与美丽乡村建设,建设绿色低碳示范园区。抓好武夷山国家公园试点,改革自然遗产资源管理体制,创新自然遗产资源管理模式。应用5G技术建设生态云平台,采取智慧手段提升环境治理现代化水平和治理效能。加强白色污染和城乡生活环境治理,强化污染物协同控制和区域协同治理,完善环境保护、节能减排约束性指标管理。建立符合实际的生态环境保护指标体系,即依据区域环境生态系统的阈值控制产生环境风险的关键点,以此采取在可控能力范围内的实践措施。在生态指标控制过程中,不仅要按照观测值对整个区域建立可操作的、可评价的、统一的指标核算体系,还要针对局部的特殊情形,有针对性地扩大相应指标的权重,或者增加某些特殊评价指标。

四、推动形成高质量发展新模式

习总书记特别强调"福建等生态文明试验区要突出改革创新,聚焦重点难点问题,在体制机制创新上下功夫,为其他地区探索改革的路子",在全国率先走出一条生产发展、生活富裕、生态良好的文明发展道路。所以,需优化绿色发展模式与路径,推进绿色产业强省建设。围绕"机制活、产业优、百姓富、生态美"核心内涵,推动绿色低碳发展,转变经济发展方式,树立生态发展意识,加快清洁环保、低碳节能产品的研发进程。着力绿色社区、绿色校园、绿盈乡村的建设,践行绿色生产生活方式,引导绿色消费。加快绿色技术创新,打造自主创新新高地,创新企业生产模式,培育高质量发展的第一动力,促进产业现代化、绿色化、数字化、网络化和智能化。发展壮大提升电子信息、机械装备、石油化工、纺织鞋服、现代农业、现代服务业以及高端装备、新能源、新材料等产业。持续推动绿色交易市场化体制机制改革创新,进一步完善碳排放权、水权交易和排污权等绿色市场体系,促进规范有序交易,提高交易价格标准,倒逼高耗能高污染企业和项目节能减排、绿色转型。促进一二三产业联动融合发展。启动高质量绿色发展试点,大力发展数字经济、绿色节能产业、循环生态农业、文化创意和旅游康养产业,改造升级钢铁等传统产业,培育壮大新兴产业,延长产业链,推动多业态融合发展。构建健全绿色产业体系、绿色创新体系、绿色消费体系、绿色基础设施

291

体系、绿色能源体系、绿色金融体系、绿色交易市场体系、绿色发展保障体系等绿色低碳循环发展的新经济体系。

五、着力打造科技创新驱动新高地

打造科技创新高质量发展新高地,建设新时代智能社会。以产业生态化为导向,以环境美丽和资源保护为核心,以"数字福建"为重点,打造和壮大一批新时代一流科技创新重大实验室、平台和科创型企业,着力发展大数据、云计算、区块链、物联网、人工智能和量子科技,引领未来战略性技术、战略性产业和区域特色重点产业,拓展科技创新产业链。创建国家新一代人工智能创新发展试验区,建设新一代人工智能创新中心和开放创新平台,在智能教育、智能金融、智能交通运输、智能农业、智能工业、智能服务、智能医疗等方面,构建以智能技术为主体的智能城市和智能乡村国家标杆。发挥科技创新对经济社会和文化生态的积极影响,增强智能社会的科技异化等各种风险的防控能力。

六、加快推动大健康产业高质量发展

加快发展大健康产业,坚持产业联动,着力构建以健康医疗、健康养老、健康旅游、健康医药、健康食品和健康运动的大健康产业。深化三明医改模式,依托福建生态环境禀赋,大力发展森林康养、生态康养等产业,打造世界健康旅游目的地。以"清新福建"为形象,"福寿文化"为内涵,打造医、养、游、食、体等全要素的健康旅游产业链,建设面向世界的宜居康养旅游胜地。推进医药医疗、休闲保健、体育运动等领域的创新实验,加快发展生物技术、生命科学、卫生防疫等健康产业支撑领域,促进体育、康养、文旅、养老、保健等产业的有效供给,构建健康产业的服务与管理保障机制。集聚健康产业跨界融合,加快关键技术和创新产品研发应用,提高健康产业科技竞争力、健康产业集聚效应和辐射能力。建立适应健康产业新技术、新产品、新业态、新模式发展的监管制度,建设集养老、医疗、老年用品、保健食品、健康职业教育与培训等功能于一体的康养产业园区,培育发展健康管理产业。

七、推动生态文明与蓝色经济协调发展

大力推动蓝色经济快速发展,坚持海洋生态保护与海洋经济建设并重、污染防治和生态修复并举,走海洋生态文明和海洋经济和谐发展的路子。紧守海洋生态"红线",倡导海洋生态文明,保护海洋生态环境,推动人与海洋、人与人、人与社会的和谐共生,加快建设生产、生活、生态"三生融合"。构建节约集约的"绿色"海岸带和海洋经济体系,转变海洋经济发展方式,优化港口结构,完善服务功能,推动要素的空间流动,促进海陆统筹发展,积极发展海洋战略性新兴产业,增强"蓝色经济"发展动力。以"一带一路"建设为契机,加强与相关国家的深度合作,拓展蓝色经济发展空间。以推动人类命运共同体建设为契机,充分发挥已有的双边和多边合作机制,与国际社会共同制定合作规则,建立合作制度,搭建合作框架,推动全球海洋治理体系的完善和发展。

后　　记

　　本书是福建省发展和改革委员会重点课题"美丽中国的福建路径研究"的主要研究成果,较为系统地梳理了习近平生态文明思想在福建的孕育与实践,总结生态福建十八年来的创新做法与实践经验,探讨福建在生态文明建设的路径选择,为进一步建设生态环境高颜值和经济发展高素质的美丽新福建具有一定的参考价值。

　　该书的形成经历了两个阶段,前后历时三年多。第一阶段为问题研究阶段,兰明尚、谢松明负责课题研究思路和成果修改,李军龙和蔡创能协助负责初步成果的统稿工作,黄文义负责前言和第一章,李军龙负责第二章和第四章,朱振亚和陈华文负责第三章,张美艳负责第五章和第六章,蔡创能负责第七章和第八章。第二阶段为编著书稿阶段,罗金华负责具体的组织协调和书稿完善与统稿。各章修改负责人分别是:前言和第一章:黄文义;第二章和第四章:陈华文;第三章:王玮彬;第五章和第六章:张美艳;第七章和第八章:李军龙。

　　在课题研究和本书编著过程中,福建省发展和改革委员会生态处邱士利处长和王莉莉副处长给予悉心指导与大力支持,省内各地市发展和改革委员会也给予了热忱支持,提供了大量原始资料。福建师范大学廖福林教授、祁新华教授、林寿富教授,福州大学高明教授和福建农林大学陈秋华教授提出了宝贵的修改意见,在此一并感谢!

　　由于作者水平有限,疏漏和错误在所难免,敬请批评指正!

罗金华

2022 年 5 月